U0353801

BIM
工程师成才之路

Revit 2015中文版
基础教程

◎ 李恒 孔娟 编著

清华大学出版社
北京

内 容 简 介

本书是以最新版本的 Revit 2015 中文版为操作平台，全面地介绍使用该软件进行建模设计的方法和技巧。全书共分为 16 章，主要内容包括 Revit 建筑设计基本操作、标高和轴网的绘制、墙体和幕墙的创建、柱、梁和结构构件的添加等，覆盖了使用 Revit 进行建筑建模设计的全过程。

本书内容结构严谨，分析讲解透彻，且实例针对性极强，既适合作为 Revit 的培训教材，也可以作为 Revit 工程制图人员的参考资料。

本书封面贴有清华大学出版社激光防伪标签，无标签者不得销售。

版权所有，侵权必究。侵权举报电话：010-62782989　13701121933

图书在版编目（CIP）数据

Revit 2015 中文版基础教程/李恒，孔娟编著. —北京：清华大学出版社，2015（2019.7重印）

（BIM 工程师成才之路）

ISBN 978-7-302-38882-1

Ⅰ. ①R… Ⅱ. ①李… ②孔… Ⅲ. ①建筑设计-计算机辅助设计-应用软件-教材 Ⅳ. ①TU201.4

中国版本图书馆 CIP 数据核字（2015）第 004719 号

责任编辑：夏兆彦
封面设计：张　阳
责任校对：徐俊伟
责任印制：杨　艳

出版发行：清华大学出版社
　　　　网　　址：http://www.tup.com.cn, http://www.wqbook.com
　　　　地　　址：北京清华大学学研大厦 A 座　　　　邮　　编：100084
　　　　社 总 机：010-62770175　　　　　　　　　　邮　　购：010-62786544
　　　　投稿与读者服务：010-62776969，c-service@tup.tsinghua.edu.cn
　　　　质量反馈：010-62772015，zhiliang@tup.tsinghua.edu.cn
印 刷 者：北京富博印刷有限公司
装 订 者：北京市密云县京文制本装订厂
经　　销：全国新华书店
开　　本：190mm×260mm　　　印　张：18.25　　　字　数：456 千字
版　　次：2015 年 4 月第 1 版　　　　　　　　　印　次：2019 年 7 月第 8 次印刷
定　　价：49.00元

产品编号：061901-01

前言　Foreword

Autodesk 公司的 Revit 是一款三维参数化建筑设计软件，是有效创建信息化建筑模型（Building Information Modeling，BIM）的设计工具。Revit 打破了传统的二维设计中平立剖视图各自独立互不相关的协作模式。它以三维设计为基础理念，直接采用建筑师熟悉的墙体、门窗、楼板、楼梯、屋顶等构件作为命令对象，快速创建出项目的三维虚拟 BIM 建筑模型，而且在创建三维建筑模型的同时自动生成所有的平面、立面、剖面和明细表等视图，从而节省了大量的绘制与处理图纸的时间，让建筑师的精力能真正放在设计上而不是绘图上。

2015 版 Revit 软件在原有版本的基础上，添加了全新功能，并对相应工具的功能进行了改动和完善，使该新版软件可以帮助设计者更加方便快捷地完成设计任务。

1. 本书内容介绍

本书是以建筑工程专业理论知识为基础，以 Revit 全面而基础的操作为依据，带领读者全面学习 Revit 2015 中文版软件。全书共分 16 章，主要内容如下。

第 1 章主要介绍 Revit 2015 软件的操作界面及其建筑设计方面的基本功能和新增功能，并详细介绍了建筑设计的相关基本术语，项目文件的创建和设置，以及视图控制操作等方法。此外，还简要介绍了 BIM 相关的设计理念。

第 2 章主要介绍图元的相关操作以及在创建建筑模型构件时的基本绘制和编辑方法。此外，还简要介绍了参照平面的创建和标注临时尺寸的方法。

第 3 章主要介绍标高和轴网的创建与编辑方法，通过学习标高和轴网的创建开启建筑设计的第一步。

第 4 章主要介绍基本墙、幕墙和叠层墙 3 种墙体的创建方法。无论是墙体还是幕墙的创建，均可以通过墙工具的绘制、拾取线、拾取面创建；而墙体还可以通过内建模型来创建，异形幕墙则可以用幕墙系统快速创建。

第 5 章主要讲述如何创建和编辑建筑柱、结构柱，以及梁、梁系统、结构支架等，使读者了解建筑柱和结构柱的应用方法和区别。

第 6 章主要介绍门和创建的插入方法与编辑操作，其他幕墙门窗的嵌套是门窗类型中的一种分支。

第 7 章主要介绍楼板的专业知识，使读者逐一了解 Revit 当中的楼板、天花板以及屋顶的创建方法与编辑方法，完成建筑房屋的外轮廓建立。

第 8 章主要介绍楼梯与坡道的建立方法以及与其相关的扶手创建方法。通过学些掌握楼梯与坡道的创建方法。

第 9 章主要以职工食堂项目文件中的建筑为基准介绍洞口与构件的创建方法，其中穿插洞口与构件其他类型的创建方法。

第 10 章主要介绍场地的相关设置以及地形表面、场地构件的并创建与编辑的基本方法和相关应用技巧，通过学习熟悉完善项目建立。

第 11 章主要介绍如何使用房间工具为项目添加房间并在视图中生成房间图例，以更直观地表达项目房间分布信息。房间面积、颜色图例等均与项目模型关联，当修改模型后房间面积信息将同时自动修正。

第 12 章主要介绍材质外观的设置方法以及相关的渲染设置方法，并详细介绍了渲染操作过程的方法。此外，还介绍了漫游操作的相关知识点，使用户对渲染的整个流程有清晰的认识。

第 13 章主要介绍详图设计的主流知识点，通过系统地阐述详图索引视图以及详图视图的创建和编辑方法，使用户对详图设计有全面而深刻的了解与认识。

第 14 章主要了解图纸的创建、布置、项目信息等设置方法以及各种导出与打印方式。

第 15 章主要介绍族的相关概念，并系统阐述了系统族、可载入族和内建族的载入和创建方法，使用户对族有全面而深刻的了解与认识。

第 16 章利用之前章节介绍的各建筑构件的创建方法，完整地构造出一个建筑结构模型，使用户对 Revit 建筑设计有一个全面而深入的了解。

2．本书主要特色

本书是指导初学者学习 Revit 2015 中文版绘图软件的标准教程。书中详细地介绍了 Revit 2015 强大的绘图功能及其应用技巧，使读者能够利用该软件方便快捷地绘制工程图样。本书主要特色如下。

❑ **内容的全面性和实用性**

在定制本教程的知识框架时，就将写作的重心放在体现内容的全面性和实用性上。因此从提纲的定制以及内容的编写力求将 Revit 专业知识全面囊括。

❑ **知识的系统性**

从整本书的内容安排上不难看出，全书的内容是一个循序渐进的过程，即讲解建筑建模的整个流程，环环相扣，紧密相连。

❑ **知识的拓展性**

为了拓展读者的建筑专业知识，书中在介绍每个绘图工具时都与实际的建筑构件绘制紧密联系，并增加了建筑绘图的相关知识、涉及的施工图的绘制规律、原则、标准以及各种注意事项。

❑　**扩展学习**

本书扩展内容通过 www.zytdata.cn 网站提供，读者可以登录网站获取深度学习内容。

3．本书适用的对象

本书紧扣工程专业知识，不仅带领读者熟悉该软件，而且可以了解建筑的设计过程，特别适合作为高职类大专院校建筑、土木专业等专业的标准教材。全书 16 章，可安排 30～35 个课时。

本书是真正面向实际应用的 Revit 基础图书。全书由高校建筑专业教师联合编写，不仅可以作为高校、职业技术院校建筑和土木等专业的初中级培训教程，而且还可以作为广大从事 Revit 工作的工程技术人员的参考书。

除了封面署名人员之外，参与本书编写的人员还有李海庆、王咏梅、康显丽、王黎、汤莉、倪宝童、赵俊昌、方宁、郭晓俊、杨宁宁、王健、连彩霞、丁国庆、牛红惠、石磊、王慧、李卫平、张丽莉、王丹花、王超英、王新伟等。由于作者的水平有限，在编写过程中难免会有漏洞，欢迎读者通过清华大学出版社网站（www.tup.tsinghua.edu.cn）与我们联系，帮助我们改正提高。

编者
2014 年 6 月

目录

Contents

第 1 章

Revit 建筑设计概述

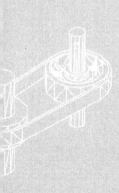

　　Autodesk 公司的 Revit 是一款三维参数化建筑设计软件，是有效创建信息化建筑模型（Building Information Modeling，BIM）的设计工具。Revit 打破了传统的二维设计中平立剖视图各自独立、互不相关的协作模式。它以三维设计为基础理念，直接采用建筑师熟悉的墙体、门窗、楼板、楼梯、屋顶等构件作为命令对象，快速创建出项目的三维虚拟 BIM 建筑模型。在创建三维建筑模型的同时还可以自动生成所有的平面、立面、剖面和明细表等视图，从而节省了大量的绘制与处理图纸的时间，让建筑师的精力能真正放在设计上而不是绘图上。

　　本章介绍 Revit 2015 软件的操作界面以及建筑设计方面的基本功能和新增功能，并详细介绍了建筑设计的相关基本术语、项目文件的创建和设置以及视图控制操作等方法。此外，还简要介绍了 BIM 相关的设计理念。

　　本章学习目的：

　　（1）熟悉 BIM 相关的设计理念。

　　（2）熟悉 Revit 2015 软件建筑设计方面的基本功能和新增功能。

　　（3）熟悉 Revit 2015 软件的操作界面。

　　（4）了解建筑设计的相关基本术语。

　　（5）掌握项目文件的创建和设置方法。

　　（6）掌握视图控制的相关方式。

1.1　BIM 基础

　　BIM（Building Information Modeling），中文意思为"建筑信息模型"，是由 Autodesk 公司在 2002 年率先提出，现已在全球范围内得到业界的广泛认可，被誉为工程建设行业实现可持续设计的标杆。

1.1.1 BIM 简介

BIM 是以三维数字技术为基础，集成了建筑工程项目中各种相关信息的工程数据模型，可以为设计和施工提供相协调的、内部保持一致的、并可进行运算的信息。简单来说，BIM 是通过计算机建立三维模型，并在模型中存储了设计师需要的所有信息，例如平面、立面和剖面图纸、统计表格、文字说明和工程清单等，并且这些信息全部根据模型自动生成，并与模型实时关联。

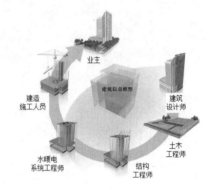

图 1-1　建筑全生命周期中的 BIM

1．BIM 技术概述

BIM 是指通过数字化技术建立虚拟的建筑模型，也就是提供了单一的、完整一致的、逻辑的建筑信息库。它是三维数字设计、施工、运维等建设工程全生命周期解决方案，如图 1-1 所示。

2．BIM 的基本特点

1）可视化

即"所见所得"的形式。BIM 提供了可视化的思路，让人们将以往的线条式的构件形成一种三维的立体实物图形展示出来，效果如图 1-2 所示。

图 1-2　可视化效果图

2）协调性

在建筑物建造前期对各专业的碰撞问题进行协调，生成协调数据。还可以解决例如：电梯井布置与其他设计布置及净空要求之协调，防火分区与其他设计布置之协调，地下排水布置与其他设计布置之协调等，效果如图 1-3 所示。

3）模拟性

模拟性并不是只能模拟设计出的建筑物模型，还可以模拟不能够在真实世界中进行操作的事物，效果如图 1-4 所示。

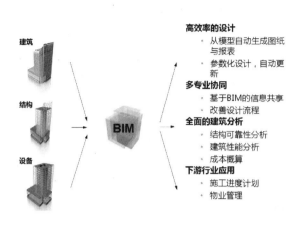

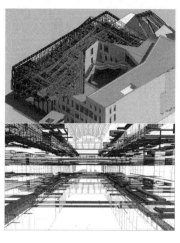

图 1-3　BIM 在设计阶段的协同作用　　　　　　　图 1-4　模拟性效果图

4）优化性

BIM 模型提供了建筑物的实际存在的信息，包括几何信息、物理信息、规则信息和还提供了建筑物变化以后的实际存在，其配套的各种优化工具提供了对复杂项目进行优化的可能，如图 1-5 所示。

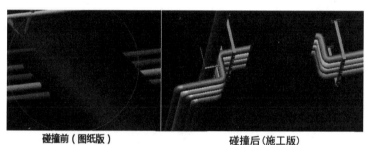

图 1-5　优化性效果图

5）可出图性

BIM 通过对建筑物进行可视化展示、协调、模拟和优化以后，可以帮助用户输出图纸，包括综合管线图（经过碰撞检查和设计修改，消除了相应错误以后）；综合结构留洞图（预埋套管图）；碰撞检查侦错报告和建议改进方案，如图 1-6 所示。

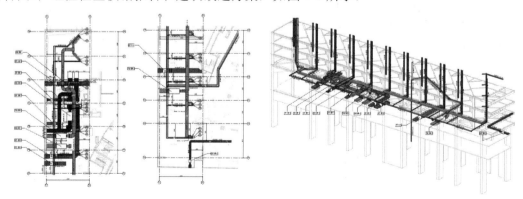

图 1-6　可出图性效果图

3．BIM 的技术优势

BIM 技术体系在建筑方案设计方面可以提高设计效率，快速进行各种统计工作，其具体优势如图 1-7 所示。

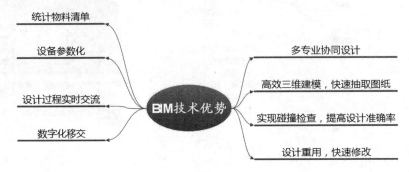

图 1-7　BIM 技术优势

1.1.2　BIM 与 Revit

建筑信息模型（BIM）是以建筑工程项目的各项相关信息数据作为模型的基础，进行建筑模型的建立，即所谓的数字建筑。BIM 是建筑行业的一种全新理念，也是当今建筑工程软件开发的主流技术，而 Revit 系列软件就是专为建筑信息模型（BIM）构建的。其利用软件内的墙、楼板、窗、楼梯和幕墙等各种构件来构建 BIM，可帮助建筑设计师设计、建造和维护质量更好、能效更高的建筑。

Revit 是 Autodesk 公司一套系列软件的名称，是专门为建筑信息模型而构建 BIM 的软件。Autodesk Revit 作为一种应用程序提供，结合了 Revit Architecture、Revit MEP 和 Revit Structure 软件的功能，内容涵盖了全部建筑、结构、机电、给排水和暖通专业，是 BIM 领域内最为知名、应用范围最为广泛的软件，如图 1-8 所示。

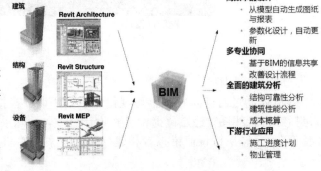

图 1-8　Revit 与 BIM 关系

此外，Revit 软件的双向关联性、参数化构件、直观的用户操作界面、冲突检测、增强的互操作性、支持可持续性设计、工作共享监视器和批量打印等功能，都极大程度上解放了建筑设计者，可以让建筑师将精力真正放在设计上而不是绘图上。

1.2　Revit 建筑设计基础

从 2013 版本开始，Autodesk 公司将原来的 Revit Architecture、Revit MEP 和 Revit

Structure 3 个独立的专业设计软件合为 Revit 一个行业设计软件，方便了全专业协同设计。在 Revit 篇 2015 软件中，强大的建筑设计工具可以帮助用户捕捉和分析概念，以及保持从设计到建模的各个阶段的一致性。

1.2.1　Revit 建筑设计简介

在 Revit 2015 软件中，其专业的建筑设计功能打破了传统的二维设计中平立剖视图各自独立、互不相关的协作模式。它以三维设计为基础理念，直接采用建筑师熟悉的墙体、门窗、楼板、楼梯、屋顶等构件作为命令对象，快速创建出项目的三维虚拟 BIM 建筑模型。

1. 概述

Revit 建筑设计领域（原先的 Revit Architecture 软件）是 Revit 软件针对广大建筑设计师和工程师开发的三维参数化建筑设计。利用 Revit 软件的建筑设计工具可以让建筑师在三维设计模式下方便地推敲设计方案，快速表达设计意图，创建三维 BIM 模型，并以三维 BIM 模型为基础，自动生成所需的建筑施工图档，从概念到方案，最终完成整个建筑设计过程。由于 Revit 软件功能的强大，且易学易用，目前已经成为建筑行业内使用最为广泛的三维参数化建筑设计软件。

2. 应用特点

了解 Revit 建筑设计的应用特点，才能更好地结合项目需求，做好项目应用的整体规划。其主要应用特点如下所述。

（1）首先要建立三维设计和建筑信息模型的概念，创建的模型具有现实意义。例如创建墙体模型，它不仅有高度的三维模型，而且具有构造层，有内外墙的差异，有材料特性、时间及阶段信息等。所以创建模型时，这些都需要根据项目应用需要加以考虑。

（2）关联和关系的特性。平立剖图纸与模型、明细表的实时关联，即一处修改，处处修改的特性；墙和门窗的依附关系，墙能附着于屋顶楼板等主体的特性；栏杆能指定坡道楼梯为主体、尺寸、注释和对象的关联关系等。

（3）参数化设计的特点。类型参数、实例参数、共享参数等对构件的尺寸、材质、可见性、项目信息等属性的控制。不仅是建筑构件的参数化，而且可以通过设定约束条件实现标准化设计，如整栋建筑单位的参数化、工艺流程的参数化、标准厂房的参数化设计。

（4）设置限制性条件，即约束。如设置构件与构件、构件与轴线的位置关系，设定调整变化时的相对位置变化的规律。

（5）协同设计的工作模式。工作集（在同一个文件模型上协同）和链接文件管理（在不同文件模型上协同）。

（6）阶段的应用引入了时间的概念，实现四维的设计施工建造管理的相关应用。阶段设置可以和项目工程进度相关联。

（7）实时统计工程量的特性。可以根据阶段的不同，按照工程进度的不同阶段分期统计工程量。

3．参数化

参数化设计是 Revit 建筑设计的一个重要特征。其主要分为两部分：参数化图元和参数化修改引擎。

其中，在 Revit 建筑设计过程中的图元都是以构件的形式出现，这些构件之间的不同是通过参数的调整反映出来的，参数保存了图元作为数字化建筑构件的所有信息。

而参数化修改引擎提供的参数更改技术则可以使用户对建筑设计或文档部分做的任何改动自动的在其他相关联的部分反映出来。Revit 建筑设计工具采用智能建筑构件、视图和注释符号，使每一个构件都可以通过一个变更传播引擎互相关联。且构件的移动、删除和尺寸的改动所引起的参数变化会引起相关构件的参数产生关联的变化。任一视图下所发生的变更都能参数化的、双向的传播到所有视图，以保证所有图纸的一致性，从而不必逐一对所有视图进行修改，提高了工作效率和工作质量。

1.2.2　Revit 建筑设计的基本功能

Revit 软件能够帮助用户在项目设计流程前期探究最新颖的设计概念和外观，并能在整个施工文档中忠实传达设计理念。Revit 建筑设计领域面向 BIM 而构建，支持可持续设计、冲突检测、施工规划和建造，同时还可以使用户与工程师、承包商与业主更好地沟通协作。其设计过程中的所有变更都会在相关设计与文档中自动更新，实现更加协调一致的流程，获得更加可靠的设计文档。Revit 建筑设计的基本功能如下所述。

1）概念设计功能

Revit 的概念设计功能提供了自由形状建模和参数化设计工具，并且可以使用户在方案阶段及早对设计进行分析。

用户可以自由绘制草图，快速创建三维形状，交互式地处理各种形状；可以利用内置的工具构思并表现复杂的形状，准备用于预制和施工环节的模型。且随着设计的推进，Revit 能够围绕各种形状自动构建参数化框架，提高用户的创意控制能力、精确性和灵活性。此外，从概念模型直至施工文档，所有设计工作都在同一个直观的环境中完成。

2）建筑建模功能

Revit 的建筑建模功能可以帮助用户将概念形状转换成全功能建筑设计。用户可以选择并添加面，由此设计墙、屋顶、楼层和幕墙系统，并可以提取重要的建筑信息，包括每个楼层的总面积。此外，用户还可以将基于相关软件应用的概念性体量转化为 Revit 建筑设计中的体量对象，进行方案设计。

3）详图设计功能

Revit 附带丰富的详图库和详图设计工具，能够进行广泛的预分类，并且可轻松兼容 CSI 格式。用户可以根据公司的标准创建、共享和定制详图库。

4）材料算量功能

利用材料算量功能计算详细的材料数量。材料算量功能非常适合用于计算可持续设计项目中的材料数量和估算成本，显著优化材料数量跟踪流程。随着项目的推进，Revit 的参数化变更引擎将随时更新材料统计信息。

5）冲突检测功能

用户可以使用冲突检测功能来扫描创建的建筑模型，查找构件间的冲突。

6）设计可视化功能

Revit 的设计可视化功能可以创建并获得如照片般真实的建筑设计创意和周围环境效果图，使用户在实际动工前体验设计创意。Revit 中的渲染模块工具能够在短时间内生成高质量的渲染效果图，展示出令人震撼的设计作品。

1.2.3　Revit 2015 的新增功能

2015 版 Revit 软件在原有版本的基础上添加了全新功能，并对相应工具的功能进行了改动和完善，使该新版软件可以帮助设计者更加方便快捷地完成设计任务。Revit 2015 的主要新增功能介绍如下。

1. 建模

Revit 2015 在建筑建模方面的主要新增功能如下所述。

1）创建零件

可以从条形基础、楼板边、封檐带和檐沟生成零件。

2）切换连接顺序

切换至【修改】选项卡，利用【几何图形】面板中的【切换连接顺序】工具 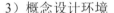，可以反转或统一图元（如结构楼板和梁）互相连接的顺序，效果如图 1-9 所示。

3）概念设计环境

（1）通过点绘制圆弧　用户可以利用【起点-终点-半径弧】工具按体量项目中的点曲线绘制圆弧。

（2）UV 网格对齐　用户可以通过利用【对齐】工具来对齐平面分割表面上的 UV 网格，只需将该表面的直边作为参照或使用外部参照即可。此外，利用该工具还可以旋转网格以对齐所选择的边，效果如图 1-10 所示。

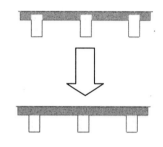

图 1-9　反向连接图元

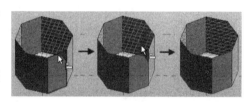

图 1-10　旋转对齐网格

2. 材质

【材质浏览器】对话框的增强功能主要包括以下内容。

（1）"材质编辑器"功能已集成到【材质浏览器】对话框中。用户可以在【材质浏览器】对话框左侧的列表项中选择要编辑的材质，然后在右侧相应的选项卡中即可编辑该材质的属性参数，如图 1-11 所示。

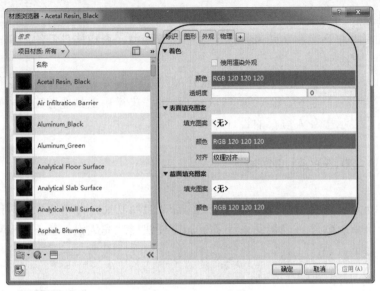

图 1-11　材质浏览器

（2）在【材质浏览器】对话框中选择相应的项目材质时，"手形"图标  将显示在右侧的【外观】、【物理】和【热度】选项卡中，显示在当前项目中有多少材质在共享相同的资源。如果手形显示为零，则该资源不用于当前项目中的任何其他材质，仅由当前选定的材质使用，如图 1-12 所示。

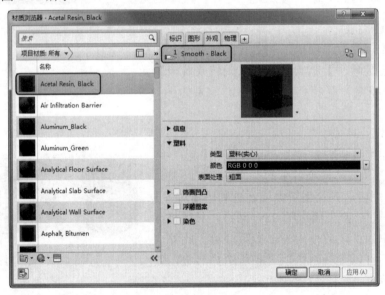

图 1-12　"手形"图标

（3）【材质参数】对话框现在是无模式对话框，用户可以更快地查看和更改自定义材质参数，如图 1-13 所示。

3．明细表

Revit 2015 在明细表方面的新增功能如下所述。

（1）明细表类别　Revit 2015 可以将以下族和特性做成明细表。

① 族　常规模型、环境、结构路径钢筋、结构区域钢筋、结构钢筋网区域、结构梁系统、详图项目、建筑地坪、标高、栅格、建筑柱和屋檐底板。

② 阶段特性　包括"创建的阶段"和"拆除的阶段"。

（2）调整可感知空间的族　Revit 2015 可以修改可感知空间的族，以在明细表中正确报告其房间数。

图 1-13 【材质参数】对话框

① 房间计算点　房间计算点现在可用于可感知空间的族，如家具、橱柜、专用设备和常规模型。用户可以调整此点的位置，以更正其房间报告不正确的族。

② 从/到房间调整　"从房间"和"到房间"计算点可用于门和窗族。用户可以调整任一点的位置以更正其从/到房间报告不正确的族。

（3）明细表的格式和布局　以下格式工具可用于明细表。

① 网格视图格式　可以应用列着色、边界和字体替代；可以插入和删除行或从功能区交换参数；还可以精确调整行和列的大小。

② 网格视图同步　网格视图和图纸实例可以立即更新以反映所做的更改。且如果调整"网格视图"，图纸会反映这些更改。

③ 格式可见性　格式会显示在图纸上，并可从图纸视图中打印。

④ 列索引　可以使用每一列顶端的索引快速选择整个列。

⑤ 明细表标题格式　可以在标题区域插入行并应用新的网格视图增强功能，也可以合并单元。此外还可以添加图像、项目、参数和纯文本。

⑥ 条件格式　可以将条件格式显示在图纸上，并从图纸视图中进行打印。

4．换算尺寸标注单位

Revit 2015 可以针对所有永久性尺寸标注和高程点标注类型，与主单位一起显示换算标注单位。

此功能可以在图形中同时显示英制和公制值。且若要对特定尺寸标注类型（例如对齐）使用换算尺寸标注单位，需修改对齐尺寸标注类型的类型属性。

5．用户界面和工作效率

Revit 2015 在用户界面和工作效率方面进行了较大的改善，其主要新增功能如下所述。

（1）双击编辑选项　在新版本的 Revit 2015 中，双击参数（例如显示在房间标记中的参数值）可以编辑该参数。在新用户界面中，用户可以通过双击族、基于草图的图元、图纸上的视图和明细表（激活视图）、部件、组以及构件楼梯等来编辑相应的图元。

（2）可停靠窗口　在 Revit 2015 中，项目浏览器、系统浏览器、"属性"选项板和"协调主体"等窗口可以移动并调整大小，也可浮动或停靠。用户还可以将它们分组，以便多个窗口在屏幕中占据相同的空间。

（3）选择增强功能　Revit 2015 允许用户确定是否可以在模型中选择链接图元、基线图元、锁定图元以及按面选择图元。此外，用户还可以启用"选择时拖曳图元"选项，这样无需先选中图元即可移动图元，如图 1-14 所示。

6．导入/导出

Revit 2015 在导入导出方面的新增功能如下所述。

1）点云增强功能

新的点云引擎可以将 RCP 和 RCS 格式的点云连接到项目中，且点云工具也可以用于将原始格式的点云索引成 RCP/RCS 格式。此外，新的可见性和图形替换功能可以控制用于点云显示的颜色模式。

图 1-14　选择选项

2）纹理、线型、线宽和文字

包含在三维 DWF 导出中。

3）DWG/DXF 导出

美国建筑师学会（AIA）、ISO 标准 13567、新加坡标准 83 和英国标准 1192 等用于导出 DWG 和 DXF 文件的图层标准已经更新，可以反映所做的最新更改。

7．建筑设计增强功能

Revit 2015 在建筑设计方面的新增功能主要包含以下内容。

1）楼梯（按构件）

Revit 建筑设计在楼梯的创建方面进行了较大的改善，其主要新增功能如下所述。

（1）用于创建梯段的其他定位线选项　Revit 2015 新增了两个梯段定位线选项："梯边梁外侧：左"和"梯边梁外侧：右"，用户可以在创建梯段时选择与任何一侧的梯边梁对齐，如图 1-15 所示。

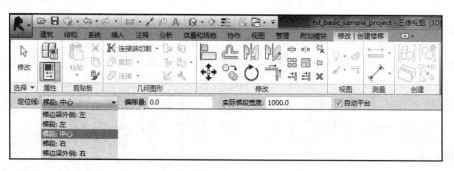

图 1-15　梯段定位线选项

（2）修改平台形状　自动平台提供新的控件，可以修改平台弦边长度（平台与梯段连接处）。

（3）平台形状自动调整行为　除非拖动自动平台外边缘上的控件，否则，在修改梯段或使用其他平台控件更改平台形状时，此边的位置将保持固定。

（4）自动平台创建　当创建梯段宽度不等的 U 形楼梯时，所创建的自动平台深度会与最窄梯段的宽度相匹配，且平台深度可在创建后使用直接操纵控件或临时尺寸标注进行更改。

（5）精确修改支持　临时尺寸标注现在可以用于修改梯段的宽度、U形楼梯上的平台深度、螺旋梯段的半径以及楼梯构件之间的距离，且关联尺寸对于直线梯段会显示为长度，对于弧形梯段则显示为半径和角度。

（6）捕捉参照改进　在创建和修改楼梯构件时，可以利用多个捕捉功能。例如，在拖动楼梯路径端点控件时，可进行梯段到梯段的竖向、横向、平行和垂直捕捉。

2）分段立面图

可以用于将立面拆分为与视图方向正交的视图段，就像拆分剖面一样。

1.2.4　Revit建筑设计的基本术语

Autodesk 公司的 Revit 2015 是一款三维参数化建筑设计软件，是有效创建信息化建筑模型的设计工具。在学习 Revit 2015 软件进行建筑建模设计之前，首先需要对其相关的基本专业术语有一定的了解。

1. 项目

在 Revit 建筑设计中新建一个文件是指新建一个"项目"文件，有别于传统 AutoCAD 中的新建一个平面图或立剖面图等文件的概念。

在 Revit 中，项目是指单个设计信息数据库——建筑信息模型。项目文件包含了建筑的所有设计信息（从几何图形到构造数据），包括完整的三维建筑模型、所有设计视图（平、立、剖、明细表等）和施工图图纸等信息。且所有这些信息之间都保持了关联关系，当建筑师在某一个视图中修改设计时，Revit 会在整个项目中同步这些修改，实现了"一处修改，处处更新"。

2. 图元

在创建项目时，用户可以通过向设计中添加参数化建筑图元来创建建筑。在 Revit 中，图元主要分为 3 种：模型图元、基准图元和视图专有图元。

（1）模型图元　表示建筑的实际三维几何图形，其将显示在模型的相关视图中，如墙、窗、门和屋顶等。模型图元又分为以下两种类型。

① 主体　通常在项目现场构建的建筑主体图元，如墙、屋顶等。

② 模型构件　指建筑主体模型之外的其他所有类型的图元，如窗、门和橱柜等。

（2）基准图元　可以帮助定义项目定位的图元，如轴网、标高和参照平面等。

（3）视图专有图元　该类图元只显示在放置这些图元的视图中，可以帮助对模型进行描述和归档，如尺寸标注、标记和二维详图构件等。视图专有图元又分为以下两种类型。

① 注释图元　指对模型进行标记注释并在图纸上保持比例的二维构件，如尺寸标注、标记和注释记号等。

② 详图　指在特定视图中提供有关建筑模型详细信息的二维设计信息图元，如详图线、填充区域和二维详图构件等。

3．类别

类别是一组用于对建筑设计进行建模或记录的图元，用于对建筑模型图元、基准图元、视图专有图元进一步分类。例如墙、屋顶和梁属于模型图元的类别，而标记和文字注释则属于注释图元类别。

4．族

族是某一类别中图元的类，用于根据图元参数的共用、使用方式的相同或图形表示的相似来对图元类别进一步分组。一个族中不同图元的部分或全部属性可能有不同的值，但是属性的设置（其名称和含义）是相同的。例如，结构柱中的"圆柱"和"矩形柱"都是柱类别中的一个族。

5．类型

每一个族都可以拥有多个类型。类型可以是族的特定尺寸，如450mm×600mm、600mm×750mm的矩形柱都是"矩形柱"族的一种类型；类型也可以是样式，例如"线性尺寸标注类型"、"角度尺寸标注类型"都是尺寸标注图元的类型。

类别、族和类型的相互关系如图1-16所示。

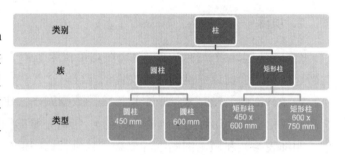

图1-16　关系示意图

6．实例

实例是放置在项目中的每一个实际的图元。每一实例都属于一个族，且在该族中属于特定类型。例如在项目中的轴网交点位置放置了10根600mm×750mm的矩形柱，那么每一根柱子都是"矩形柱"族中"600mm×750mm"类型的一个实例。

1.2.5　初识Revit 2015的界面

在学习Revit软件之前，首先要了解2015版Revit的操作界面。新版软件更加人性化，不仅提供了便捷的操作工具，便于初级用户快速熟悉操作环境，同时对于熟悉该软件的用户而言，操作将更加方便。

双击桌面的Revit 2015软件快捷启动图标，系统将打开如图1-17所示的软件操作界面。

此时，单击界面中的最近使用过的项目文件，或者单击【项目】选项组中的【新建】按钮，然后选择一样板文件，并单击【确定】按钮，即可进入Revit 2015操作界面，效果如图1-18所示。

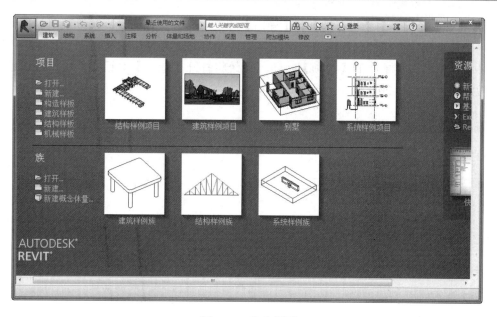

图 1-17　启动界面

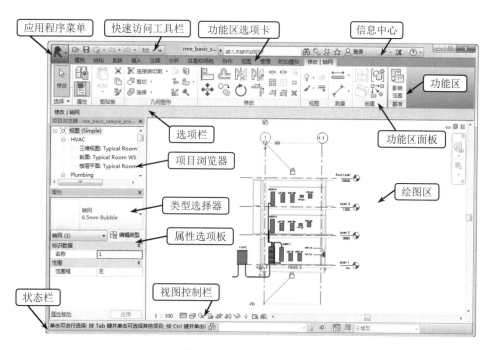

图 1-18　Revit 2015 操作界面

　　Revit 2015 工作界面主要包含应用程序菜单、快速访问工具栏、功能区、绘图区和项目浏览器等，各部分选项的含义介绍如下。

1. 应用程序菜单

　　单击主界面左上角图标，系统将展开应用程序菜单，如图 1-19 所示。该菜单中提供了

【新建】、【打开】、【保存】、【另存为】和【导出】等常用文件操作命令。在该菜单的右侧，系统还列出了最近使用的文档名称列表，用户可以快速打开近期使用的文件。

此外，若单击该菜单中的【选项】按钮，系统将打开【选项】对话框，用户可以进行相应的参数设置，如图 1-20 所示。

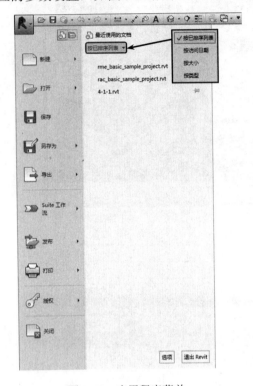

图 1-19　应用程序菜单

图 1-20　【选项】对话框

2．快速访问工具栏

在主界面左上角 图标的右侧，系统列出了一排相应的工具图标，即快速访问工具栏，用户可以直接方便快捷地单击相应的按钮进行命令操作。

若单击该工具栏最后端的下拉三角箭头，系统将展开工具列表，如图 1-21 所示。此时，从下拉列表中勾选或取消勾选命令即可显示或隐藏命令。

此时，若选择【自定义快速访问工具栏】选项，系统将打开【自定义快速访问工具栏】对话框，如图 1-22 所示。用户可以自定义快速访问工具栏中显示的命令及顺序。

而若选择【在功能区下方显示】选项，则该工具栏的位置将移动到功能区下方显示，且该选项命令将同时变为【在功能区上方显示】，如图 1-23 所示。

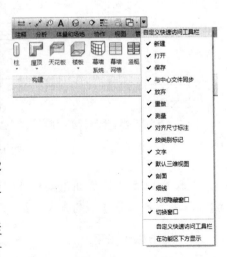

图 1-21　快速访问工具栏下拉菜单

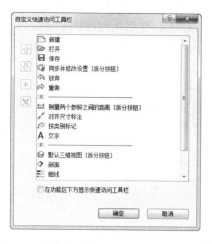

图 1-22　【自定义快速访问工具栏】对话框

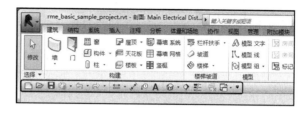

图 1-23　变换工具栏位置

此外，若要向快速访问工具栏中添加功能区的工具按钮，可以在功能区中右击，在弹出的快捷菜单中选择【添加到快速访问工具栏】选项，该工具按钮即可添加到快速访问工具栏中默认命令的右侧，如图 1-24 所示。

3. 功能区

功能区位于快速访问工具栏下方，是创

图 1-24　添加工具按钮

建建筑设计项目所有工具的集合。Revit 2015 将这些命令工具按类别分别放在不同的选项卡面板中，如图 1-25 所示。

图 1-25　功能区

功能区包含功能区选项卡、功能区子选项卡和面板等部分。其中，每个选项卡都将其命令工具细分为几个面板进行集中管理。而当选择某图元或者激活某命令时，系统将在功能区主选项卡后添加相应的子选项卡，且该子选项卡中列出了和该图元或该命令相关的所有子命令工具，用户不必再在下拉菜单中逐级查找子命令。

此外，用户还可以通过以下操作，自定义功能区中的面板位置和视图状态。

（1）移动面板　单击某个面板标签并按住鼠标左键，将该面板拖到功能区上所需的位置放开鼠标即可。

（2）浮动面板　单击某个面板标签并按住鼠标左键，将该面板拖到绘图区放开鼠标左键即可。此外，若需将浮动面板复位，可以移动鼠标到浮动面板上，此时浮动面板两侧将显示深色背景条，单击右上角的【将面板返回到功能区】按钮即可，效果如图 1-26 所示。

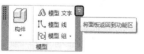

图 1-26　复位浮动面板

（3）功能区视图状态　单击选项卡最右侧的下拉工具按钮，可以使功能区显示在【最小化为选项卡】、【最小化为面板标题】、【最小化为面板按钮】和【循环浏览所有项】4 种状态之间循环切换，效果如图 1-27 所示。

图 1-27　切换功能区视图状态

4．选项栏

功能区下方即为选项栏，当用户选择不同的工具命令，或者选择不同的图元时，选项栏中将显示与该命令或图元相关的选项，可以进行相应参数的设置和编辑。

5．项目浏览器

选项栏下方位于软件界面左侧上方的即为项目浏览器，如图 1-28 所示。项目浏览器用于显示当前项目中所有视图、明细表、图纸、族、组、链接的 Revit 模型和其他部分的目录树结构。展开和折叠各分支时，系统将显示下一层目录。

项目浏览器的形式和操作方式类似于 Windows 的资源管理器，双击视图名称即可打开视图；选择视图名称右击即可找到复制、重命名和删除等视图编辑目录。

图 1-28　项目浏览器

6．属性选项板

项目浏览器下方的浮动面板即为属性选项板。当选择某图元时，属性选项板会显示该图元的图元类型和属性参数等，如图 1-29 所示。该选项板主要由以下 3 部分组成。

（1）类型选择器　选项板上面一行的预览框和类型名称即为图元类型选择器。用户可以单击右侧的下拉箭头，从列表中选择已有的合适的构件类型直接替换现有类型，而不需要反复修改图元参数。

（2）实例属性参数　选项板下面的各种参数列表框显示了当前选择图元的各种限制条件类、图形类、尺寸标注类、标识数据类、阶段类等实例参数及其值。用户可以方便地通过修改参数值来改变当前选择图元的外观尺寸等。

（3）编辑类型　单击该按钮，系统将打开【类型属性】对话框，如图 1-30 所示。用户可以复制、重命名对象类型，并可以通过编辑其中的类型参数值来改变与当前选择图元同类型的所有图元的外观尺寸等。

图 1-29　属性选项板

7．视图控制栏

绘图区左下角即为视图控制栏，如图 1-31 所示。用户可以快速设置当前视图的"比例"、"详细程度"、"视觉样式"、"打开/关闭日光路径"、"打开/关闭阴影"、"打开/关闭剪裁区域"、"显示/隐藏剪裁区域"、"临时隐藏/隔离"和"显示隐藏的图元"等选项。各按钮的功能将在后面的章节中详细介绍，这里不再赘述。

图 1-30　【类型属性】对话框

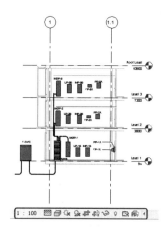

图 1-31　视图控制栏

1.3　项目文件

在 Autodesk Revit 中，项目是指单个设计信息数据库——建筑信息模型。项目文件包含了建筑的所有设计信息（从几何图形到构造数据），包括完整的三维建筑模型、所有设计视图（平、立、剖、明细表等）和施工图图纸等信息。

1.3.1　新建项目文件

在 Revit 建筑设计中，新建一个文件是指新建一个"项目"文件，有别于传统 AutoCAD 中的新建一个平面图或立剖面图等文件的概念。创建新的项目文件是开始建筑设计的第一步。

1．样板文件

当在 Revit 中新建项目时，系统会自动以一个后缀名为.rte 的文件作为项目的初始条件，这个.rte 格式的文件即称为样板文件。Revit 的样板文件功能与 AutoCAD 的.dwt 文件相同，其定义了新建项目中默认的初始参数，如项目默认的度量单位、默认的楼层数量设置、层高

信息、线型设置和显示设置等。且 Revit 允许
用户自定义自己的样本文件内容，并保存为
新的.rte 文件。

在 Revit 2015 中创建项目文件时，可以
选择系统默认配置的相关样板文件作为模
板，如图 1-32 所示。

图 1-32　系统默认样板文件

但是在使用上述软件本身自带的默认样
板文件 DefaultCHSCHS.rte 为模板新建项目文件时，此模板的标高符号、剖面标头、门窗标
记等符号不完全符合中国国标出图规范要求。因此需要首先设置自己的样板文件，然后再开
始项目设计。本书在新建项目文件时，统一使用光盘文件中附带的"项目样板.rte"文件作为
样板文件，其具体设置方法将在以后的章节中进行详细介绍，这里不再赘述。

2．新建项目

在 Revit 2015 中，可以通过 3 种方式新建项目文件。各方式的具体操作方法如下所述。

1）"最近使用的文件"主界面

打开 Revit 软件后，在主界面的【项目】选项组中单击
【新建】按钮，系统将打开【新建项目】对话框。此时，在
【新建】选项组中选择【项目】单选按钮，然后单击【浏览】
按钮，选择本书光盘中附带的"项目样板.rte"文件作为样
板文件，接着单击【确定】按钮，即可新建相应的项目文
件，如图 1-33 所示。

图 1-33　【新建项目】对话框

2）快速访问工具栏

单击该工具栏中的【新建】按钮，然后即可在打开的【新建项目】对话框中按照上述
操作方法新建相应的项目文件。

3）应用程序菜单

单击主界面左上角图标，在展开的下拉菜单中选
择【新建】|【项目】选项，然后即可在打开的【新建项
目】对话框中按照上述操作方法新建相应的项目文件。

1.3.2　项目设置

新建项目文件后，需要进行相应的项目设置才可以
开始绘图操作。在 Revit 2015 软件中，用户可以在【管
理】选项卡中通过相应的工具对项目进行基本设置。

1．项目信息

切换至【管理】选项卡，在【设置】面板中单击【项
目信息】按钮，系统将打开【项目属性】对话框，如
图 1-34 所示。此时，即可依次在【项目发布日期】、【项

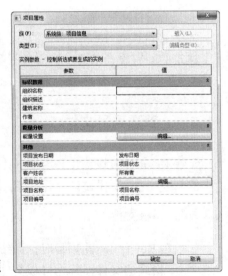

图 1-34　【项目属性】对话框

目状态】、【客户姓名】、【项目名称】和【项目编号】文本框中输入相应的项目基本信息。且若单击【项目地址】参数后的【编辑】按钮，还可以输入相应的项目地址信息。

此外，若单击【能量设置】参数后的【编辑】按钮，即可在打开的【能量设置】对话框中设置【建筑类型】和【地平面】等参数信息，如图 1-35 所示。

2. 项目地点

切换至【管理】选项卡，在【项目位置】面板中单击【地点】按钮，系统将打开【位置、气候和场地】对话框，如图 1-36 所示。此时，在【定义位置依据】列表框中选择【默认城市列表】选项，然后即可通过【城市】列表框，或者【纬度】和【经度】文本框来设置项目地理位置。

3. 项目单位

项目单位在之前的样板文件中已经完成了相应的设置，但在开始具体的设计前，用户还可以根据实际项目的要求进行相关设置。

切换至【管理】选项卡，在【设置】面板中单击【项目单位】按钮，系统将打开【项目单位】对话框，如图 1-37 所示。

此时，单击各单位参数后的格式按钮，即可在打开的【格式】对话框中进行相应的单位设置，如图 1-38 所示。

图 1-35　【能量设置】对话框

图 1-36　【位置、气候和场地】对话框

图 1-37　【项目单位】对话框

图 1-38　【格式】对话框

4. 捕捉设置

为方便设计中精确捕捉定位，用户还可以在项目开始前或根据个人的操作习惯设置对象的捕捉功能。

切换至【管理】选项卡，在【设置】面板中单击【捕捉】按钮，系统将打开【捕捉】对话框，如图1-39所示。此时，用户即可设置长度和角度的捕捉增量，以及启用相应的对象捕捉类型等。

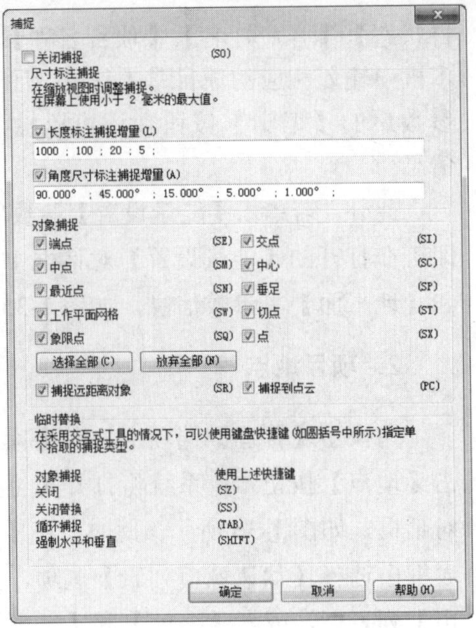

图1-39 【捕捉】对话框

1.3.3 保存项目文件

在完成图形的创建和编辑后，用户可以将当前图形保存到指定的文件夹。此外，在使用Revit软件绘图的过程中，应每隔10～20min保存一次所绘的图形。定期保存绘制的图形是为了防止一些突发情况，如电源被切断、错误编辑和一些其他故障，尽可能做到防患于未然。

完成项目文件内容的创建后，用户可以在快速工具栏中单击【保存】按钮，系统将打开【另存为】对话框，如图1-40所示。此时即可输入项目文件的名称，并指定相应的路径来保存该文件。

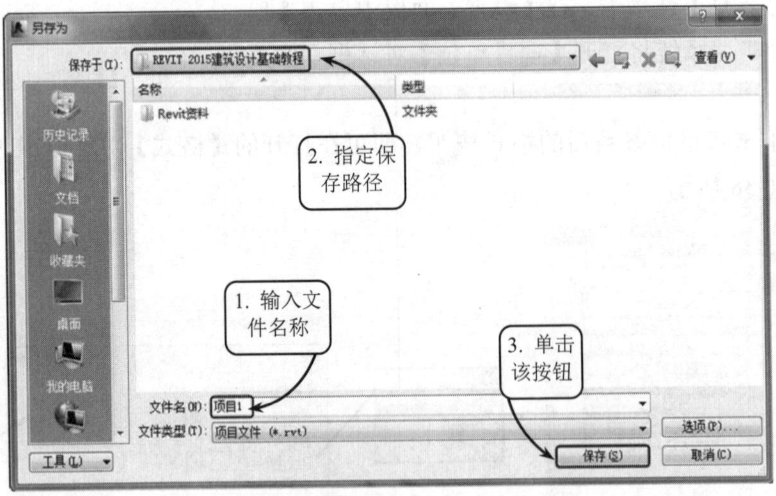

图1-40 【另存为】对话框

除了上面的保存方法之外，Revit还为用户提供了一种提醒保存的方法，即间隔时间保存。单击主界面左上角图标，在展开的下拉菜单中单击【选项】按钮，系统将打开【选项】对话框，如图1-41所示。此时，在【通知】选项组中设置相应的时间参数即可。

1.4 视图控制

在 Revit 中，视图不同于传统意义上的 CAD 图纸，它是所建项目中的 BIM 模型根据不同的规则显示的模型投影。视图控制是 Revit 中最重要的基础操作之一。

1.4.1 使用项目浏览器

图 1-41 【选项】对话框

Revit 2015 将所有可访问的视图和图纸等都放置在项目浏览器中进行管理，使用项目浏览器可以方便地在各视图间进行切换操作。

项目浏览器用于组织和管理当前项目中包括的所有信息，包括项目中所有视图、明细表、图纸、族、组和链接的 Revit 模型等项目资源。Revit 2015 按逻辑层次关系组织这些项目资源，且展开和折叠各分支时，系统将显示下一层集的内容，如图 1-42 所示。

在 Revit 2015 中进行项目设计时，最常用的操作就是利用项目浏览器在各视图中进行切换，用户可以通过双击项目浏览器中相应的视图名称来实现该操作。如图 1-43 所示就是双击指定的楼层平面视图名称，切换至该视图的效果。

此外，在利用项目浏览器切换视图的过程中，Revit 都将在新视图窗口中打开相应的视图。如切换的视图次数过多，系统会因视图窗口过多而消耗较多的计算机内存资源。此时，可以根据实际情况及时关闭不需要的视图，或者利用系统提供的【关闭隐藏窗口】工具一次性关闭除当前窗口外的其他不活动视图窗口。

图 1-42 项目浏览器

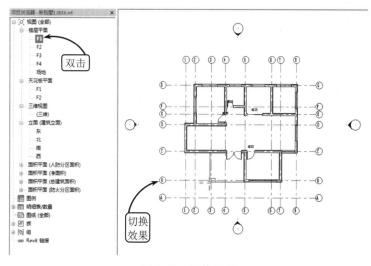

图 1-43 切换视图

切换至【视图】选项卡，在【窗口】面板中单击【关闭隐藏窗口】按钮，即可关闭除当前窗口外的其他所有视图窗口，如图1-44所示。

图1-44　关闭多余视图窗口

1.4.2　视图导航

Revit 提供了多种视图导航工具，可以对视图进行平移和缩放等操作。其中，一般位于绘图区右侧，并用于视图控制的导航栏是一种常用的工具集。

视图导航栏在默认情况下为50%透明显示，不会遮挡视图，包括控制盘和缩放控制，如图1-45所示。

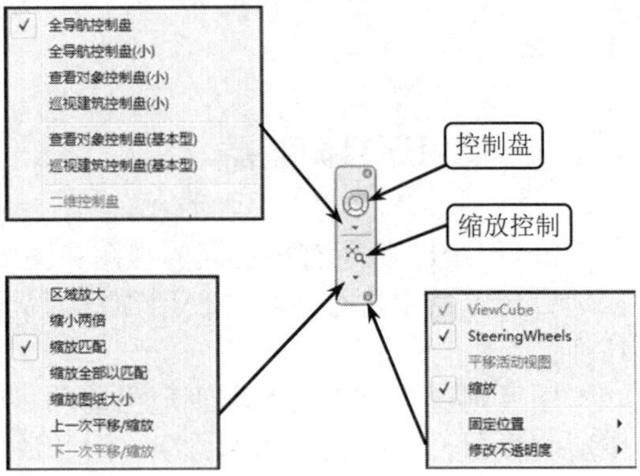

其中，单击该导航栏右下角的下拉三角箭头，用户可以在自定义菜单中设置导航栏上显示的模块内容、该导航栏在绘图区中的位置和不透明参数等。现主要介绍控制盘和缩放控制的使用方法。

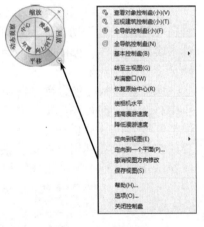

图1-45　导航栏

1．控制盘

控制盘（SteeringWheels）是一组跟随光标的功能按钮，它将多个常用的导航工具结合到一个单一界面中，便于快速导航视图。在 Revit 中，按适用视图和使用用途，控制盘可以分为查看对象控制盘、巡视建筑控制盘、全导航控制盘和二维控制盘 4 种类型。其中，前 3 种均适用于三维视图。现以常用的全导航控制盘为例介绍其具体的操作方法。

单击导航栏中的【全导航控制盘】按钮，系统将打开【控制盘】面板，如图1-46所示。该面板中各主要视图导航工具的含义如下所述。

图1-46　【控制盘】面板

1）平移

移动光标到视图中的合适位置，然后单击【平移】按钮并按住鼠标左键不放，光标将变为十字四边箭头形状。此时，拖动鼠标即可平移视图。

2）缩放

移动光标到视图中的合适位置，然后单击【缩放】按钮并按住鼠标左键不放，系统将在光标位置放置一个绿色的球体把当前光标位置作为缩放轴心，同时光标将变成放大镜的形状。此时，拖动鼠标即可缩放视图，且轴心随着光标位置变化。

3）动态观察

单击【动态观察】按钮并按住鼠标左键不放，光标将变为旋转双箭头形状，且同时在模型的中心位置将显示绿色轴心球体。此时，拖动鼠标即可围绕轴心点旋转模型。

4）回放

利用该工具可以从导航历史记录中检索以前的视图，并可以快速恢复到以前的视图，还可以滚动浏览所有保存的视图。单击【回放】按钮并按住鼠标左键不放，此时向左侧移动鼠标即可滚动浏览以前的导航历史记录。而若要恢复到以前的视图，只要在该视图记录上松开鼠标左键即可，如图 1-47 所示。

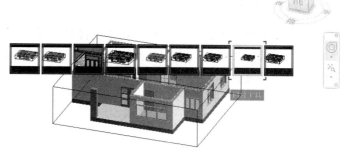

图 1-47 回放视图

5）中心

单击【中心】按钮并按住鼠标左键不放，光标将变为一个球体，此时拖动鼠标到某构件模型上松开鼠标放置球体，即可将该球体作为模型的中心位置，如图 1-48 所示。在视图的控制操作过程中，缩放和动态观察都将使用到该中心。

6）环视

利用该工具可以沿垂直和水平方向旋转当前视图，且旋转视图时，人的视线将围绕当前视点旋转。单击【环视】按钮并按住鼠标左键不放，光标将变为左右箭头弧形状。此时拖动鼠标，模型将围绕当前视图的位置旋转。

图 1-48 指定中心位置

7）向上/向下

利用该工具可以沿模型的 Z 轴来调整当前视点的高度。单击【向上/向下】按钮并按住鼠标左键不放，光标将变为如图 1-49 所示的形状，此时上下拖动鼠标即可。

图 1-49 调整视点高度

> **提 示**
>
> 二维控制盘适用于平立剖等二维视图，且只有缩放、平移和回放导航功能。其操作方法与全导航控制盘中的方法一样，这里不再赘述。

此外，如想设置控制盘中的相关参数，可以单击控制盘面板右下角的下拉箭头，并选择【选项】选项，系统将打开【选项】对话框，并自动切换至 SteeringWheels 选项卡，如图 1-50 所示。此时，用户即可对控制盘的尺寸大小和文字可见性等相关参数进行设置。

> **提 示**
>
> 此外，在任何视图中，按住鼠标中键移动鼠标即可平移视图；滚动鼠标中键滚轮，即可缩放视图；按住 Shift 键和鼠标中键，即可动态观察视图。

2．缩放控制

位于导航栏下方的缩放控制工具集包含多种缩放视图方式，用户可以单击缩放工具下的下拉三角箭头，在展开的菜单中选择相应的工具缩放视图，如图 1-51 所示。各主要工具的使用方法如下所述。

图 1-50　设置控制盘参数

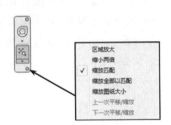

图 1-51　缩放控制

1）区域放大

选择该工具，然后用光标单击捕捉要放大区域的两个对角点，即可放大显示该区域。

2）缩小两倍

选择该工具，即可以当前视图窗口的中心点为中心，自动将图形缩小至原来的 1/2 以显示更多区域。

3）缩放匹配

选择该工具，即可在当前视图窗口中自动缩放以充满显示所有图形。

4）缩放全部以匹配

当同时打开显示几个视图窗口时，选择该工具，即可在所有打开的窗口中自动缩放以充满显示所有图形。

5）缩放图纸大小

选择该工具，即可将视图自动缩放为实际打印大小。

> **提　示**
>
> 在下拉菜单中选择了某一个缩放工具后，该工具即作为默认的当前缩放工具，下次使用时可以直接单击使用，而无须从菜单中选择。

1.4.3　使用 ViewCube

ViewCube 导航工具用于在三维视图中快速定向模型的方向。默认情况下，该工具位于三维视图窗口的右上角，如图 1-52 所示。

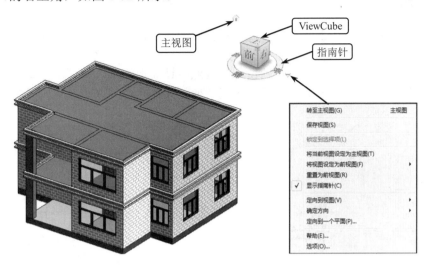

图 1-52　ViewCube 导航

　　ViewCube 立方体中各顶点、边、面和指南针的指示方向，代表三维视图中不同的视点方向。单击立方体或指南针的各部位，即可在各方向视图中进行切换显示；而若按住 ViewCube 或指南针上的任意位置并拖动鼠标，还可旋转视图。ViewCube 导航工具的主要使用方法如下所述。

1．立方体顶点

　　单击 ViewCube 立方体上的某顶点，可以将视图切换至模型的等轴测方向，如图 1-53 所示。

2．立方体棱边

　　单击 ViewCube 立方体上的某棱边，可以将视图切换至模型的 45°侧立面方向，如图 1-54 所示。

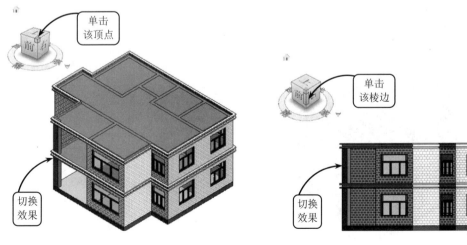

图 1-53　切换至等轴测视图　　　　　　图 1-54　切换至侧立面视图

3. 立方体面

单击 ViewCube 立方体上的某面,可以将视图切换至模型的正立面方向,或俯视、顶视方向,如图 1-55 所示。

且此时若单击 ViewCube 右上角的逆时针或顺时针弧形箭头,即可按指定的方向旋转视图;若单击正方形外的 4 个小箭头,即可快速切换到其他立面、顶面或底面视图,如图 1-56 所示。

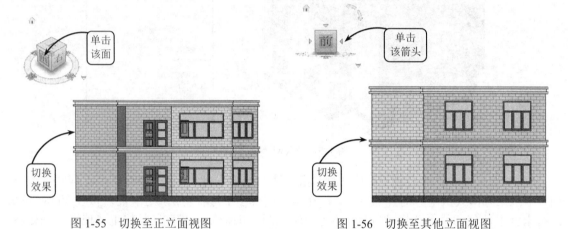

图 1-55　切换至正立面视图　　　　　图 1-56　切换至其他立面视图

4. 主视图

单击 ViewCube 左上角的"主视图"(小房子)按钮,可以将视图切换至主视图方向,如图 1-57 所示。用户也可以自行设置相应的主视图。

用户还可以通过 ViewCube 立方体下带方向文字的圆盘指南针来控制视图的方向。其中,单击相应的方向文字,即可切换到东南西北正立面视图;单击拖曳方向文字,即可旋转模型;单击拖曳指南针的圆,同样可以旋转模型。

此外,单击 ViewCube 右下角的【关联菜单】按钮,系统将打开相关的菜单选项,如图 1-58 所示。

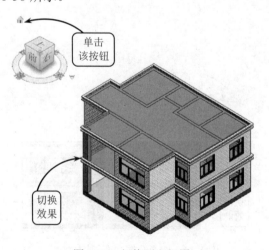

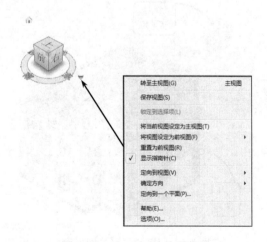

图 1-57　切换至主视图　　　　　　图 1-58　ViewCube 关联菜单

此时，用户可以通过该菜单进行主视图和前视图的相关设置。且若需要对 ViewCube 的样式进行设置，可以选择关联菜单中的【选项】选项，然后在打开的对话框中设置参数选项即可，如图 1-59 所示。

图 1-59　设置 ViewCube 样式

1.4.4　使用视图控制栏

在视图窗口中，位于绘图区左下角的视图控制栏用于控制视图的显示状态，如图 1-60 所示。且其中的视觉样式、阴影控制和临时隐藏/隔离工具是最常用的视图显示工具，现分别介绍如下。

1．视觉样式

Revit 2015 提供了 6 种模型视觉样式：线框、隐藏线、着色、一致的颜色、真实和光线追踪。其显示效果逐渐增强，但消耗的计算资源逐渐增多，且显示刷新的速度逐渐减慢。用户可以根据计算机的性能和所需的视图表现形式来选择相应的视觉样式类型，效果如图 1-61 所示。

此外，选择【视觉样式】工具栏中的【图形显示选项】选项，系统将打开【图形显示选项】对话框，如图 1-62 所示。此时，即可对相关的视图显示参数选项进行设置。

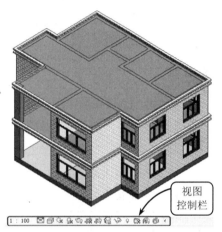

图 1-60　视图控制栏

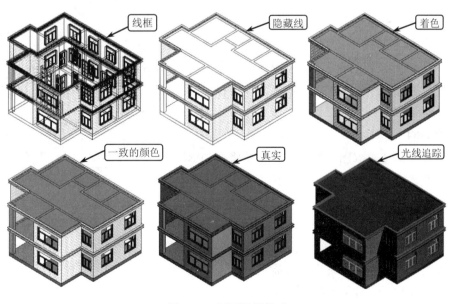

图 1-61　视图视觉样式

2. 阴影控制

当指定的视图视觉样式为隐藏线、着色、一致的颜色和真实等类型时，用户可以打开视图控制栏中的阴影开关，此时视图将根据项目设置的阳光位置投射阴影，效果如图 1-63 所示。

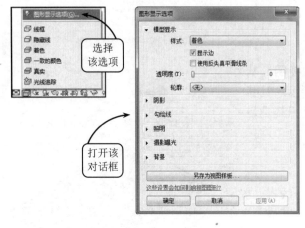

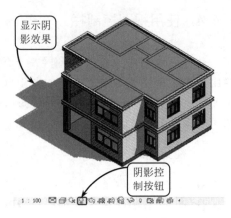

图 1-62 【图形显示选项】对话框   图 1-63 打开视图阴影

> **提 示**
>
> 启动阴影效果后，在进行视图导航控制时，系统将实时重新计算视图阴影，显示刷新的速度将会变慢。

3. 临时隐藏/隔离

当创建的建筑模型较为复杂时，为防止意外选择相应的构件导致误操作，还可以利用 Revit 提供的【临时隐藏/隔离】工具进行图元的显示控制操作。

在模型中选择某一构件，然后在视图控制栏中单击【临时隐藏/隔离】按钮，系统将展开相应的关联菜单，如图 1-64 所示。

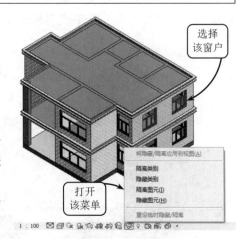

图 1-64 【临时隐藏/隔离】关联菜单

此时，若选择【隐藏图元】选项，系统将在当前视图中隐藏所选择的构件图元；若选择【隐藏类别】选项，系统将在当前视图中隐藏与所选构件属于同一类别的所有图元，效果如图 1-65 所示。

而若选择【隔离图元】选项，系统将单独显示所选图元，并隐藏未选择的其他所有图元；选择【隔离类别】选项，系统将单独显示与所选图元属于同类别的所有图元，并隐藏未选择的其他所有类别图元，效果如图 1-66 所示。

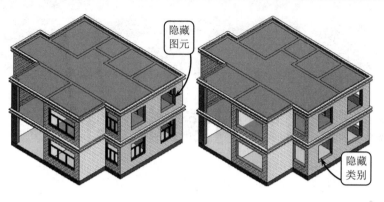

图 1-65　隐藏视图

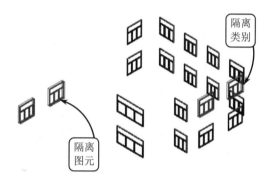

图 1-66　隔离视图

提　示

　　隐藏或隔离相应的图元后，再次单击【临时隐藏/隔离】按钮，在打开的菜单中选择【重设临时隐藏/隔离】选项，系统即可重新显示所有被临时隐藏的图元。

第2章

Revit 建筑设计基本操作

在利用 Revit 软件进行建筑设计时，诸如图元的选择和过滤，以及建筑构件模型的轮廓绘制和编辑，都是建模过程中极其重要的基本操作。用户只有掌握了基本的绘制和编辑工具的用法，才能为构建专业的三维建筑模型打下基础。

本章介绍图元的相关操作，以及在创建建筑模型构件时的基本绘制和编辑方法。此外，还简要介绍了参照平面的创建和标注临时尺寸的方法。

本章学习目的：

（1）掌握图元的选择方法。

（2）熟悉图元的过滤方法。

（3）掌握常用图元的绘制和编辑方法。

（4）掌握参照平面的创建方法。

（5）熟悉临时尺寸的标注。

2.1 图元操作

在 Revit 中，图元操作是建筑建模设计过程最常用的操作之一，也是进行构件编辑和修改操作的基础。其主要包括图元的选择和过滤方式，现分别介绍如下。

2.1.1 图元的选择

图元的选择是项目设计中最基本的操作命令，和其他的 CAD 设计软件一样，Revit 2015 软件也提供了单击选择、窗选和交叉窗选等方式。各方式的具体操作方法如下所述。

1．单击选择

在图元上直接单击进行选择是最常用的图元选择方式。在视图中移动光标到某一构件上，当图元高亮显示时单击，即可选择该图元，效果如图 2-1 所示。

此外，当按住 Ctrl 键，且光标箭头右上角出现"十"符号时，连续单击选取相应的图元，即可一次选择多个图元，效果如图 2-2 所示。

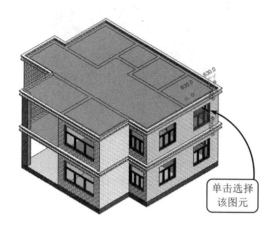

图 2-1　单击选择单个图元

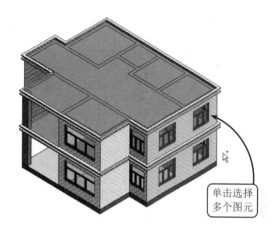

图 2-2　单击选择多个图元

> 提—示
>
> 此外，当单击选择某一构件图元后，右击，并在打开的快捷菜单中选择【选择全部实例】选项，系统即可选择所有相同类型的图元。

2．窗选

窗口选取是以指定对角点的方式定义矩形选取范围的一种选取方法。使用该方法选取图元时，只有完全包含在矩形框中的图元才会被选取，而只有一部分进入矩形框中的图元将不会被选取。

采用窗口选取方法时，可以首先单击确定第一个对角点，然后向右侧移动鼠标，此时选取区域将以实线矩形的形式显示，接着单击确定第二个对角点后，即可完成窗口选取，效果如图 2-3 所示。

3．交叉窗选

在交叉窗口模式下，用户无须将欲选择图元全部包含在矩形框中，即可选取该图元。

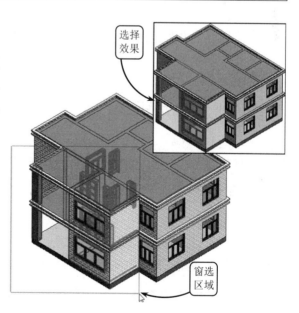

图 2-3　窗选图元

交叉窗口选取与窗口选取模式很相似，只是在定义选取窗口时有所不同。

交叉选取是在确定第一点后，向左侧移动鼠标，选取区域将显示为一个虚线矩形框。此时再单击确定第二点，即第二点在第一点的左边，即可将完全或部分包含在交叉窗口中的图元均选中，效果如图2-4所示。

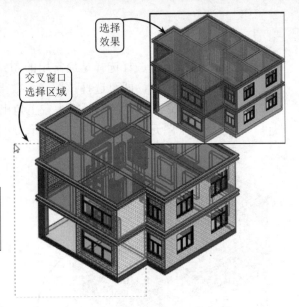

> **提　示**
>
> 　选择图元后，在视图空白处单击或按 Esc 键即可取消选择。

4．Tab 键选择

在选择图元的过程中，用户可以结合 Tab 键方便地选取视图中的相应图元。其中，当

图 2-4　交叉窗选图元

视图中出现重叠的图元需要切换选择时，可以将光标移至该重叠区域，使其亮显。然后连续按下 Tab 键，系统即可在多个图元之间循环切换以供选择。

此外，用户还可以利用 Tab 键选择墙链或线链的一部分：单击选择第一个图元作为链的起点，然后移动光标到该链中的最后一个图元上，使其亮显。此时，按下 Tab 键，系统将高亮显示两个图元之间的所有图元，单击即可选择该亮显部分链。

2.1.2　图元的过滤

当选择了多个图元后，尤其是利用窗选和交叉窗选等方式选择图元时，特别容易将一些不需要的图元选中。此时，用户可以利用相应的方式从选择集中过滤不需要的图元。各方式的具体操作方法分别介绍如下。

1．Shift 键+单击选择

选择多个图元后，按住 Shift 键，光标箭头右上角将出现"-"符号。此时，连续单击选取需要过滤的图元，即可将其从当前选择集中取消选择。

2．Shift 键+窗选

选择多个图元后，按住 Shift 键，光标箭头右上角将出现"-"符号。此时，从左侧单击并按住不放，向右侧拖动鼠标拉出实线矩形框，完全包含在框中的图元将高亮显示，且松开鼠标即可将这些图元从当前选择集中过滤。

3．Shift 键+交叉窗选

选择多个图元后，按住 Shift 键，光标箭头右上角将出现"-"符号。此时，从右侧单击

并按住不放，向左侧拖动鼠标拉出虚线矩形框，完全包含在框中和与选择框交叉的图元都将高亮显示，且松开鼠标即可将这些图元从当前选择集中过滤。

4．过滤器

当选择中包含不同类别的图元时，可以使用过滤器从选择中删除不需要的类别。例如，如果选择的图元中包含墙、门、窗和家具，可以使用过滤器将家具从选择中排除。

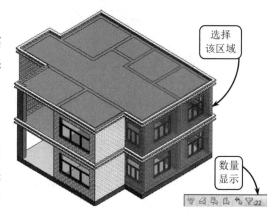

图 2-5　过滤器

选择多个图元后，在软件状态栏右侧的过滤器中将显示当前选择的图元数量，如图 2-5 所示。

此时，单击该过滤器漏斗图标，系统将打开【过滤器】对话框，如图 2-6 所示。该对话框中显示了当前选择的图元类别及各类别的图元数量，用户可以通过禁用相应类别前的复选框来过滤选择集中的已选图元。

例如，只需选取选择集中的窗图元，可以分别禁用墙和门前的复选框，然后单击【确定】按钮，系统即可过滤选择集中的墙和门图元，且状态栏中的过滤器将显示此时保留的窗图元的数量，效果如图 2-7 所示。

图 2-6　【过滤器】对话框

图 2-7　过滤选择图元

2.2　基本绘制

在 Revit 中绘制墙体、楼板和屋顶等的轮廓草图，或者绘制模型线和详图线时，都将用到基本的绘制工具来完成相应的操作。这些绘制工具的使用方法和 AutoCAD 软件中的操作方法大致相同，现分别介绍如下。

2.2.1 绘制平面

在 Revit 中绘制模型线时，首先需要指定相应的工作平面作为绘制平面。一般情况下，系统默认的工作平面是楼层平面。如果用户想在三维视图中墙的立面，或者直接在立面、剖面视图上绘制模型线，需要在绘制开始前进行设置。

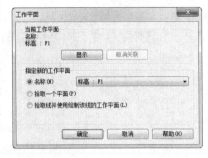

打开一平面视图，然后在【建筑】选项卡的【模型】选项板中单击【模型线】按钮，系统将激活并展开【修改|放置线】选项卡，进入绘制模式。此时，在选项栏的【放置平面】列表框中选择【拾取】选项，系统将打开【工作平面】对话框，如图 2-8 所示。

图 2-8 【工作平面】对话框

在该对话框中，用户可以通过 3 种方式设置新的工作平面，现分别介绍如下。

1．名称

选择【名称】单选按钮，可以在右面的列表框中选择可用的工作平面，其中包括标高名称、轴网和已命名的参照平面。选择相应的工作平面后，单击【确定】按钮，即可切换到该标高、轴网、参照平面所在的楼层平面、立剖面视图或三维视图，如图 2-9 所示。

图 2-9 选择名称工作平面

2．拾取一个平面

选择该单选按钮后，可以手动选择墙等各种模型构件表面、标高、轴网和参照平面作为工作平面。其中，当在平面视图中选择相应的模型表面后，系统将打开【转到视图】对话框，如图 2-10 所示。此时指定相应的视图作为工作平面即可。

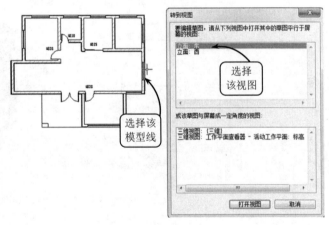

图 2-10 拾取工作平面

3．拾取线并使用绘制该线的工作平面

选择该单选按钮后，在平面视图中手动选择已有的线，即可将创建该线的工作平面作为新的工作平面。

2.2.2　模型线

在 Revit 中，线分为模型线和详图线两种。其中，模型线是基于工作平面的图元，存在于三维空间且在所有视图中都可见；而详图线是专用于绘制二维详图的，只能在绘制当前的视图中显示。但是两种线的绘制和编辑方法完全一样，现以模型线为例介绍其具体绘制方法。

在 Revit 中打开一平面视图，然后在【建筑】选项卡的【模型】选项板中单击【模型线】按钮，系统将激活并展开【修改|放置 线】选项卡，进入绘制模式，如图 2-11 所示。

图 2-11　【修改|放置 线】选项卡

此时，在【线样式】下拉列表框中选择所需的线样式，然后在【绘制】选项板中单击选择相应的工具，即可在视图中绘制模型线。且完成线图元的绘制后，按 Esc 键即可退出绘制状态。各绘制工具的使用方法如下所述。

1．直线

【直线】工具是系统默认的线绘制工具。在【绘制】选项板中单击【直线】按钮，系统将在功能区选项卡下方打开相应的选项栏，如图 2-12 所示。

图 2-12　【直线】选项栏

此时，若禁用【链】复选框，然后在平面图中单击捕捉两点，即可绘制一单段线；若启用【链】复选框，则在平面图中依次单击捕捉相应的点，即可绘制一连续线，效果如图 2-13 所示。

此外，若在选项栏的【偏移量】文本框中设置相应的参数，则实际绘制的直线将相对捕捉点的连线偏移指定的距离，该功能在绘制平行线时作用明显；而若启用选项栏中的【半径】复选框，并设置相应的参数，则在绘制连续直线时，系统将在转角处自动创建指定尺寸的圆角特征，效果如图 2-14 所示。

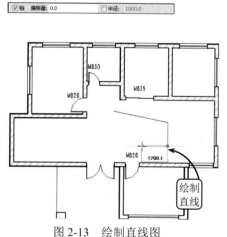

图 2-13　绘制直线图

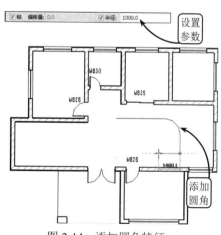

图 2-14　添加圆角特征

2．矩形

在【绘制】选项板中单击【矩形】按钮▢，系统将在功能区选项卡下方打开相应的选项栏，如图 2-15 所示。

图 2-15 【矩形】选项栏

此时，在平面图中单击捕捉矩形的第一个角点，然后拖动鼠标至相应的位置再次单击捕捉矩形的第二个角点，即可绘制出矩形轮廓。且用户可以通过双击矩形框旁边显示的蓝色临时尺寸框来修改该矩形的定位尺寸，如图 2-16 所示。

此外，若在选项栏的【偏移量】文本框中设置指定的参数，则可以绘制相应的同心矩形；而若启用选项栏中的【半径】复选框，并设置相应的参数，则可以绘制自动添加圆角特征的矩形，效果如图 2-17 所示。

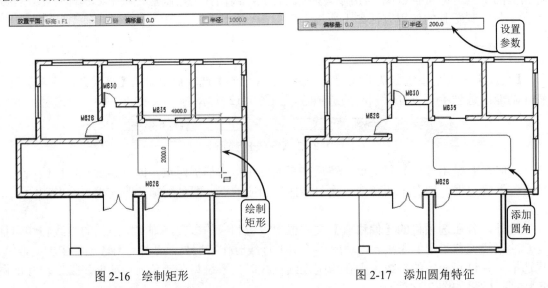

图 2-16 绘制矩形　　　　　　　图 2-17 添加圆角特征

3．内接多边形

在【绘制】选项板中单击【内接多边形】按钮⬡，系统将在功能区选项卡下方打开相应的选项栏，如图 2-18 所示。

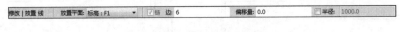

图 2-18 【内接多边形】选项栏

此时，先设置多边形的边数，然后在平面图中单击捕捉一点作为中心点，并移动光标拉出一个半径值不断变化的圆及其内接多边形，接着移动光标确定多边形的方向，并直接输入相应的半径参数，即可绘制出内接多边形，效果如图 2-19 所示。

提　示

若在【偏移量】文本框中设置相应的参数，用户还可以方便地绘制同心多边形。

此外，若设置完多边形的边数后，启用选项栏中的【半径】复选框，并设置相应的半径参数值，然后按照上述步骤确定多边形的方向，即可完成固定半径内接多边形的绘制，效果如图 2-20 所示。

4．外切多边形

外切多边形的绘制方法与内接多边形的绘制方法一样，这里不再赘述，其具体的绘制效果如图 2-21 所示

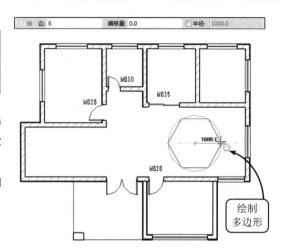

图 2-19　绘制内接多边形

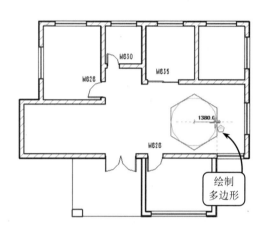

图 2-20　固定半径内接多边形

图 2-21　绘制外切多边形

5．圆

在【绘制】选项板中单击【圆形】按钮◎，系统将在功能区选项卡下方打开相应的选项栏，如图 2-22 所示。

图 2-22　【圆形】选项栏

此时，在平面图中单击捕捉一点作为圆心，并移动光标拉出一个半径值不断变化的圆，然后直接输入相应的半径参数值，即可完成圆轮廓的绘制，效果如图 2-23 所示。

此外，若启用【半径】复选框，并设置相应的参数值，即可绘制固定半径的圆轮廓；若在【偏移量】文本框中设置相应的参数值，还可以方便地绘制同心圆。其操作方法简单，这

里不再赘述。

6. 圆弧

在 Revit 中绘制模型线时，用户可以通过多种方式绘制相应的圆弧，现以常用的圆弧工具为例介绍其具体操作方法。

1）起点-终点-半径弧

在【绘制】选项板中单击【起点-终点-半径弧】按钮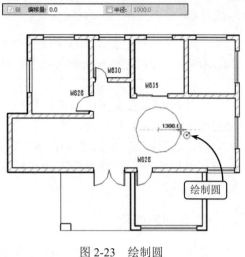，系统将在功能区选项卡下方打开相应的选项栏，如图 2-24 所示。

此时，在平面图中依次单击捕捉两点分别作为圆弧的起点和终点，然后移动光标确定方向，并输入半径值，即可完成圆弧的绘制，效果如图 2-25 所示。

图 2-23　绘制圆

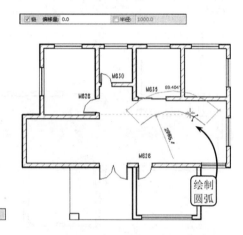

图 2-24　【起点-终点-半径弧】选项栏　　　图 2-25　指定起点和终点绘制圆弧

此外，用户还可以通过启用选项栏中的【半径】复选框，并设置相应的参数值来绘制固定半径的圆弧。

> **提 示**
>
> 在绘制固定半径的圆弧时，当两点的弦长超出指定半径的 2 倍时，则该圆不存在，且系统将自动切换到绘制浮动半径弧的方式。

2）圆心-端点弧

在【绘制】选项板中单击【圆心-端点弧】按钮，然后在平面图中单击捕捉一点作为圆心，并移动光标至半径合适的位置单击确定圆弧的起点，接着再确定圆弧的终点，即可完成圆弧的绘制，效果如图 2-26 所示。

此外,用户也可以通过启用选项栏中的【半径】复选框,并设置相应的参数值来绘制固定半径的圆弧。只不过该方式是先放置一个固定半径尺寸的整圆,然后在该圆上截取相应的起点和终点即可。

3)相切-端点弧

在【绘制】选项板中单击【相切-端点弧】按钮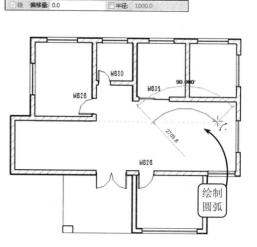,然后在平面图中单击捕捉与弧相切的现有墙或线的端点作为圆弧的起点,接着移动光标并捕捉弧的终点,即可绘制一段相切圆弧,效果如图 2-27 所示,该方式绘制的圆弧半径是由光标位置确定的。

此外,用户还可以通过启用选项栏中的【半径】复选框,并设置相应的参数值来绘制固定半径的圆弧。

图 2-26　指定圆心和端点绘制圆弧

7．圆角

在【绘制】选项板中单击【圆角弧】按钮 ，系统将在功能区选项卡下方打开相应的选项栏,如图 2-28 所示。

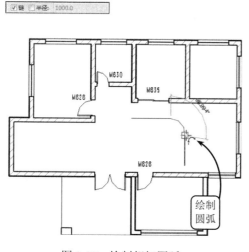

图 2-27　绘制相切圆弧

图 2-28　【圆角弧】选项栏

此时,在平面图中依次单击选取要添加圆角特征的两段线,并移动光标确定圆角的半径尺寸,即可完成圆角的绘制。如想精确设置圆角的半径尺寸值,还可以在完成圆角特征的绘制后单击选择该弧,然后在打开的临时尺寸框中进行相关设置即可。

但是在实际设计过程中,往往需要直接添加精确尺寸的圆角特征。此时,用户可以在选项栏中启用【半径】复选框,并设置相应的尺寸值,然后在平面图中选取要添加圆角特征的两段线即可,效果如图 2-29 所示。

8．其他线条

此外，利用【绘制】选项板中的其余工具还可以绘制其他模型线。这些工具在创建族构件的过程中起到非常重要的作用，现分别介绍如下。

1）样条曲线

在【绘制】选项板中单击【样条曲线】按钮 ，然后在平面图中依次单击捕捉相应的点作为控制点即可。

2）椭圆

在【绘制】选项板中单击【椭圆】按钮 ，然后在平面图中依次单击捕捉所绘椭圆的中心点和两轴方向的半径端点即可。

3）半椭圆

在【绘制】选项板中单击【半椭圆】按钮 ，然后在平面图中依次单击捕捉所绘半椭圆的起点、终点和轴半径端点即可。

4）拾取线

在【绘制】选项板中单击【拾取线】按钮 ，然后在平面图中单击选取现有的墙或楼板等各种已有图元的边，即可快速创建生成相应的线。

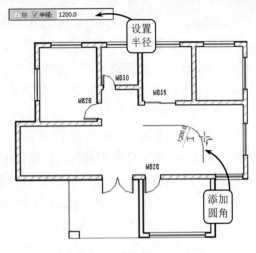

图 2-29 添加圆角特征

2.3 基本编辑

在 Revit 中编辑图元时，除了墙门窗等各专业构件的专用编辑命令外，用户还可以使用【修改】选项卡中的常用工具对图元进行常规编辑操作。这些工具的使用方法和 AutoCAD 中的操作方法大致相同，现分别介绍如下。

2.3.1 调整图元（移动和旋转）

移动和旋转工具都是在不改变被编辑图元具体形状的基础上对图元的放置位置和角度进行重新调整，以满足最终的设计要求。

1．移动

移动是图元的重定位操作，是对图元对象的位置进行调整，而方向和大小不变。该操作是图元编辑命令中使用最多的操作之一。用户可以通过以下几种方式对图元进行相应的移动操作。

1）单击拖曳

启用状态栏中的【选择时拖曳图元】功能，然后在平面视图上单击选择相应的图元，并按住鼠标左键不放，此时拖动光标即可移动该图元，效果如图 2-30 所示。

2）箭头方向键

单击选择某图元后，用户可以通过单击键盘的方向箭头来移动该图元。

3）移动工具

单击选择某图元后，在激活展开的相应选项卡中单击【移动】按钮，然后在平面视图中选择一点作为移动的起点，并输入相应的距离参数，或者指定移动终点，即可完成该图元的移动操作，效果如图 2-31 所示。

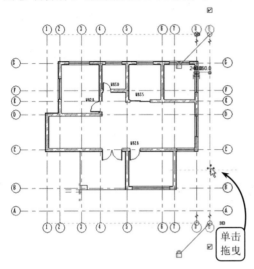

图 2-30　单击拖曳图元　　　　　　　　图 2-31　移动图元

此外，选择【移动】工具后，系统将在功能区选项卡的下方打开【移动】选项栏。如启用【约束】复选框，则只能在水平或垂直方向进行移动。

4）对齐工具

单击选择某图元后，在激活展开的相应选项卡中单击【对齐】按钮，系统将展开【对齐】选项栏，如图 2-32 所示。在该选项栏的【首选】列表框中，用户可以选择相应的对齐参照方式。

图 2-32　【对齐】选项栏

例如，选择【参照墙中心线】选项，然后在平面视图中单击选择相应的墙轴线作为对齐的目标位置，并再次单击选择要对齐的图元的墙轴线，即可将该图元移动到指定位置，效果如图 2-33 所示。

> **提　示**
>
> 　　此外，选择要移动的图元后，用户还可以通过激活选项卡中的【剪切板】选项板进行相应的移动操作。

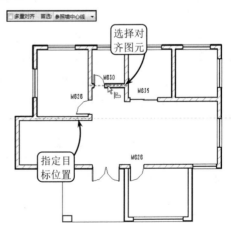

2．旋转

旋转同样是重定位操作，其是对图元对象的方向

图 2-33　对齐图元

进行调整，而位置和大小不改变。该操作可以将对象绕指定点旋转任意角度。

选择平面视图中要旋转的图元后，在激活展开的相应选项卡中单击【旋转】按钮，此时在所选图元外围将出现一个虚线矩形框，且中心位置显示一个旋转中心符号。用户可以通过移动光标依次指定旋转的起始和终止位置来旋转该图元，效果如图2-34所示。

此外，在旋转图元前，若在【旋转】选项栏中设置角度参数值，则单击回车键后可自动旋转到指定角度位置。输入的角度参数为正时，图元逆时针旋转；为负时，图元顺时针旋转。

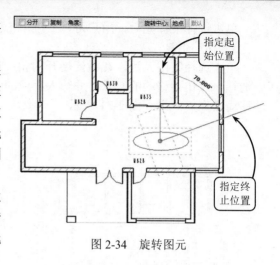

图 2-34　旋转图元

> **提示**
>
> 　　用户还可以单击选择旋转中心符号，并按住鼠标左键不放，然后拖曳光标到指定位置，即可修改旋转中心的位置。

2.3.2　复制图元（复制、偏移、镜像和阵列）

在 Revit 中，用户可以利用相关的复制类工具，以现有图元对象为源对象，绘制出与源对象相同或相似的图元，从而简化绘制具有重复性或近似性特点图元的绘图步骤，以达到提高绘图效率和绘图精度的目的。

1．复制

复制工具是 Revit 绘图中的常用工具，其主要用于绘制具有两个或两个以上的重复性图元，且各重复图元的相对位置不存在一定的规律性。复制操作可以省去重复绘制相同图元的步骤，大大提高了绘图效率。

单击选择某图元后，在激活展开的相应选项卡中单击【复制】按钮，然后在平面视图上单击捕捉一点作为参考点，并移动光标至目标点，或者输入指定距离参数，即可完成该图元的复制操作，效果如图2-35所示。

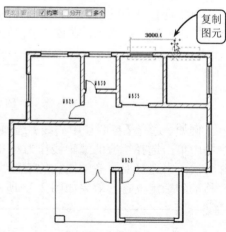

图 2-35　复制图元

此外，如在打开的【复制】选项栏中启用【约束】复选框，则光标只能在水平或垂直方向移动；如启用【多个】复选框，则可以连续复制多个副本。

2．偏移

利用该工具可以创建出与源对象成一定距离，且形状相同或相似的新图元对象。对于直线来说，可以绘制出与其平行的多个相同副本对象；对于圆、椭圆、矩形以及由多段线围成的图元来说，可以绘制出成一定偏移距离的同心圆或近似图形。

在 Revit 中，用户可以通过以下两种方式偏移相应的图元对象，各方式的具体操作如下所述。

1）数值方式

该方式是指先设置偏移距离，然后再选取要偏移的图元对象。在【修改】选项卡中单击【偏移】按钮，然后在打开的选项栏中选择【数值方式】单选按钮，设置偏移的距离参数，并启用【复制】复选框。此时，移动光标到要偏移的图元对象两侧，系统将在要偏移的方向上预显一条偏移的虚线。确认相应的方向后单击，即可完成偏移操作，效果如图 2-36 所示。

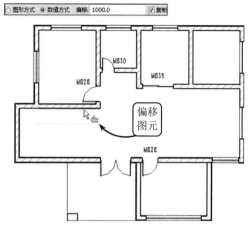

图 2-36　按数值方式偏移图元

2）图形方式

该方式是指先选择偏移的图元和起点，然后再捕捉终点或输入偏移距离进行偏移。在【修改】选项卡中单击【偏移】按钮，然后在打开的选项栏中选择【图形方式】单选按钮，并启用【复制】复选框。此时，在平面视图中选择要偏移的图元对象，并指定一点作为偏移起点。接着移动光标捕捉目标点，或者直接输入距离参数即可，效果如图 2-37 所示。

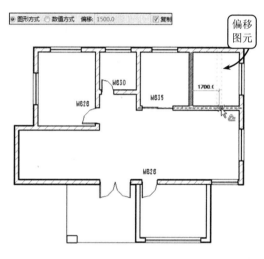

图 2-37　按图形方式偏移图元

> 提　示
>
> 　　此外，若偏移前禁用【复制】复选框，则系统将要偏移的图元对象移动到新的目标位置。

3．镜像

该工具常用于绘制结构规则，且具有对称性特点的图元。绘制这类对称图元时，只需绘制对象的一半或几分之一，然后将图元对象的其他部分对称复制即可。在 Revit 中，用户可以通过以下两种方式镜像生成相应的图元对象，各方式的具体操作如下所述。

1）镜像-拾取轴

单击选择要镜像的某图元后，在激活展开的相应选项卡中单击【镜像-拾取轴】按钮，然后在平面视图中选取相应的轴线作为镜像轴即可，效果如图 2-38 所示。

2）镜像-绘制轴

单击选择要镜像的某图元后，在激活展开的相应选项卡中单击【镜像-绘制轴】按钮，然后在平面视图中的相应位置依次单击捕捉两点绘制一轴线作为镜像轴即可，效果如图 2-39 所示。

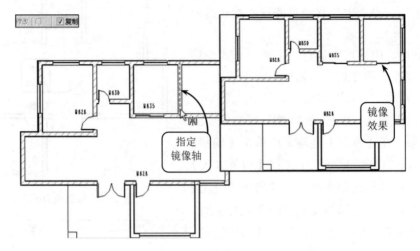

图 2-38　指定轴镜像图元

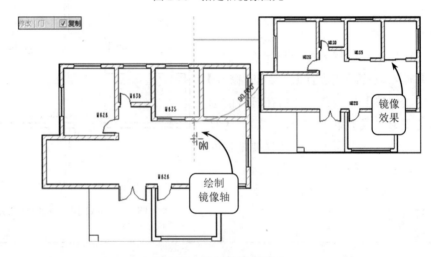

图 2-39　绘制轴镜像图元

提　示

此外，若镜像前禁用【复制】复选框，则系统将在镜像操作完成后，删除原始图元。

4．阵列

利用该工具可以按照线性或径向的方式，以定义的距离或角度复制出源对象的多个对象副本。在 Revit 中，利用该工具可以大量减少重复性图元的绘图步骤，提高绘图效率和准确性。

单击选择要阵列的图元后，在激活展开的相应选项卡中单击【阵列】按钮，系统将展开【阵列】选项栏，如图 2-40 所示。此时，用户即可通过以下两种方式进行相应的阵列操作。

修改 | 家具　激活尺寸标注　□ ⊡ ☑ 成组并关联　项目数: 2　　移动到: ◉ 第二个　◯ 最后一个　☑ 约束

图 2-40　【阵列】选项栏

1）线性阵列

线性阵列是以控制项目数，以及项目图元之间的距离，或添加倾斜角度的方式，使选取的阵列对象成线性的方式进行阵列复制，从而创建出源对象的多个副本对象。

在展开的【阵列】选项栏中单击【线性】按钮，并启用【成组并关联】和【约束】复选框。然后设置相应的项目数，并在【移动到】选项组中选择【第二个】单选按钮。此时，在平面视图中依次单击捕捉阵列的起点和终点，或者在指定阵列起点后直接输入阵列参数，即可完成线性阵列操作，效果如图 2-41 所示。

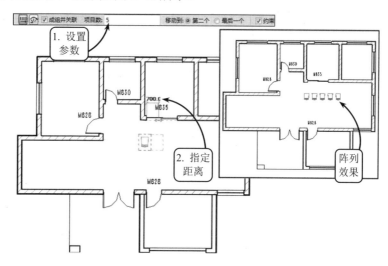

图 2-41　线性阵列

其中，若启用【成组并关联】复选框，则在完成线性阵列操作后，单击选择任一阵列图元，系统都将在图元外围显示相应的虚线框和项目参数，用户可以实时更新阵列数量，效果如图 2-42 所示。若禁用该复选框，则选择阵列后的图元，系统将不显示项目参数。

此外，在【移动到】选项组中选择【第二个】单选按钮，则指定的阵列距离是指源图元到第二个图元之间的距离；若选择【最后一个】单选按钮，则指定的阵列距离是指源图元到最后一个图元之间的总距离。

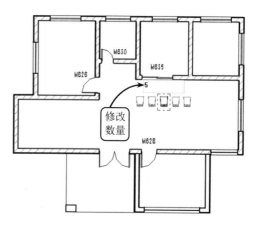

图 2-42　实时修改阵列项目数

2）径向阵列

径向阵列能够以任一点为阵列中心点，将阵列源对象按圆周或扇形的方向，以指定的阵列填充角度，项目数目或项目之间夹角为阵列值进行源图形的阵列复制。该阵列方法经常用于绘制具有圆周均布特征的图元。

在展开的【阵列】选项栏中单击【径向】按钮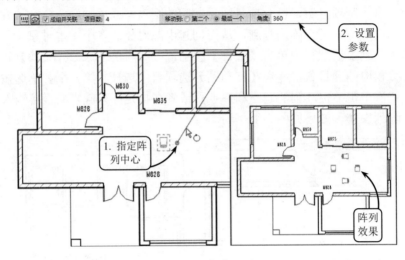，并启用【成组并关联】复选框。此时，在平面视图中拖动旋转中心符号到指定位置确定阵列中心。然后设置阵列项目数，在【移动到】选项组中选择【最后一个】单选按钮，并设置阵列角度参数。接着按下回车键，即可完成阵列图元的径向阵列操作，效果如图 2-43 所示。

图 2-43　径向阵列图元

2.3.3　修剪图元（修剪/延伸和拆分）

在完成图元对象的基本绘制后，往往需要对相关对象进行编辑修改的操作，使之达到预期的设计要求。用户可以通过修剪、延伸和拆分等常规操作来完成图元对象的编辑工作。

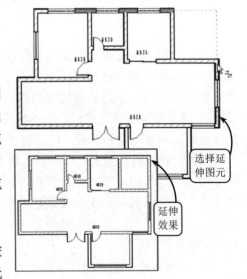

1．修剪/延伸

修剪/延伸工具的共同点都是以视图中现有的图元对象为参照，以两图元对象间的交点为切割点或延伸终点，对与其相交或成一定角度的对象进行去除或延长操作。

在 Revit 中，用户可以通过以下 3 种工具修剪或延伸相应的图元对象，各工具的具体操作如下所述。

1）修剪/延伸为角部

在【修改】选项卡中单击【修剪/延伸为角部】按钮，然后在平面视图中依次单击选择要延伸的图元即可，效果如图 2-44 所示。

图 2-44　延伸图元

此外，在利用该工具修剪图元时，用户可以通过系统提供的预览效果确定修剪方向，效果如图 2-45 所示。

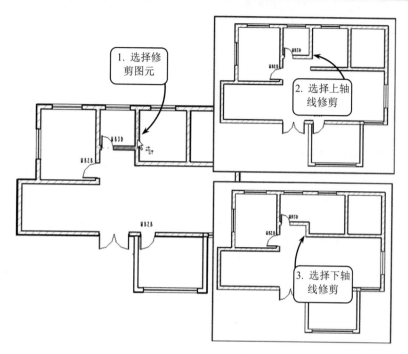

图 2-45　修剪图元

2）修剪/延伸单个图元

利用该工具可以通过选择相应的边界修剪或延伸单个图元。在【修改】选项卡中单击【修剪/延伸单个图元】按钮，然后在平面视图中依次单击选择修剪边界和要修剪的图元即可，效果如图 2-46 所示。

3）修剪/延伸多个图元

利用该工具可以通过选择相应的边界修剪或延伸多个图元。在【修改】选项卡中单击【修剪/延伸多个图元】按钮，然后在平面视图中选择相应的边界图元，并依次单击选择要修剪和延伸的图元即可，效果如图 2-47 所示。

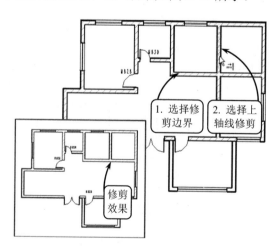

图 2-46　修剪单个图元

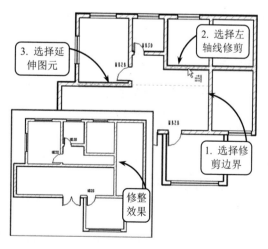

图 2-47　修剪并延伸多个图元

2．拆分

在 Revit 中，利用拆分工具可以将图元分割为两个单独的部分，可以删除两个点之间的线段，还可以在两面墙之间创建定义的间隙。

1）拆分图元

在【修改】选项卡中单击【拆分图元】按钮📼，并不启用选项栏中的【删除内部线段】复选框，然后在平面视图中的相应图元上单击，即可将其拆分为两部分，如图 2-48 所示。

此外，若启用【删除内部线段】复选框，然后在平面视图中要拆分去除的位置依次单击选择两点即可，效果如图 2-49 所示。

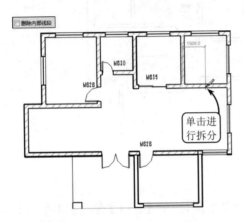
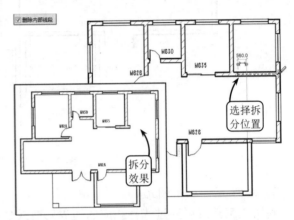

图 2-48　拆分图元为两部分　　　　图 2-49　拆分去除图元

2）用间隙拆分

在【修改】选项卡中单击【用间隙拆分】按钮📼，并在选项栏中的【连接间隙】文本框中设置相应的参数，然后在平面视图中的相应图元上单击选择拆分位置，即可以为设置的间隙距离创建一个缺口，效果如图 2-50 所示。

在利用间隙拆分图元时，系统默认的间隙参数为 1.6~304.8mm。

图 2-50　间隙拆分图元

2.4　辅助操作

在利用 Revit 软件进行建筑设计时，还经常用到参照平面辅助模型建模，且在绘制相应的图元时，临时尺寸标注起到重要的定位参考作用，现分别介绍如下。

2.4.1　参照平面

参照平面是个平面,在某些方向的视图中显示为线。在 Revit 建筑设计过程中,参照平面除了可以作为定位线外,还可以作为工作平面。用户可以在其上绘制模型线等图元。

1.创建参照平面

切换至【建筑】选项卡,在【工作平面】选项板中单击【参照平面】按钮,系统将展开相应的选项卡,并打开【参照平面】选项栏。用户可以通过以下两种方式创建相应的参照平面,具体操作方法如下所述。

1)绘制线

在展开的选项卡中单击【直线】按钮,然后在平面视图中的相应位置依次单击捕捉两点,即可完成参照平面的创建,效果如图 2-51 所示。

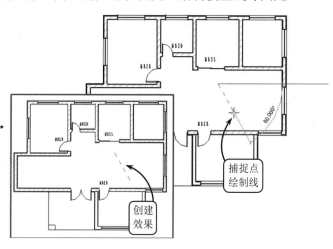

图 2-51　绘制线创建参照平面

2)拾取线

在展开的选项卡中单击【拾取线】按钮,然后在平面视图中单击选择已有的线或模型图元的边,即可完成参照平面的创建,效果如图 2-52 所示。

2.命名参照平面

在建模过程中,对于一些重要的参照平面,用户可以进行相应的命名,以便以后通过名称来方便地选择该平面作为设计的工作平面。

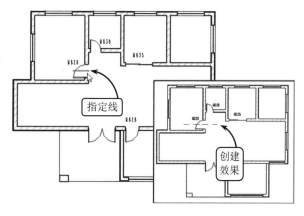

图 2-52　选择线创建参照平面

在平面视图中选择创建的参照平面,在激活的相应选项卡中单击【属性】按钮,系统将打开【属性】对话框,如图 2-53 所示。此时,用户即可在该对话框中的【名称】文本框中输入相应的名称。

2.4.2　使用临时尺寸标注

当在 Revit 中选择构件图元时,系统会自动捕捉该图元周围的参照图元,显示相应的蓝色尺寸标注,这就是临时尺寸。一般情况下,在进行建筑设计时,

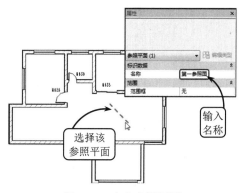

图 2-53　命名参照平面

用户都将使用临时尺寸标注来精确定位图元。

在平面视图中选择任一图元，系统将在该图元周围显示定位尺寸参数，如图 2-54 所示。此时，用户可以单击选择相应的尺寸参数修改，对该图元进行重新定位。

此外，在创建图元或选择图元时，用户还可以为图元的临时尺寸标注添加相应的公式计算，且公式都是以等号开始，然后使用常规的数学算法即可，效果如图 2-55 所示。

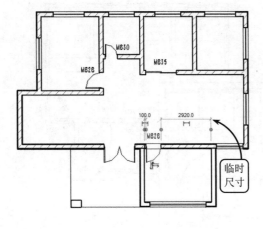

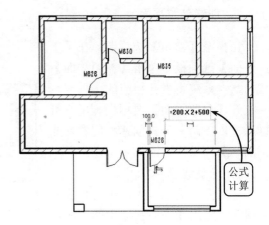

图 2-54　临时尺寸　　　　　　　　　　　图 2-55　公式计算

 提　示

　　每个临时尺寸两侧都有拖曳操作夹点，用户可以拖曳改变临时尺寸线的测量位置。

第**3**章

标高和轴网

标高和轴网是建筑设计时立、剖面和平面视图中重要的定位标识信息，二者的关系密切。在 Revit 中设计项目时，可以通过标高和轴网之间的间隔空间为依据，创建墙、门、窗、梁柱、楼梯、楼板屋顶等建筑模型构件。

在使用 Revit 进行设计时，建议先创建标高，再创建轴网。只有这样，在立剖面视图中，创建的轴线标头才能在顶层标高线之上；轴线与所有标高线相交，且基于楼层平面视图中的轴网才会全部显示。

本章主要介绍标高和轴网的创建与编辑方法，通过学习标高和轴网的创建来开启建筑设计的第一步。

本章学习目的：

（1）掌握标高的创建方法。

（2）掌握标高的编辑方法。

（3）掌握轴网的创建方法。

（4）掌握轴网的编辑方法。

3.1　创建和编辑标高

标高是用于定义建筑内的垂直高度或楼层高度，是设计建筑效果的第一步。标高的创建与编辑，则必须在立面或剖面视图中才能够进行操作。因此，在项目设计时必须首先进入立面视图。

3.1.1　创建标高

在 Revit 中，创建标高的方法有 3 种：绘制标高、复制标高和阵列标高。用户可以通过不同情况选择创建标高的方法。

1. 绘制标高

绘制标高是基本的创建方法之一，对于低层或尺寸变化差异过大的建筑构件，使用该方法可直接绘制标高。

启动 Revit 后，单击左上角的【应用程序菜单】按钮，选择【新建】|【项目】选项，打开【新建项目】对话框。在该对话框中单击【浏览】按钮，选择光盘文件中的项目样板.rte 文件，单击【确定】按钮，如图 3-1 所示。

> **提 示**
>
> 由于这里创建的是项目文件，所以在【新建项目】对话框中使用默认【新建】选项组中的【项目】选项。

图 3-1 【新建项目】对话框

单击【应用程序菜单】按钮，选择【保存】选项，在打开的【另存为】对话框的【文件名】文本框中输入"职工食堂"，保存该文件为 rvt 格式的项目文件，如图 3-2 所示。

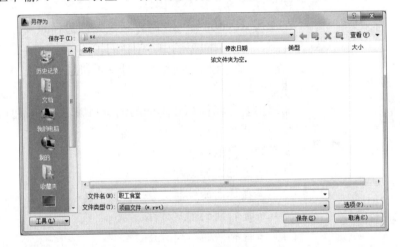

图 3-2 保存项目文件

默认情况下，绘图区域中显示的为"南立面"视图效果。在该视图中，蓝色倒三角为标高图标；图标上方的数值为标高值；红色虚线为标高线；标高线上方的为标高名称，如图 3-3 所示。

将光标指向 F2 标高一端，并滚动鼠标滑轮放大该区域。双击标高值，在文本框中输入 5.6，按 Enter 键完成标高值的更改，如图 3-4 所示。

> **注 意**
>
> 该项目样板的标高值是以米为单位的，而标高值并不是任意设置，而是根据建筑设计图中的建筑尺寸来设置的层高。

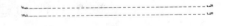

图 3-3 南立面视图

切换到【建筑】选项卡，在【基准】面板中单击【标高】按钮，进入【修改|放置 标高】上下文选项卡。单击【绘制】面板中的【直线】按钮，确定绘制标高的工具，如图 3-5 所示。

当选择标高绘制方法后，选项栏中会显示【创建平面视图】选项。当选择该选项后，所创建的每个标高都是一个楼层。单击【平面视图类型】选项后，在弹出的【平面视图类型】对话框中，除了【楼层平面】选项外，还包括【天花板平面】与【结构平面】选项，如图 3-6 所示。如果禁用【创建平面视图】选项，则认为标高是非楼层的标高，并且不创建关联的平面视图。

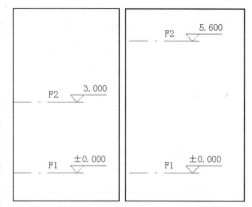

图 3-4　更改标高值

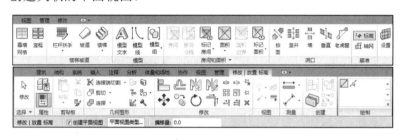

图 3-5　选择【标高】工具

图 3-6　平面视图类型

> **提　示**
>
> 　　【偏移量】选项则是控制标高值的偏移范围，可以是正数，也可以是负数。通常情况下，【偏移量】的选项值为 0。

这时，单击并拖动鼠标滚轮向左移动绘图区域中的视图，显示标高左侧。将光标指向 F2 标高左侧时，光标与现有标高之间会显示一个临时尺寸标注。当光标指向现有标高标头时，Revit 会自动捕捉端点。单击确定标高端点后，配合鼠标滚轮向右移动视图，确定右侧的标高端点后单击，完成标高的绘制，如图 3-7 所示。

> **技　巧**
>
> 　　当捕捉标高端点后，既可以通过移动光标来确定标高尺寸，也可以通过键盘中的数字键输入来精确确定标高尺寸。

当选择【标高】工具后，【属性】面板中将显示与标高有关的选项。其中在类型选择器中，可以选择项目样本中提供的标高类型。选择【下标头】类型，按照上述方法，在 F1 标高的下方绘制 F4 标高，如图 3-8 所示。

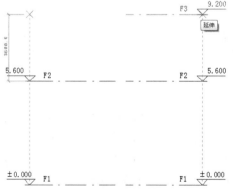

图 3-7　创建标高

注　意

在标高绘制中，除了直接绘制外，还有一种方法是拾取线方法。该方法必须是在现有参考线的基础上才能够使用，所以目前该方法不可用。

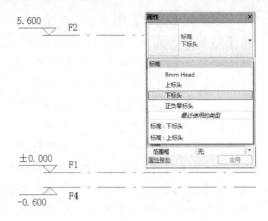

图 3-8　绘制下标头标高

2. 复制标高

标高创建除了可以通过绘制方法外，还可以通过复制的方法。具体操作如下：首先选择将要复制的标高，这时功能区切换到【修改|标高】上下文选项卡。选择【修改】面板中的【复制】工具，在选项栏中启用【约束】和【多个】选项，然后在 F3 标高的任意位置单击作为复制的基点，如图 3-9 所示。

接着向上移动光标，并显示临时尺寸标注。当临时尺寸标注显示为 3600 时单击，即可复制标高，如图 3-10 所示。

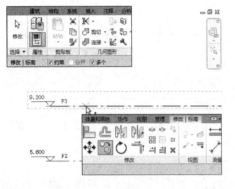

图 3-9　选择复制

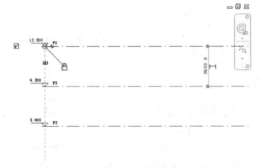

图 3-10　复制标高

技　巧

由于启用了【约束】选项，所以在复制过程中只能够垂直或者水平移动光标；而启用【多个】选项，则可以连续复制多个标高，要想取消复制，只需要连续按两次 Esc 键即可。

3. 阵列标高

除了复制标高外，还能够通过阵列创建标高。操作方法是，同样选择要阵列的标高后，在【修改|标高】上下文选项卡中单击【修改】面板中的【阵列】工具，并且在选项栏中单击【线性】按钮，设置【项目数】为4，单击标高任意位置确定基点，如图 3-11 所示。

当选择【阵列】工具后，通过设置选项栏中的选项

图 3-11　选择阵列

可以创建线性阵列或者半径阵列。下面为各个选项及其相关作用。

（1）线性　单击该按钮，将创建线性阵列。

（2）径向　单击该按钮，将创建半径阵列。

（3）成组并关联　将阵列的每个成员包括在一个组中。如果禁用该选项，Revit 将会创建指定数量的副本，而不会使它们成组。在放置后，每个副本都独立于其他副本。

（4）项目数　指定阵列中所有选定图元的副本总数。

（5）移动到　该选项是用来设置阵列效果的，其中包括以下两个子选项。

① 第二个　指定阵列中每个成员间的间距。其他阵列成员出现在第二个成员之后。

② 最后一个　指定阵列的整个跨度。阵列成员会在第一个成员和最后一个成员之间以相等间隔分布。

（6）约束　用于限制阵列成员沿着与所选的图元垂直或共线的矢量方向移动。

这里启用的是【第二个】选项，所以在阵列过程中，只要设置第一个阵列标高与原有标高之间的临时尺寸标注，然后单击 Enter 键，即可完成阵列效果，如图 3-12 所示。

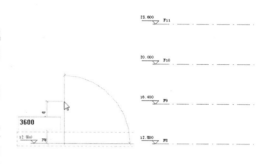

图 3-12　创建阵列

技—巧

选项栏中的【项目数】选项值是包括原有图元的，也就是说，当创建 3 个标高时，该选项必须设置为 4。

3.1.2　编辑标高

建筑效果图中的标高显示并不是一成不变的，在 Revit 中既可以通过【类型属性】对话框统一设置标高图形中的各种显示效果，还能够通过手动方式重命名标高名称以及独立设置标高名称的显示与否和显示位置。

图 3-13　现有标高显示效果

1．批量设置

在 Revit 中，通过【建筑样板】选项创建的项目。在南视图中显示的标高名称为"标高1"、标高线为虚线、颜色为"灰色"，并且只有一端显示标高名称，如图 3-13 所示。

选择某个标高后，单击【属性】面板中的【编辑类型】选项，打开【类型属性】对话框，如图 3-14 所示。

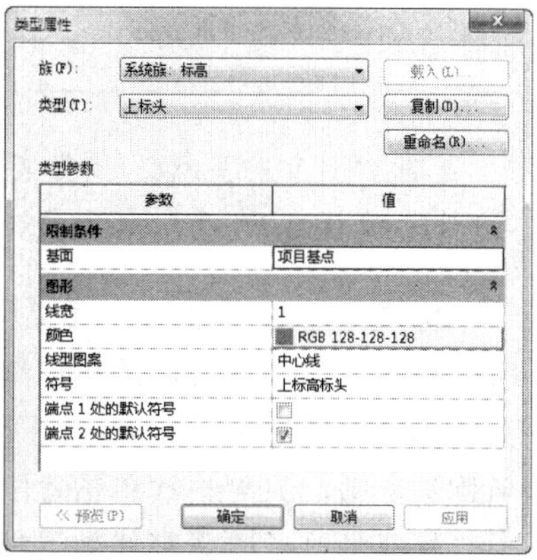

在该对话框中，不仅能够设置标高显示的颜色、样式、

图 3-14　【类型属性】对话框

粗细，还能够设置端点符号的显示与否。其中，各个参数以及相应的值设置如表 3-1 所示。

表 3-1　【类型属性】对话框中的各个参数以及相应的值设置

参数	值
限制条件	
基面	如果该选项设置为"项目基点"，则在某一标高上报告的高程基于项目原点；如果该选项设置为"测量点"，则报告的高程基于固定测量点
图形	
线宽	设置标高类型的线宽。可以使用【线宽】工具来修改线宽编号的定义
颜色	设置标高线的颜色。可以从 Revit 定义的颜色列表中选择颜色，或定义自己的颜色
线型图案	设置标高线的线型图案。线型图案可以为实线或虚线和圆点的组合，可以从 Revit 定义的值列表中选择线型图案，或定义自己的线型图案
符号	确定标高线的标头是否显示编号中的标高号（标高标头-圆圈）、显示标高号但不显示编号（标高标头-无编号）或不显示标高号（<无>）
端点 1 处的默认符号	默认情况下，在标高线的左端点放置编号。选择标高线时，标高编号旁边将显示复选框，取消选中该复选框以隐藏编号，再次选中它以显示编号
端点 2 处的默认符号	默认情况下，在标高线的右端点放置编号

在【类型属性】面板中设置需要的标高各种图形选项，即可得到相应的标高显示效果，如图 3-15 所示。

2．手动设置

标高除了能够在【类型属性】对话框中统一设置外，还可以通过手动方式来设置标高的名称、显示位置以及是否显示等操作。

标高的名称是可以重命名的，只要单击标高名称，即可在文本框中更改标高名称。按下 Enter 键后，打开 Revit 提示框，询问"是否希望重命名相应视图？"，单击【是】按钮，即可在更改标高名称的同时更改相应视图的名称，如图 3-16 所示。

图 3-15　标高显示效果

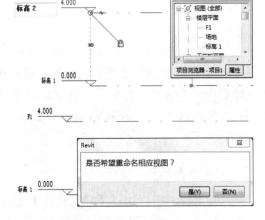

图 3-16　重命名标高

提　示

在"职工食堂.rvt"项目文件中，使用上述方法，将标高 F4 重命名为室外地坪。

标高名称除了能够在【类型属性】对话框中统一设置显示与否外，还可以单独设置某个标高名称的显示与否。方法是选中该标高，单击其左侧的【隐藏编号】选项，即可隐藏该标高的名称与参数，如图 3-17 所示。要想重新显示名称与参数，只要再次单击【隐藏编号】选项即可。

标高的显示除了直线效果外，还可以是折线效果，只要为标高添加弯头即可。方法是，单击选中标高，在参数右侧标高线上显示【添加弯头】图标，如图 3-18 所示。

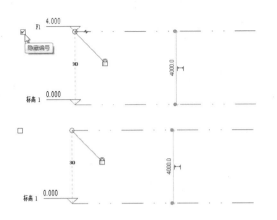

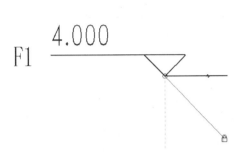

图 3-17　隐藏单个标高名称与参数　　　　　　图 3-18　添加弯头图标

　　单击标高线中的【添加弯头】图标，即可改变标高参数和标高图标的显示位置，如图 3-19 所示。

　　当添加弯头后，还可以手动继续改变标高参数和标高图标的显示位置。方法是，单击并拖曳圆点向上或向下，释放鼠标即可，如图 3-20 所示。

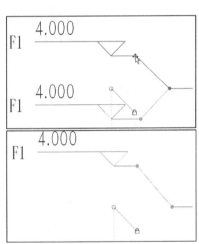

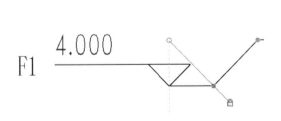

图 3-19　添加弯头　　　　　　　　　图 3-20　手动改变显示位置

提　示

　　当拖动两个圆点重叠时，标高就会返回到添加弯头的显示状态。

　　在 Revit 中，当标高端点对齐时，会显示对齐符号。当单击并拖动标高端点改变其位置时，发现所有对齐的标高会同时移动，如图 3-21 所示。

　　当单击对齐符号进行解锁后，再次单击标高端点并拖动，发现只有该标高被移动，其他标高不会随之移动，如图 3-22 所示。

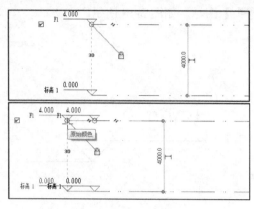

图 3-21　同时移动标高端点

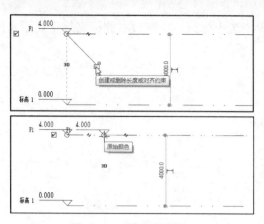

图 3-22　对齐符号解锁

3.2　创建和编辑轴网

　　轴网是由建筑轴线组成的网，是人为地在建筑图纸中为了标示构件的详细尺寸，按照一般的习惯标准虚设的，标注在对称界面或截面构件的中心线上。通过轴网的创建与编辑学习，可以更加精确地设计与放置建筑物构件。

3.2.1　创建轴网

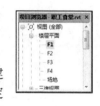

　　轴网由定位轴线、标志尺寸和轴号组成。轴网是建筑制图的主题框架，建筑物的主要支承构件按照轴网定位排列，达到井然有序效果。轴网的创建方式，除了与标高创建方式相似外，还增加了弧形轴线的绘制方法。

图 3-23　F1 楼层平面视图

1．绘制直线轴网

　　绘制轴线是最基本的创建轴网方法，而轴网是在楼层平面视图中创建的。打开创建标高的项目文件，在【项目浏览器】面板中双击【视图】|【楼层平面】|F1 视图，进入 F1 平面视图，如图 3-23 所示。

　　切换到【建筑】选项卡，在【基准】面板中单击【轴网】按钮，进入【修改|放置 轴网】上下文选项卡中。单击【绘制】面板中的【直线】按钮，如图 3-24 所示。

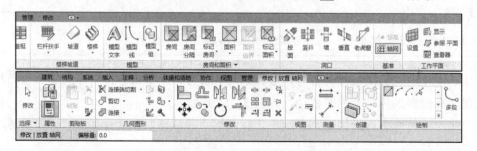

图 3-24　选择【轴网】工具

在绘图区域左下角适当位置，单击并结合 Shift 键垂直向上移动光标，在适合位置再次单击完成第一条轴线的创建，如图 3-25 所示。

第二条轴线的绘制方法与标高绘制方法相似，只要将光标指向轴线端点，光标与现有轴线之间会显示一个临时尺寸标注。当光标指向现有轴线端点时，Revit 会自动捕捉端点。当确定尺寸值后单击确定轴线端点，并配合鼠标滚轮向上移动视图，确定上方的轴线端点后再次单击，完成轴线的绘制，如图 3-26 所示。完成绘制后，连续按两次 Esc 键退出轴网绘制。

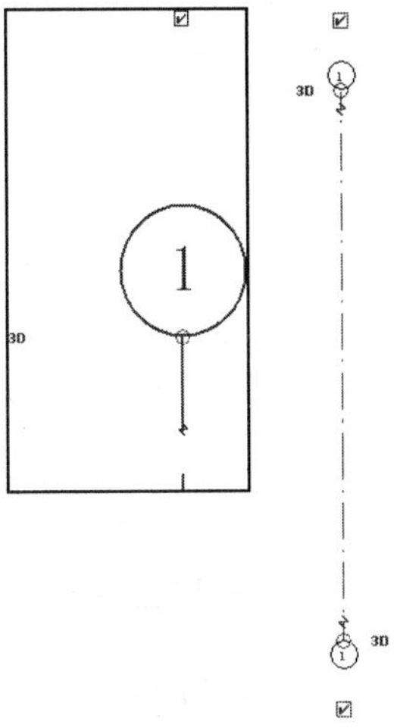

2. 绘制弧形轴网

在轴网绘制方式中，除了能够绘制直线轴线外，还能够绘制弧形轴线。而在弧形轴线中包括两种绘制方法：一种是【起点-终点-半径弧】工具；一种是【圆心-端点弧】工具。虽然两种工具均可以绘制出弧形轴线，但是绘制方法略有不同。

图 3-25　绘制垂直轴线

当切换至【修改|放置 轴网】上下文选项卡，选择【绘制】面板中的【起点-终点-半径弧】工具。在绘制区域空白中，单击确定弧形轴线一端的端点后，移动光标显示两个端点之间的尺寸值，以及弧形轴线角度，如图 3-27 所示。

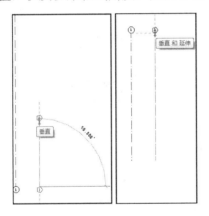

图 3-26　绘制第二条轴线

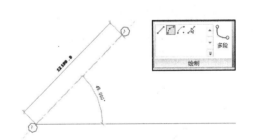

图 3-27　【起点-终点-半径弧】工具

根据临时尺寸标注中的参数值单击确定第二个端点位置，同时移动光标显示弧形轴线半径的临时尺寸标注。当确定半径参数值后，再次单击完成弧形轴线的绘制，如图 3-28 所示。

如果选择的是【绘制】面板中的【圆心-端点弧】工具，那么在绘图区域中单击并移动光标，确定的是弧形轴线中的半径以及某个端点的位置，如图 3-29 所示。

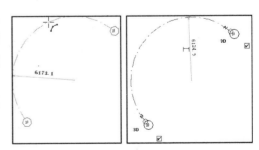

图 3-28　绘制弧形轴线

单击确定第一个端点位置后，移动光标发现半径没有发生变化。确定第二个端点继续单击，完成弧形轴线的绘制，如图 3-30 所示。

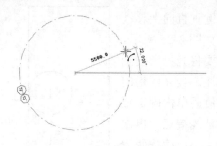

图 3-29 【圆心-端点弧】工具

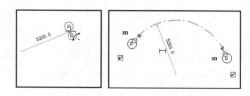

图 3-30 绘制弧形轴线

3. 其他生成轴网方式

轴线的创建方法与标高相似，都可以通过复制或者阵列的方法进行创建。要复制轴线，首先选择将要复制的轴线。切换至【修改|轴网】上下文选项卡，单击【修改】面板中的【复制】按钮，分别启用【约束】和【多个】选项，单击轴线 2 的任意位置作为复制的基点，如图 3-31 所示。

接着向右移动光标，并显示临时尺寸标注。当临时尺寸标注显示为 3600 时单击，即可复制轴线 3。继续向右移动光标，确定临时尺寸标注显示为 3600 时单击复制轴线 4，如图 3-32 所示。

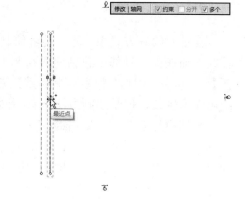

图 3-31 复制工具

阵列的使用能够同时创建多个图元，但是这些图元之间的间距必须相等。选择轴线后，切换到【修改|轴网】上下文选项卡，单击【修改】面板中的【阵列】按钮。在选项栏中单击【线性】按钮，设置【项目数】为 5，单击轴线任意位置确定基点，如图 3-33 所示。

图 3-32 复制轴线

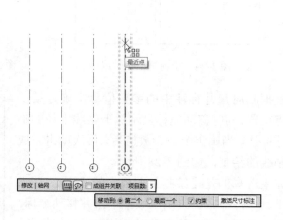

图 3-33 阵列工具

将光标向右移动，直接在键盘中输入 7200 设置临时尺寸标注，按 Enter 键完成阵列操作，直接创建 4 条轴线，如图 3-34 所示。

按照上述轴线的绘制方法，在绘图区域适当位置绘制水平直线轴线，然后双击轴线一侧轴线名称，设置该轴线名称为 A，如图 3-35 所示。

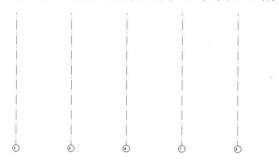

图 3-34　阵列轴线

图 3-35　绘制水平轴线

按照阵列操作方法，由下至上创建水平轴线 4 条，其轴线之间的间距均为 5000。其轴线名称依次自动设置为 B、C 和 D，如图 3-36 所示。

3.2.2　编辑轴网

建筑设计图中的轴网与标高相同，均是可以改变显示效果的。同样，既可以在轴网的【类型属性】对话框中统一设置轴网的显示效果，还可以手动设置单个轴线的显示方式。唯一不同的是，轴网为楼层平面中的图元，所以可以在各个楼层平面中查看轴网效果。

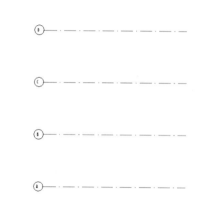

图 3-36　绘制水平轴线

1．批量编辑轴网

在 Revit 中打开项目文件"轴网.rvt"，绘图区域中默认显示的是 F1 楼层平面视图。发现其中的轴线只显示了轴线两端的线条以及一端的轴线名称，如图 3-37 所示。

选择某个轴线后，单击【属性】面板中的【编辑类型】选项，打开【类型属性】对话框，如图 3-38 所示。

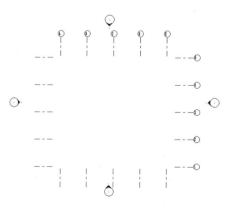

图 3-37　轴网显示效果

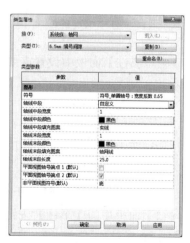

图 3-38　【类型属性】对话框

该对话框中能够设置轴网的轴线颜色和粗细、轴线中段显示与否和长度，以及轴号端点显示与否等选项，如表 3-2 所示。

表 3-2　【类型属性】对话框中的各个参数以及相应的值设置

参数	值
图形	
符号	用于轴线端点的符号。该符号可以在编号中显示轴网号（轴网标头-圆）、显示轴网号但不显示编号（轴网标头-无编号）、无轴网编号或轴网号（无）
轴线中段	在轴线中显示的轴线中段的类型。选择"无"、"连续"或"自定义"
轴线中段宽度	如果"轴线中段"参数为"自定义"，则使用线宽来表示轴线中段的宽度
轴线中段颜色	如果"轴线中段"参数为"自定义"，则使用线颜色来表示轴线中段的颜色。选择 Revit 中定义的颜色，或定义自己的颜色
轴线中段填充图案	如果"轴线中段"参数为"自定义"，则使用填充图案来表示轴线中段的填充图案。线型图案可以为实线或虚线和圆点的组合
轴线末段宽度	表示连续轴线的线宽，或者在"轴线中段"为"无"或"自定义"的情况下表示轴线末段的线宽
轴线末段颜色	表示连续轴线的线颜色，或者在"轴线中段"为"无"或"自定义"的情况下表示轴线末段的线颜色
轴线末段填充图案	表示连续轴线的线样式，或者在"轴线中段"为"无"或"自定义"的情况下表示轴线末段的线样式
轴线末段长度	在"轴线中段"参数为"无"或"自定义"的情况下表示轴线末段的长度（图纸空间）
平面视图轴号端点 1（默认）	在平面视图中，在轴线的起点处显示编号的默认设置（也就是说，在绘制轴线时，编号在其起点处显示）。如果需要，可以显示或隐藏视图中各轴线的编号
平面视图轴号端点 2（默认）	在平面视图中，在轴线的终点处显示编号的默认设置（也就是说，在绘制轴线时，编号显示在其终点处）。如果需要，可以显示或隐藏视图中各轴线的编号
非平面视图符号（默认）	在非平面视图的项目视图（例如，立面视图和剖面视图）中，轴线上显示编号的默认位置："顶"、"底"、"两者"（顶和底）或"无"。如果需要，可以显示或隐藏视图中各轴线的编号

在【类型属性】面板中设置需要的轴网各种图形选项，得到相应的轴网显示效果，如图 3-39 所示。

2．手动编辑轴网

建筑设计图中的标高手动设置同样适用于轴网手动设置，而由于轴网在平面视图中的共享性，还具有其特有的操作方式。

在绘图区域中同时打开 F1 和 F2 楼层平面视图并缩小视图框，切换至【视图】选项卡，单击【窗口】面板中的【平铺】按钮，将窗口进行平铺，然后将同一个区域方法显示在窗口中，如图 3-40 所示。

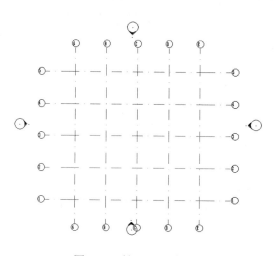

图 3-39　轴网显示效果

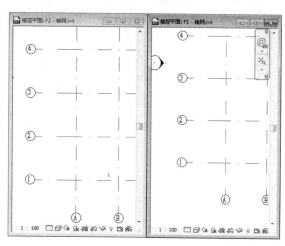

图 3-40　平铺窗口

　　单击选中楼层平面：F1 窗口中的轴线 2，轴线名称下方显示 3D 视图图标。在该视图下，单独移动该轴线左侧端点的位置，发现楼层平面：F2 窗口中轴线 2 随之移动，如图 3-41 所示。

　　如果单击 3D 视图图标切换至二维范围，那么移动楼层平面：F1 窗口中的轴线 2 端点位置，发现 F2 窗口中轴线 2 保持不变，如图 3-42 所示。这是因为在 2D 模式下修改轴网的长度等于修改了轴网在当前视图中的投影长度，并没有影响轴网的实际长度。

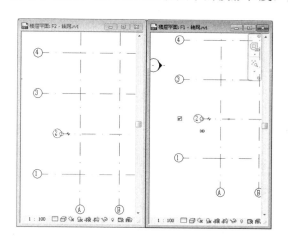

图 3-41　3D 视图下移动轴线端点

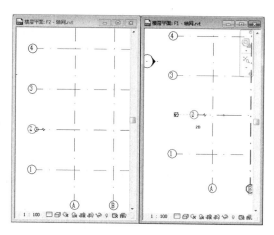

图 3-42　2D 视图下移动轴线端点

　　要想将 2D 状态下的轴网长度影响其他到其他视图中，保持该轴网处于选择状态，单击【基准】面板中的【影响范围】按钮，在打开的【影响基准范围】对话框中，启用【楼层平面：F2】和【楼层平面：F3】视图选项，如图 3-43 所示。

　　单击【确定】按钮并关闭该对话框，发现楼层平面：F2 窗口中轴线 2 发生变换，如图 3-44 所示。

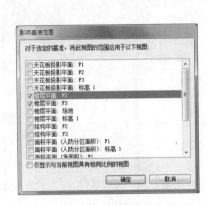

图 3-43 【影响基准范围】对话框

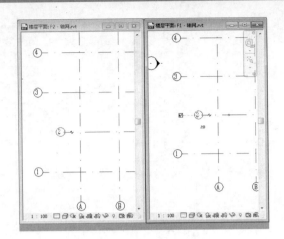

图 3-44 更改影响视图效果

如果希望将二维的投影长度修改为实际的三维长度，右击该轴网，选择【重设为三维范围】选项即可，如图 3-45 所示。需要注意的是二维的修改只会针对当前视图，不会影响其他的视图。

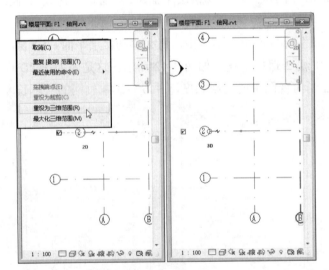

图 3-45 重设为三维范围

第 **4** 章

墙体和幕墙

在 Revit 中，墙是三维建筑设计的基础，它不仅是建筑空间的分隔主体，而且也是门窗、墙饰条与分割缝、卫浴灯具等设备模型构件的承载主体。同时墙体构造层设置及其材质设置，不仅影响着墙体在三维、透视和立面视图中的外观表现，更直接影响着后期施工图设计中墙身大样、节点详图等视图中墙体截面的显示。

本章主要介绍基本墙、幕墙和叠层墙 3 种墙体的创建方法。无论是墙体还是幕墙的创建，均可以通过墙工具的绘制、拾取线、拾取面创建；而墙体还可以通过内建模型来创建，异形幕墙则可以用幕墙系统快速创建。

本章学习目的：

（1）了解墙体的概念。

（2）掌握各种墙体的绘制方法。

（3）掌握幕墙的绘制方法。

（4）掌握墙体的编辑方法。

4.1 墙体的概念

在创建与编辑墙体之前，首先要了解墙体的分类、尺度以及设计要求，这样才能够在创建过程中，根据不同建筑类型来创建不同的墙体，并在创建过程中减少出错频率。

4.1.1 墙体的类型

建筑中的墙体多种多样，而墙体的分类方式也存在多样性，按照不同的情况可以分为不同的类型。

1．按墙所处位置及方向

墙体按所处位置可以分为外墙和内墙。外墙位于房屋的四周，故又称为外围护墙；内墙位于房屋内部，主要起分隔内部空间的作用。墙体按布置方向又可以分为纵墙和横墙。沿建筑物长轴方向布置的墙称为纵墙，沿建筑物短轴方向布置的墙称为横墙，外横墙俗称山墙，如图 4-1 所示。另外，根据墙体与门窗的位置关系，平面上窗洞之间的墙体可以称为窗间墙，立面上下窗洞口之间的墙体可以称为窗下墙。

2．按受力情况分类

墙按结构竖向的受力情况分为承重墙和非承重墙两种。承重墙直接承受楼板及屋顶传下来的荷载。在砖混结构中，非承重墙可以分为自承重墙和隔墙。自承重墙仅承受自身重量，并把自重传给基础。隔墙则把自重传给楼板层或者附加的小梁，如图 4-2 所示。

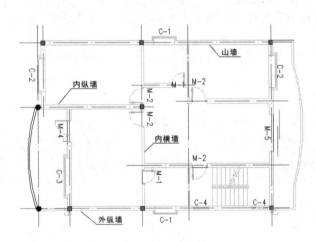

图 4-1　不同位置方向的墙体名称　　　　图 4-2　墙体受力情况示意图

在框架结构中，非承重墙可以分为填充墙和幕墙。填充墙是位于框架梁柱之间的墙体。当墙体悬挂于框架梁柱的外侧起围护作用时，称为幕墙，幕墙的自重由其连接固定部位的梁柱承担。位于高层建筑外围的幕墙虽然不承受竖向的外部荷载，但受高空气流影响需承受以风力为主的水平荷载，并通过与梁柱的连接传递给框架系统。

3．按材料及构造方式分类

墙体按构造方式可以分为实体墙、空体墙和组合墙 3 种，如图 4-3 所示。实体墙由单一材料组成，如普通砖墙、实心砌块墙、混凝土墙、钢筋混凝土墙等。空体墙也是由单一材料组成，既可以是由单一材料砌成内部空墙，例如空斗砖墙，也可以用具有孔洞的材料造墙，如空心砌块墙、空心板材墙等。组合墙由两种以上材料组合而成，例如钢筋混凝土和加气混

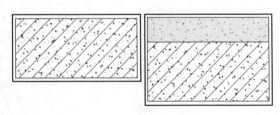

图 4-3　墙体构造形式

凝土构成的复合板材墙，其中钢筋混凝土起承重作用，加气混凝土起保温隔热作用。

4. 按施工方法分类

按施工方法可分为块材墙、板筑墙及板材墙 3 种。块材墙是用砂浆等胶结材料将砖石块材等组砌而成,例如砖墙、石墙及各种砌块墙等。板筑墙是在现场立模板,现浇而成的墙体,例如现浇混凝土墙等。板材墙是预先制成墙板,施工时安装而成的墙,例如预制混凝土大板墙、各种轻质条板内隔墙等。

4.1.2 墙体设计要求

我国幅员辽阔,气候差异大,因此墙体除满足结构方面的要求外,作为围护构件还应具有保温、隔热、隔声、防火、防潮等功能要求。

1. 结构方面的要求

墙体是多层砖混房屋的围护构件,也是主要的承重构件。墙体布置必须同时考虑建筑和结构两方面的要求,既满足设计的房间布置、空间大小划分等使用要求,又应选择合理的墙体承重结构布置方案,使之安全承担作用在房屋上的各种荷载,坚固耐久、经济合理。

结构布置指梁、板、柱等结构构件在房屋中的总体布局。砖混结构建筑的结构布置方案通常有横墙承重、纵墙承重、纵横墙双向承重、局部框架承重几种方式,如图 4-4 所示。

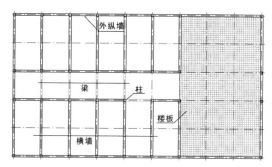

图 4-4 墙体承重结构布置方案

承载力是指墙体承受荷载的能力。大量民用建筑,一般横墙数量多,空间刚度大,但仍需验算承重墙或柱在控制截面处的承载力。承重墙应有足够的承载力来承受楼板及屋顶竖向荷载。地震区还应考虑地震作用下墙体承载力,对多层砖混房屋一般只考虑水平方向的地震作用。

墙体的高厚比是保证墙体稳定的重要措施。墙、柱高厚比是指墙、柱的计算高度 H_0 与墙厚 h 的比值。高厚比越大,构件越细长,其稳定性越差。实际工程高厚比必须控制在允许高厚比限值以内。允许高厚比限值结构上有明确的规定,它是综合考虑了砂浆强度等级、材料质量、施工水平、横墙间距等诸多因素确定的。

砖墙是脆性材料,变形能力小,如果层数过多,重量就大,砖墙可能破碎和错位,甚至被压垮。特别是地震区,房屋的破坏程度随层数增多而加重,因而对房屋的高度及层数有一定的限制值,如表 4-1 所示。

表 4-1 多层砖房总高(m)和层数限值

抗震设防烈度 最小墙厚	6		7		8		9	
	高度(m)	层数	高度(m)	层数	高度(m)	层数	高度(m)	层数
240mm	24	8	21	7	18	6	12	4

2．功能方面的要求

在墙体设计要求中，除了必须考虑墙体的承重结构与承载力等因素外，还需要考虑墙体所在房屋的应用，从而确定墙体功能的要求。

1）保温与隔热要求

建筑在使用中因对热工环境舒适性的要求会带来一定的建筑能耗，从节能的角度出发，也为了降低建筑长期的运营费用，要求作为围护结构的外墙具有良好的热稳定性，使室内温度环境在外界环境气温变化的情况下保持相对的稳定，减少对空调和采暖设备的依赖。

2）隔声要求

为了使室内有安静的环境，保证人们的工作和生活不受噪声的干扰，要求建筑根据使用性质的不同进行不同标准的噪声控制，如城市住宅42dB、教室38dB、剧场34dB等。墙体主要隔离由空气直接传播的噪声。空气声在墙体中的传播途径有两种：一是通过墙体的缝隙和微孔传播；二是在声波作用下墙体收到振动，声音通过墙体而传播。建筑内部的噪声、如说话声、家用电器声等，室外噪声如汽车声、喧闹声等，从各个构件传入室内。

3）防火要求

选择燃烧性能和耐火极限符合防火规范规定的材料。在较大的建筑中应设置防火墙，把建筑分成若干区段，以防止火灾蔓延。根据防火规范，一、二级耐火等级建筑，防火墙最大间距为150m，三级为100m，四级为60m。

4）防水防潮要求

在卫生间、厨房、实验室等有水的房间及地下室的墙应采取防水防潮措施。选择良好的防水材料以及恰当的构造做法，保证墙体的坚固耐久性，使室内有良好的卫生环境。

5）建筑工业化要求

在大量民用建筑中，墙体工程量占相当的比重。因此，建筑工业化的关键是墙体改革，必须改变手工生产及操作，提高机械化施工程度，提高工效，降低劳动强度，并应采用轻质高强的墙体材料，以减轻自重，降低成本。

4.1.3　墙体尺度

墙体尺度指厚度和墙段长两个方向的尺度。要确定墙体的尺度，除应满足结构和功能要求外，还必须符合块材自身的规格尺寸。

1．墙厚

墙厚主要由块材和灰缝的尺寸组合而成。以常用的实心砖规格（长×宽×厚）240mm×115mm×53mm为例，用砖的三个方向的尺寸作为墙厚的基数，当错缝或墙厚超过砖块尺寸时，均按灰缝10mm进行砌筑。从尺寸上不难看出，砖厚加灰缝、砖宽加灰缝后与砖长形成1:2:4的比例，组砌很灵活。常见砖墙厚度如表4-2所示。当采用符合材料或带有空腔的保温隔热墙体时，墙厚尺寸在块材尺寸基数的基础上根据构造层次计算即可。

表4-2 常见砖墙厚度

墙厚	名称	尺寸（mm）
1/2	12 墙	115
3/4	18 墙	178
1	24 墙	240
3/2	37 墙	365
2	49 墙	490

2．洞口尺寸

洞口尺寸主要是指门窗洞口，其尺寸应按模数协调统一标准制定，这样可以减少门窗规格，有利于工厂化生产，提高工业化的程度。一般情况下，1000mm 以内的洞口尺度采用基本模数 100mm 的倍数，如 600mm、700mm、800mm、900mm、1000mm，大于 1000mm 的洞口尺度采用扩大模数 300mm 的倍数，如 1200mm、1500mm、1800mm 等。

4.2 基本墙

Revit 提供了墙工具，用于绘制和生成墙体对象。在 Revit 中创建墙体时，需要先定义好墙体的类型——包括墙厚、做法、材质、功能等，再指定墙体的平面位置、高度等参数。

4.2.1 关于墙和墙结构

在 Revit 中，墙属于系统族。Revit 提供 3 种类型的墙族：基本墙、叠层墙和幕墙。所有墙类型都通过这 3 种系统族，以建立不同样式和参数来定义。

Revit 通过【编辑部件】对话框中各结构层的定义，反映了墙的真实做法。在绘制该类型墙时，可以在视图中显示该墙定义的墙体结构，可以帮助设计师仔细推敲建筑细节。

在墙【编辑部件】对话框的【功能】列表中共提供了 6 种墙体功能，即结构[1]、衬底[2]、保温层/空气层[3]、面层 1[4]、面层 2[5]和涂膜层（通常用于防水涂层，厚度必须为 0），如图 4-5 所示。可以定义墙结构中每一层在墙体中所起的作用。功能名称后面方括号中的数字，例如"结构[1]"，表示当墙与墙连接时，墙各层之间连接的优先级别。方括号中的数字越大，该层的连接优先级越低。当墙互相连接时，Revit会试图连接功能相同的墙功能层，但优先级为 1 的结构层将最先连接，而优先级最低的"面层 2[5]"将最后相连。

图 4-5 6 种墙体功能

合理设计墙和功能层的连接优先级，对于正确表现墙连接关系至关重要。如果将垂直方向墙两侧面层功能修改为"面层 2[5]"，墙连接将变为何种形式呢？

在 Revit 墙结构中，墙部件包括两个特殊的功能层——"核心结构"和"核心边界"，用于界定墙的核心结构与非核心结构。所谓"核心结构"是指墙存在的条件，"核心边界"之间的功能层是墙的核心结构，"核心边界"之外的功能层为"非核心结构"，如装饰层、保温层等辅助结构。以砖墙为例，"砖"结构层是墙的核心部分，而"砖"结构层之外的如抹灰、防水、保温等部分功能层依附于砖结构部分而存在，因此可以称为"非核心"部分。功能为"结构"的功能层必须位于"核心边界"之间。"核心结构"可以包括一个或几个结构层或其他功能层，用于生成复杂结构的墙体。

在 Revit 中，"核心边界"以外的构造层都可以设置是否"包络"。所谓"包络"是指墙非核心构造层在断开点处的处理方法，例如，在墙端点部分或当墙体中插入门、窗等洞口时，可以分别控制墙在端点或插入点的包络方式。

4.2.2 定义与绘制外墙

Revit 的墙模型不仅显示墙形状，还将记录墙的详细做法和参数。通常情况下，建筑物的墙分为外墙和内墙两种类型。下面以职工食堂设计稿为例，外墙做法从外到内依次为 10 厚外抹灰、30 厚保温、240 厚砖、20 厚内抹灰，如图 4-6 所示。

要创建墙，必须创建正确的墙类型。在 Revit 中，墙类型设置包括结构厚度、墙做法、材质等。下面为职工食堂创建墙体类型。

打开所保存的标高和轴网文件，切换至 F1 楼层平面视图。在【建筑】选项卡下的【构建】面板中单击【墙】工具，系统打开【修改|放置 墙】上下文选项卡，如图 4-7 所示。

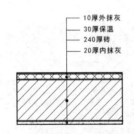

图 4-6　外墙做法

图 4-7　选择墙工具

在【属性】面板的类型选择器中，选择列表中的【基本墙】族下面的"砖墙 240mm"类型，以该类型为基础进行墙类型的编辑，如图 4-8 所示。

单击【属性】面板中的【编辑类型】按钮，打开墙【类型属性】对话框。单击该对话框中的【复制】按钮，在打开的【名称】对话框中输入"职工食堂-240mm-外墙"，单击【确定】按钮为基本墙创建一个新类型，如图 4-9 所示。

在【类型属性】对话框中，除了能够复制类型外，还可以在【类型参数】列表中设置各种参数，如表 4-3 所示。

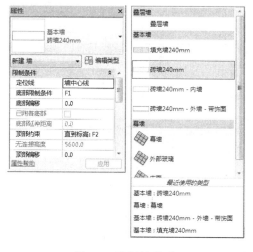

图 4-8 选择墙类型

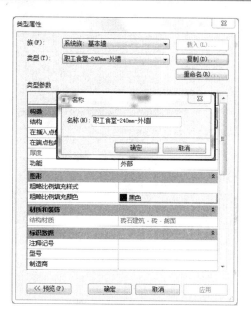

图 4-9 复制墙类型

表 4-3 【类型属性】对话框中的各个参数以及相应的值设置

参数	值
构造	
结构	单击【编辑】可创建复合墙
在插入点包络	设置位于插入点墙的层包络
在端点包络	设置墙端点的层包络
厚度	设置墙的宽度
功能	可将墙设置为"外墙"、"内墙"、"挡土墙"、"基础墙"、"檐底板"或"核心竖井"类别。功能可用于创建明细表以及针对可见性简化模型的过滤，或在进行导出时使用。创建 gbXML 导出时也会使用墙功能
图形	
粗略比例填充样式	设置粗略比例视图中墙的填充样式会使用墙功能
粗略比例填充颜色	将颜色应用于粗略比例视图中墙的填充样式
材质和装饰	
结构材质	显示墙类型中的设置的材质结构
标识数据	
注释记号	此字段用于放置有关墙类型的常规注释
型号	通常不是可应用于墙的属性
制造商	通常不是可应用于墙的属性

　　单击【结构】右侧的【编辑】按钮，打开【编辑部件】对话框。单击【层】选项列表下方的【插入】按钮两次，插入新的构造层，如图 4-10 所示。

　　由于在该列表中，上方为墙的外部边，下方为墙的内部边，所以依次设置墙结构。首先选择第 2 行新插入的构造层，单击【向上】按钮将其放置在"核心边界"的外部，选择【功能】为"面层 1[4]"，并设置【厚度】为 10，如图 4-11 所示。

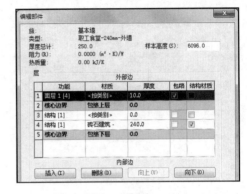

图 4-10　插入构造层　　　　　　　图 4-11　设置功能与厚度

单击【材质】下方的浏览按钮，打开【材质浏览器】对话框。在左侧搜索框中输入"粉刷"，选择下方搜索到的"粉刷-茶色，纹纹"材质，单击下方的【复制】按钮，选择【复制选定的材质】选项，如图 4-12 所示。

单击右侧【标识】选项卡，在【名称】文本框中输入"职工食堂-外墙粉刷"为材质重命名，如图 4-13 所示。

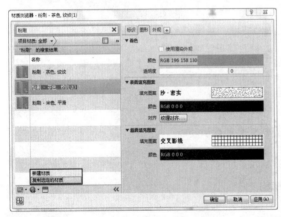

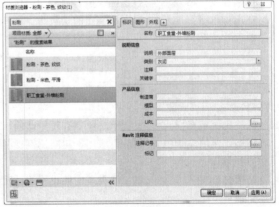

图 4-12　选择并复制材质　　　　　　图 4-13　材质重命名

切换至【图形】选项卡，在【着色】选项组中单击【颜色】色块，在打开的【颜色】对话框中选择"砖红色"，单击【确定】按钮完成颜色设置，如图 4-14 所示。

【表面填充图案】选项组用于在立面视图或三维视图中显示墙表面样式，单击【填充图案】右侧的图案按钮，打开【填充样式】对话框。单击【填充图案类型】选项组中的【模型】选项，在下拉列表中单击 600×600mm 样式，单击【确定】按钮完成填充图案类型的设置，如图 4-15 所示。

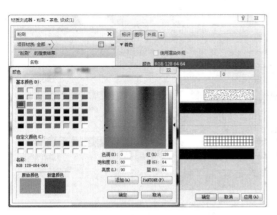

图 4-14 设置颜色　　　　　　　　图 4-15 设置表面填充图案

> 提示
>
> 【绘图】填充图案类型是跟随视图比例变化而变化,【模型】填充图案类型则是一个固定的值。

【截面填充图案】选项组将在平面、剖面等墙被剖切时填充显示该墙层。单击【填充图案】右侧的图案按钮,打开【填充样式】对话框。选择下拉列表中的【沙-密实】填充图案,单击【确定】按钮,如图 4-16 所示。

完成所有设置后,并确定选择的是重命名后的材质选项,单击【确定】按钮,该材质显示在功能层中,如图 4-17 所示。

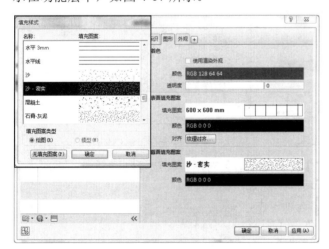

图 4-16 设置截面填充图案　　　　　图 4-17 材质显示在功能层中

选择第 3 行新插入的构造层,单击【向上】按钮将其放置在"核心边界"的外部。选择【功能】为"衬底[2]",并设置【厚度】为 30.0,如图 4-18 所示。

单击【材质】下方的浏览按钮,打开【材质浏览器】对话框。选择刚刚新建的"职工食堂-外墙粉刷"材质右击,选择【复制】选项,并重命名"职工食堂-外墙衬底",如图 4-19 所示。

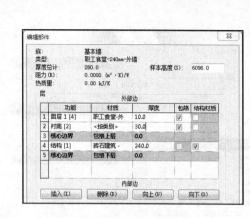

图 4-18　设置功能与厚度　　　　　　　　图 4-19　复制材质

在右侧【图形】选项卡中，设置【着色】选项组中的【颜色】为"白色"；【表面填充图案】选项组中的【填充图案】为"无"；【截面填充图案】选项组中的【填充图案】为"对角交叉影线 3mm"，如图 4-20 所示。

再次单击【插入】按钮，新建构造层，并将其向下移动至最底层。设置【功能】为"面层 2[5]"，【厚度】为 20.0，如图 4-21 所示。

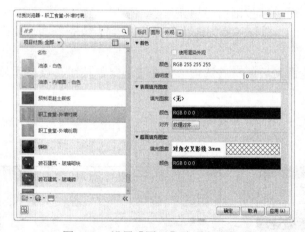

图 4-20　设置【图形】选项卡中的选项

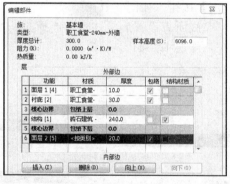

图 4-21　插入构造层

单击【材质】下方的浏览按钮，打开【材质浏览器】对话框。选择刚刚新建的"职工食堂-外墙粉刷"材质右击，选择【复制】选项，并重命名"职工食堂-内墙粉刷"。在右侧【图形】选项卡中，设置【着色】选项组中的【颜色】为"白色"；【表面填充图案】选项组中的【填充图案】为"无"，如图 4-22 所示。

　　无论是【属性】面板选择器中的墙体类型，还是【材质浏览器】对话框中的材质类型，均是取决于项目样本文件中的设置。

图 4-22　复制并修改材质

连续单击多个【确定】按钮，退出所有对话框，完成墙体材质的设置。当设置完成墙体的类型以及其内部的材质类型后就可以开始绘制墙体了。由于设置墙体类型之前选择了【墙】工具，现在只要在【修改|放置 墙】上下文选项卡中单击【直线】按钮，并且在选项栏中设置【高度】、F2、【定位线】为"核心层中心线"，如图4-23所示。

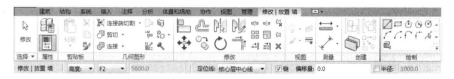

图4-23 设置【墙】工具选项

将光标指向轴线1与A相交的位置，Revit自动捕捉两者的交点。在该交点位置单击，并垂直向上移动光标至轴线1与D相交的位置单击，继续水平向右移动光标至轴线8与D相交的位置单击，垂直向下移动光标至轴线8与A交点位置单击。连续按两次Esc键完成职工食堂的外墙绘制，如图4-24所示。

切换至【视图】选项卡，在【创建】面板中单击【三维视图】按钮，选择列表中的【默认三维视图】选项，查看职工食堂外墙效果，如图4-25所示。

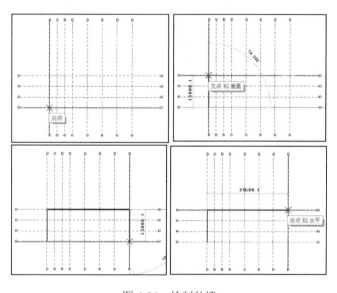

图4-24 绘制外墙

在三维视图中选中所有的外墙对象，在【属性】面板中设置【底部限制条件】为"室外地坪"，单击该面板底部的【应用】按钮，查看外墙高度变化，如图4-26所示。

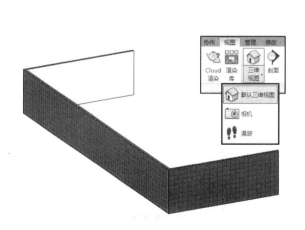

图4-25 外墙三维视图效果

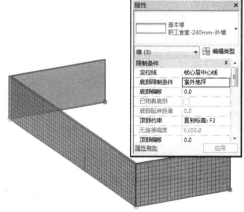

图4-26 设置底部限制条件

返回 F1 楼层平面视图，选择【建筑】选项卡中【工作平面】面板中的【参考平面】工具，分别在轴线 4、5、6、7 和 8 之间创建 4 个参考平面线，并且由左至右依次设置轴线 4 与参考平面线 1 间、参考平面线 4 与轴线 8 间的距离为 1000、参考平面线 2 与轴线 6 间、轴线 6 与参考平面线 3 间的距离为 3200，如图 4-27 所示。

当创建过多的参考平面后，可以依次选中参考平面，然后在【属性】面板中设置【名称】选项，为其添加名称。

选择【建筑】选项卡中【构建】面板中的【墙】工具，并设置类型选择器的基本墙类型为"职工食堂-240mm-外墙"，由左至右分别在轴线 1 与参考平面线 1 之间、参考平面线 2 与参考平面线 3 之间，以及参考平面线 4 与轴线 8 之间绘制外墙，如图 4-28 所示。

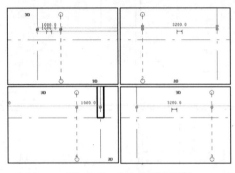

图 4-27　建立参考平面

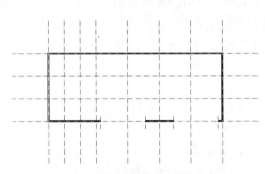

图 4-28　绘制外墙

当绘制的外墙为不连续时，可以在后一个外墙与前一个外墙之间按一次 Esc 键。

单击快速访问工具栏中的【默认三维视图】按钮，查看立体效果发现外墙内外效果翻转，如图 4-29 所示。

返回 F1 楼层平面视图中，依次选中这些外墙对象，单击【修改墙的方向】图标进行翻转，完成一层外墙的创建，如图 4-30 所示。

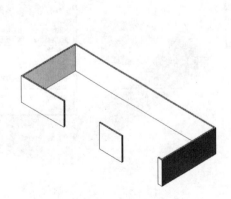

图 4-29　查看三维效果

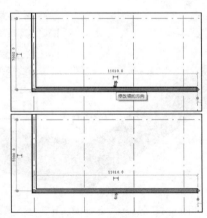

图 4-30　修改墙的方向

切换至 F2 楼层平面视图，在【修改|放置 墙】上下文选项卡中选择【绘制】面板中的【拾取线】工具，依次在轴线 1、A、D 与 8 上单击建立外墙，如图 4-31 所示。

切换至【修改】选项卡，单击【修改】面板中的【修剪/延伸为角】按钮，在矩形内部单击交叉的外墙，删除矩形外部的外墙，形成矩形效果的外墙，如图 4-32 所示。

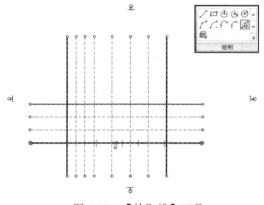

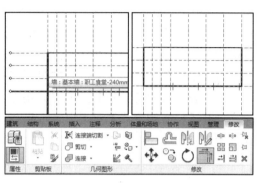

图 4-31　【拾取线】工具　　　　　　　　　　　图 4-32　修剪/延伸为角

切换至默认三维视图，同时选中 F2 层中的外墙，设置【属性】面板中【顶部偏移】为 −2600.0，降低外墙的高度，如图 4-33 所示。

按照上述方法，在"室外地坪"楼层平面视图中，在轴线 4 与轴线 8 之间绘制外墙。在【属性】面板中设置【顶部约束】为"直到标高：F1"。如图 4-34 所示，为默认三维视图中的效果。至此，职工食堂的所有外墙绘制完成。

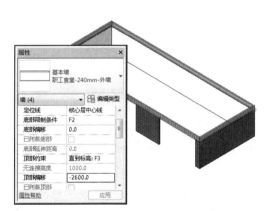

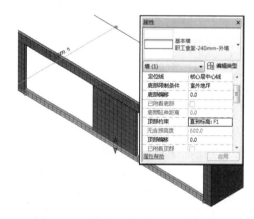

图 4-33　设置顶部偏移　　　　　　　　　　　图 4-34　绘制室外地坪视图中的外墙

当绘制的外墙与参考平面 2 和 3 之间的外墙重叠时，可以设置后者的【底部限制条件】为 F1。

4.2.3　定义与绘制内墙

建筑设计中的内墙同样需要在设置墙类型的基础上进行绘制，而内墙类型的设置方法不仅与外墙相同，还能够在外墙类型的基础上进行修改，从而更加快速地进行内墙类型设置。首先要了解内墙类型材质结构，而内墙做法从外到内依次为 20 厚抹灰、240 厚砖、20 厚抹灰，如图 4-35 所示。

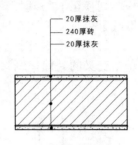

图 4-35　内墙做法

　　要绘制内墙，首先要选择【墙】工具，在【属性】类型选择器中选择"职工食堂-240mm-外墙"类型。单击【编辑类型】选项，打开【类型属性】对话框。单击【复制】按钮，复制该类型为"职工食堂-240mm-内墙"，并设置【功能】为"内部"，如图 4-36 所示。

　　单击【结构】右侧的【编辑】按钮，打开【编辑部件】对话框。选择【衬底[2]】构造层后，单击列表下方的【删除】按钮将其删除。然后单击【面层 1[4]】构造层的【材质】浏览按钮，打开【材质浏览器】对话框。选择"职工食堂-内墙粉刷"材质，单击【确定】按钮。设置该构造层的【厚度】为 20.0，完成内墙结构设置，如图 4-37 所示。

图 4-36　复制墙类型

图 4-37　设置内墙类型

　　确定绘制方式是直线后，分别在轴线 A 至轴线 D 之间的轴线 2、3、4 上绘制垂直内墙。接着继续在轴线 C 上的轴线 1 与 3 之间、在轴线 B 上的轴线 2 与 3 之间绘制水平内墙，如图 4-38 所示。

　　单击快速访问工具栏中的【默认三维视图】按钮，切换至默认三维视图中，查看内墙效果，如图 4-39 所示。至此，职工食堂的内墙绘制完成。

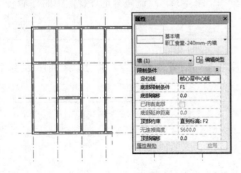

图 4-38　绘制内墙

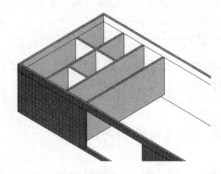

图 4-39　内墙三维效果

4.3 幕墙

幕墙是建筑物的外墙围护，不承受主体结构荷载，像幕布一样挂上去，故又称为悬挂墙，是现代大型和高层建筑常用的带有装饰效果的轻质墙体。幕墙由结构框架与镶嵌板材组成，不承担主体结构载荷与作用的建筑围护结构。

4.3.1 幕墙简介

幕墙是一种外墙，附着到建筑结构，而且不承担建筑的楼板或屋顶荷载。在一般应用中，幕墙常常定义为薄的、通常带铝框的墙，包含填充的玻璃、金属嵌板或薄石。

幕墙是利用各种强劲、轻盈、美观的建筑材料取代传统的砖石或窗墙结合的外墙工法，是包围在主结构的外围而使整栋建筑达到美观，使用功能健全而又安全的外墙工法。幕墙范围主要包括建筑的外墙、采光顶（罩）和雨篷。

在幕墙中，网格线定义放置竖梃的位置。竖梃是分割相邻窗单元的结构图元。可通过选择幕墙并右击访问关联菜单来修改该幕墙。在关联菜单上有几个用于操作幕墙的选项，例如选择嵌板和竖梃。

可以使用默认 Revit 幕墙类型设置幕墙。这些墙类型提供 3 种复杂程度，可以对其进行简化或增强。

（1）幕墙　没有网格或竖梃。没有与此墙类型相关的规则。此墙类型的灵活性最强，如图 4-40 所示。

（2）外部玻璃　具有预设网格。如果设置不合适，可以修改网格规则，如图 4-41 所示。

（3）店面　具有预设网格和竖梃。如果设置不合适，可以修改网格和竖梃规则，如图 4-42 所示。

图 4-40　幕墙

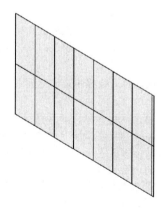
图 4-41　外部玻璃

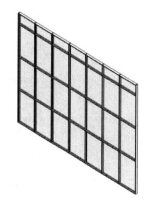
图 4-42　店面

4.3.2 绘制幕墙

幕墙的绘制方法与基本墙相似，只是选择的墙体类型有所不同。当选择【墙】工具后，在【属性】面板的类型选择器中选择"幕墙",如图 4-43 所示。

单击该面板中的【编辑类型】选项,打开【类型属性】对话框。单击【复制】按钮,重命名类型为"职工食堂-外部幕墙",如图 4-44 所示。

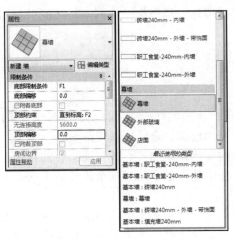

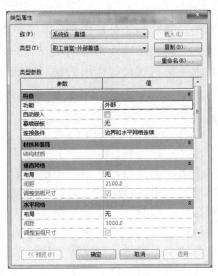

图 4-43　选择幕墙　　　　　　　　　图 4-44　【类型属性】对话框

【类型属性】对话框中的各个参数以及相应的值设置如表 4-4 所示。

表 4-4　【类型属性】对话框中的各个参数以及相应的值设置

参数	值
构造	
功能	指明墙的作用:外墙、内墙、挡土墙、基础墙、檐底板或核心竖井。功能可用在计划中并创建过滤器,过滤器可以在导出模型时简化模型
自动嵌入	指示幕墙是否自动嵌入墙中
幕墙嵌板	设置幕墙图元的幕墙嵌板族类型
连接条件	控制在某个幕墙图元类型中在交点处截断哪些竖梃。例如,此参数使幕墙上的所有水平或垂直竖梃连续,或使玻璃斜窗上的网格 1 或网格 2 上的竖梃连续
材质和装饰	
结构材质	当设置幕墙结构材质后,会显示在该选项中
垂直/水平网格	
布局	沿幕墙长度设置幕墙网格线的自动垂直/水平布局。如果将此值设置为除"无"外的其他值,则 Revit 会自动在幕墙上添加垂直/水平网格线。固定距离表示根据垂直/水平间距指定的确切值来放置幕墙网格。如果墙的长度不能被此间距整除,Revit 会根据对正参数在墙的一端或两端插入一段距离。例如,如果墙长 46 英尺,而垂直间距是 5 英尺,且对正参数设置为"起点",则 Revit 会在放置第一个网格之前,从墙起点插入 1 英尺距离。有关对正的详细信息,请参见"垂直/水平对正"实例属性说明。固定数量表示可以为不同的幕墙实例设置不同数量的幕墙网格。详细信息请参见垂直/水平数量实例属性说明。最大间距表示幕墙网格沿幕墙的长等间距放置,其最大间距为指定的垂直/水平间距值
间距	当【布局】设置为"固定距离"或"最大间距"时启用。如果将布局设置为固定距离,则 Revit 将使用确切的"间距"值;如果将布局设置为最大间距,则 Revit 将使用不大于指定值的值对网格进行布局

续表

参数	值
调整竖梃尺寸	调整类型从动网格线的位置，以确保幕墙嵌板的尺寸相等（如果可能）。有时，放置竖梃时，尤其放置在幕墙主体的边界处时，可能会导致嵌板的尺寸不相等；即使【布局】的设置为"固定距离"也是如此
垂直竖梃	
内部类型	指定内部垂直竖梃的竖梃族
边界1类型	指定左边界上垂直竖梃的竖梃族
边界2类型	指定右边界上垂直竖梃的竖梃族
水平竖梃	
内部类型	指定内部水平竖梃的竖梃族
边界1类型	指定左边界上水平竖梃的竖梃族
边界2类型	指定右边界上水平竖梃的竖梃族
标识数据	
注释记号	添加或编辑幕墙注释记号。在值框中单击打开【注释记号】对话框
型号	幕墙的模型类型，可能不可应用
制造商	楼梯材料的制造商，可能不可应用
类型注释	有关幕墙类型的特定注释
URL	对制造商网页的链接或其他相应的链接
说明	幕墙的说明
部件说明	基于所选部件代码的部件说明
部件代码	从层级列表中选择的统一格式部件代码
类型标记	此值指定特定幕墙，并有利于识别多个幕墙。对于项目中的每个幕墙，此值都必须是唯一的。如果此值已被使用，Revit会发出警告信息，但允许继续使用它
防火等级	幕墙的防火等级
成本	材料成本

　　不修改对话框中的任何参数选项，直接单击【确定】按钮，分别在轴线A上的参考平面1与2之间、参考平面3与4之间绘制水平幕墙，如图4-45所示。

　　单击快速访问工具栏中的【默认三维视图】按钮◙，切换至默认三维视图中，查看外部默契效果，如图4-46所示。

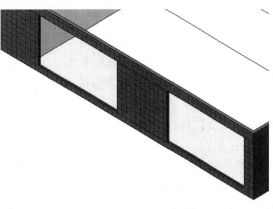

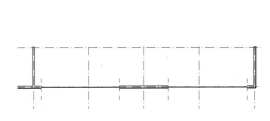

图4-45　绘制幕墙　　　　　　　　图4-46　三维幕墙效果

4.3.3　编辑幕墙

在 Revit 中，幕墙有幕墙嵌板、幕墙网格和幕墙竖梃 3 部分构成。幕墙嵌板是构成幕墙的基本单元，幕墙由一块或多块幕墙嵌板组成。幕墙嵌板的大小、数量由划分幕墙的幕墙网格决定。幕墙竖梃即幕墙龙骨，是沿幕墙网格生成的线性构件。当删除幕墙网格时，依赖于该网格的竖梃也将同时被删除。

当幕墙创建完成后，还需要对其进行完善，比如为幕墙添加幕墙网格、幕墙竖梃以及幕墙嵌板。

切换至南立面视图，单击其中一个幕墙对象，打开幕墙【类型属性】对话框。设置【垂直网格】参数组中的【布局】为"固定距离"，【间距】为1500.0；设置【水平网格】参数组中的【布局】为"固定距离"，【间距】为1800.0，完成幕墙网格的添加，如图 4-47 所示。

在幕墙选中的情况下，单击编辑幕墙图标，显示幕墙 UV 坐标。单击 UV 坐标向上的箭头，改变坐标中心位置，使幕墙网格以中间向两侧进行网格建立，如图 4-48 所示。

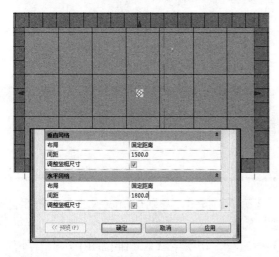

图 4-47　添加幕墙网格

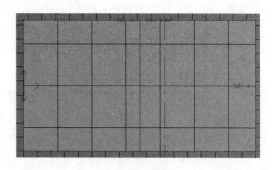

图 4-48　改变 UV 坐标

在功能区中切换至【插入】选项卡，单击【从库中载入】面板中的【载入库】按钮，选择 Revit 自带的建筑/幕墙/其他嵌板文件夹中的"点爪式幕墙嵌板 1.rfa"族文件，如图 4-49 所示。单击【打开】按钮，将其载入至 Revit 中。

再次打开幕墙【类型属性】对话框，在【幕墙嵌板】参数右侧选择刚刚载入的幕墙嵌板族，即可代替默认的幕墙嵌板，如图 4-50 所示。

图 4-49　载入嵌板族

继续打开幕墙【类型属性】对话框，分别设置【垂直竖梃】和【水平竖梃】参数组中的所有参数为"矩形竖梃：50×150mm"，完成幕墙竖梃的添加，如图 4-51 所示。至此，完成幕墙的设置。

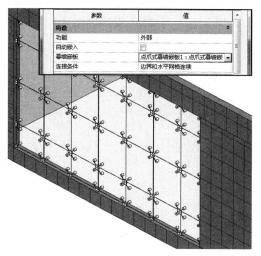

图 4-50　替换幕墙嵌板

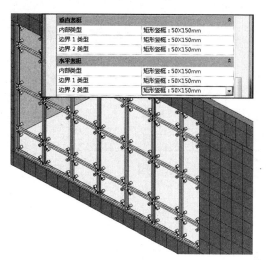

图 4-51　添加幕墙竖梃

4.4　叠层墙

在 Revit 中，除了基本墙和幕墙两种墙系统族外，还提供了另外一种墙系统族——叠层墙。使用叠层墙可以创建更为复杂结构的墙，比如由上下两种不同厚度、不同材质"基本墙"类型构成的叠层墙。

4.4.1　定义叠层墙类型

由于叠层墙是由不同厚度或者不同材质的基本墙组合而成，所以在绘制叠层墙之前，首先要定义多个基本墙。打开光盘文件中的"叠层墙文件.rvt"文件，该项目文件中已经定义了两个不同类型的基本墙。

选择【墙】工具后，在【属性】面板的类型选择器中选择"叠层墙"，并打开相应的【类型属性】对话框。单击【复制】按钮，复制"系统族：叠层墙"的类型为"高层叠层墙"，如图 4-52 所示。

单击【结构】参数右侧的【编辑】按钮，打开【编辑部件】对话框。设置基本墙类型【名称】为"F1-F3-240mm-外墙"。单击【插入】按钮插入新的构造类型，并设置【名称】为"F4-F5-240mm-外墙"，设置【高度】为 10800.0，如图 4-53 所示。

> 提　示
>
> 在叠层墙当中必须指定一段可编辑的高度，所以在叠层墙【编辑部件】对话框中，【高度】选项必须有一个设置为"可变"。

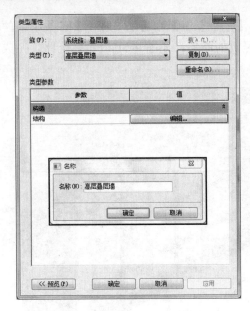

图 4-52 复制类型

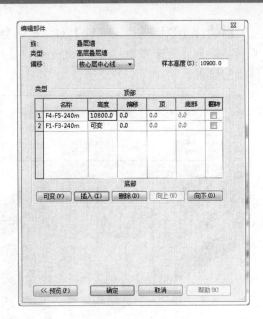

图 4-53 设置叠层墙类型

4.4.2 绘制叠层墙

虽然叠层墙的材质类型设置方法与基本墙不同，并且是在基本墙类型的基础上进行设置的，但是叠层墙的绘制方法与基本墙基本相似，只是在墙属性设置时需要注意【顶部约束】选项的设置。

保持【墙】工具的选择，在【属性】面板中设置【顶部约束】为"直到标高：F5"，切换至 F1 楼层平面视图，在轴网上绘制叠层墙，如图 4-54 所示。

单击快速访问工具栏中的【默认三维视图】按钮，切换至默认三维视图中，查看叠层墙效果，如图 4-55 所示。

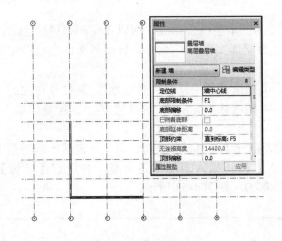

图 4-54 绘制叠层墙

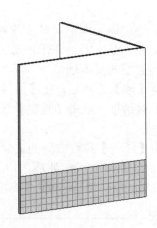

图 4-55 叠层墙三维效果

4.5　墙体修饰

建筑设计中的墙体并不是单一的，可以通过添加不同的配件来修饰墙体，比如墙饰条和分隔缝等。Revit 中的墙饰条与分隔缝既可以单独添加，也可以通过墙体的【类型属性】对话框统一设置。

4.5.1　创建墙饰条

墙饰条是墙的水平或垂直投影，通常起装饰作用。墙饰条的示例包括沿着墙底部的踢脚板，或沿墙顶部的冠顶饰，可以在三维或立面视图中为墙添加墙饰条。

其中，散水也属于墙饰条。散水是与外墙勒脚垂直交接倾斜的室外地面部分，用以排除雨水，保护墙基免受雨水侵蚀。散水的宽度应根据土壤性质、气候条件、建筑物的高度和屋面排水形式确定，一般为 600～1000mm。当屋面采用无组织排水时，散水宽度应大于檐口挑出长度 200～300mm。为保证排水顺畅，一般散水的坡度为 3%～5%左右，散水外缘高出室外地坪 30～50mm。散水常用材料为混凝土、水泥砂浆、卵石、块石等。

设置散水的目的是为了使建筑物外墙勒脚附近的地面积水能够迅速排走，并且防止屋檐的滴水冲刷外墙四周地面的土壤，减少墙身与基础受水浸泡的可能，保护墙身和基础，可以延长建筑物的寿命。

要为职工食堂建立散水，首先要创建散水所需要的轮廓族。单击【应用程序菜单】按钮，选择【新建】|【族】选项，打开【新族-选择样板文件】对话框。选择"公制轮廓.rft"族类型，如图 4-56 所示。

图 4-56　选择族样板文件

单击【打开】按钮，进入族编辑器。单击【样图】面板中的【直线】按钮，在参照平面交点处单击，向右水平移动绘制 800 的直线，沿垂直向上方向绘制 20 直线，按 Esc 键退出，如图 4-57 所示。

确定处于放置线状态，单击参照平面的交点，垂直向上绘制高为 100 的直线。继续在刚刚绘制的端点单击，完成轮廓的绘制，如图 4-58 所示。

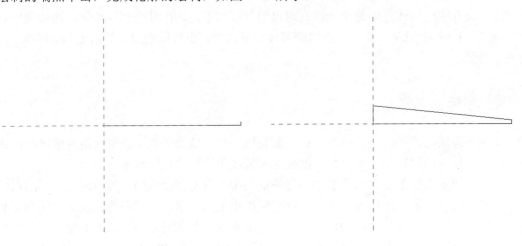

图 4-57　建立族文件　　　　　　　　　　　图 4-58　绘制散水轮廓

单击快速访问工具栏中的【保存】按钮，保存为族文件"800 宽室外散水轮廓.rfa"，如图 4-59 所示，然后单击【族编辑器】面板中的【载入到项目中】按钮，直接载入到"职工食堂.rvt"项目中。

图 4-59　保存族文件

在默认三维视图中，切换至【建筑】选项卡，单击【构建】面板中【墙】下拉列表，选择【墙：饰条】选项，打开墙饰条的【类型属性】对话框，如图 4-60 所示。

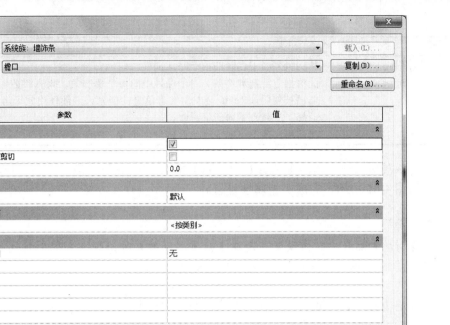

图 4-60　【类型属性】对话框

【类型属性】对话框中的各个参数以及相应的值设置如表 4-5 所示。

表 4-5　【类型属性】对话框中的各个参数以及相应的值设置

参数	值
限制条件	
剪切墙	指定在几何图形和主体墙发生重叠时，墙饰条是否会从主体墙中剪切掉几何图形。清除此参数会提高带有许多墙饰条的大型建筑模型的性能
被插入对象剪切	指定门和窗等插入对象是否会从墙饰条中剪切掉几何图形
默认收进	此值指定墙饰条从每个相交的墙附属件收进的距离
构造	
轮廓	指定用于创建墙饰条的轮廓族
材质和装饰	
材质	设置墙饰条的材质
标识数据	
墙的子类别	默认情况下，墙饰条设置为墙的"墙饰条"子类别。在【对象样式】对话框中可以创建新的墙子类别，并随后在此选择一种类别，这样便可以使用【对象样式】对话框在项目级别修改墙饰条样式
注释记号	添加或编辑墙饰条注释记号。在值框中单击打开【注释记号】对话框
型号	墙饰条的模型类型
制造商	墙饰条材质的制造商
类型注释	指定建筑或设计注释
URL	指向网页的链接
说明	墙饰条的说明
部件说明	基于所选部件代码的部件说明

参数	值
部件代码	从层级列表中选择的统一格式部件代码
类型标记	此值指定特定墙饰条。对于项目中的每个墙饰条，此值都必须是唯一的。如果此值已被使用，Revit 会发出警告信息，但允许继续使用它，可以使用"查阅警告信息"工具查看警告信息
成本	建造墙饰条的材质成本。此信息可包含于明细表中

在该对话框中，选择【类型】为"职工食堂-800 宽室外散水"，并且设置对话框中的参数，如图 4-61 所示，完成类型属性设置。

> **提　示**
>
> 【材质】参数中的值设置，是在【材质浏览器】对话框中复制"混凝土-现场浇注混凝土"为"职工食堂-现场浇注混凝土"完成的。

确定【放置】面板当中，散水的放置方式为水平，依次单击墙体的底部边缘生成散水，如图 4-62 所示。

图 4-61 【类型属性】对话框

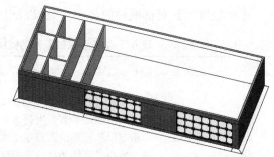

图 4-62 创建散水

> **注　意**
>
> 在职工食堂北立面没有创建散水，这是因为后期在该位置还要创建台阶图元。对于需要创建台阶图元的位置不需要创建散水，或者是在后期修改散水的放置范围。

4.5.2 添加墙分隔缝

墙分隔缝是墙中装饰性裁切部分，可以在三维或立面视图中为墙添加分隔缝。分隔缝可以是水平的，也可以是垂直的。

为了更加清晰地观察墙分隔缝在墙体中的效果，这里将"职工食堂.rvt"项目文件另存为"职工食堂-分隔缝.rvt"。选中某一个外墙图元，打开相应的【类型属性】对话框。单击【结构】右侧的【编辑】按钮，继续单击【面层 1[4]】中的【材质】浏览按钮，设置【表面填充图案】选项组中【填充图案】选项为"无"，如图 4-63 所示，为外墙表面设置无表面效果。

切换至【插入】选项卡，单击【从库中载入】面板中的【载入族】按钮，将光盘文件中的"分隔缝 10×20.rfa"族类型载入项目文件中，如图 4-64 所示。

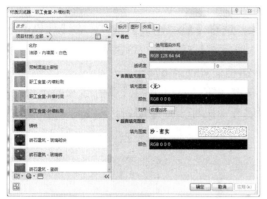

图 4-63 【表面填充图案】选项

图 4-64 载入族文件

在默认三维视图中，切换至【建筑】选项卡，单击【构建】面板中【墙】下拉列表，选择【墙：分隔缝】选项。打开墙饰条的【类型属性】对话框，复制类型为"职工食堂-分隔缝"，并设置【轮廓】参数为刚刚载入的族文件，如图 4-65 所示。

单击【确定】按钮后，在外墙适当高度位置单击，为光标所在外墙添加分隔缝。配合旋转视图功能，依次为其他 3 个方向的外墙添加分隔缝，如图 4-66 所示。

图 4-65 设置分隔缝类型属性

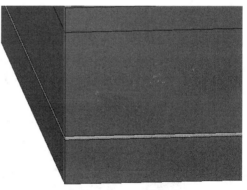

图 4-66 添加分隔缝效果

> **提 示**
>
> 在默认三维视图中添加分隔缝时，Revit 会自动显示已经添加分隔缝的轮廓，所以不必担心分隔缝高度问题。

4.5.3　复合墙

在 Revit 中，除创建基本墙、幕墙和叠层墙外，还可以通过对基本墙类型属性的设置，生成立面结构更为复杂的墙体类型——垂直复合结构墙。

打开光盘文件中的"垂直复合墙.rvt"项目文件，选择【墙：建筑】工具，在【属性】面板中确定基本墙的类型为"垂直复合墙"，打开【类型属性】对话框，单击【结构】参数右侧的【编辑】按钮，查看【编辑部件】对话框中墙体结构，如图 4-67 所示。

在该对话框中，【修改垂直结构】选项组中的编辑按钮是不可用的。单击底部的【预览】按钮，并选择【视图】列表中的"剖面：修改类型属性"选项，发现编辑按钮处于可用状态，如图 4-68 所示。

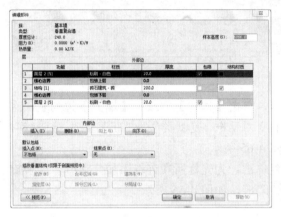

图 4-67　墙体结构

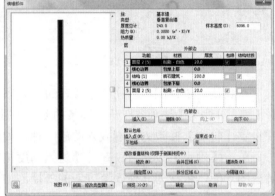

图 4-68　选择视图类型

放大剖面视图，单击右侧的【拆分区域】按钮，在预览视图中，由下至上 400 高度墙体外侧位置单击进行拆分，如图 4-69 所示。

按照上述方法，依次在 100—300—100—300—100—300—100 高度位置进行拆分。在列表中最上方插入结构层，并设置【功能】为"面层 2[5]"，【材质】为"粉刷-红砖"。单击下方的【指定层】按钮，依次单击 100 高的面层，如图 4-70 所示。

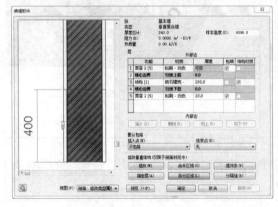

图 4-69　拆分区域

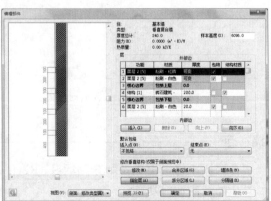

图 4-70　指定层材质

单击【墙饰条】按钮，打开【墙饰条】对话框。单击【载入轮廓】按钮，将光盘文件中的"800 宽散水.rfa"和"欧式线脚.rfa"族文件载入其中。接着单击【添加】按钮，添加新的墙饰条。设置【轮廓】为"800 宽散水"，【材质】为"混凝土-沙/水泥找平"；继续单击【添加】按钮，添加新墙饰条，设置【轮廓】为"欧式线脚"，【材质】为"石膏板"，【距离】为 −200.0，【自】为"顶"，【边】为"内部"，如图 4-71 所示。

单击【确定】按钮，即可在预览视图中查看墙体下方的散水以及上方的线脚效果，如图 4-72 所示。

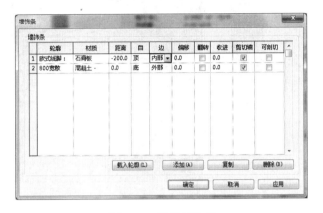

图 4-71　设置墙饰条

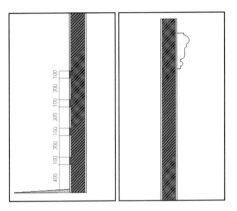

图 4-72　查看散水与线脚效果

单击【分隔缝】按钮，打开【分隔缝】对话框。单击【载入轮廓】按钮，将光盘文件中的"分隔缝 10×20"族文件载入其中。接着单击【添加】按钮，添加第一个分隔缝。设置【轮廓】为"分隔缝 10×20"，【距离】为 650.0。连续单击【复制】按钮，依次设置【距离】为 1050.0、1450.0、1850.0，如图 4-73 所示。

单击【确定】按钮，即可在左侧的预览视图中打开视图，查看分隔缝效果，如图 4-74 所示。

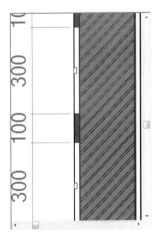

图 4-73　设置分隔缝

图 4-74　查看分隔缝效果

连续单击【确定】按钮，关闭所有对话框。在标高 1 平面视图中的任意位置绘制墙体，并按 Esc 键结束绘制，如图 4-75 所示。

切换至默认三维视图，即可查看同时具有线脚、散水、分隔缝以及不同材质的垂直复合墙效果，如图 4-76 所示。

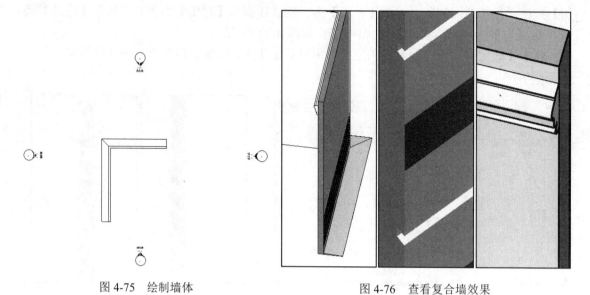

图 4-75　绘制墙体　　　　　　　　　　　图 4-76　查看复合墙效果

第 5 章

柱、梁和结构构件

大量的震害表明，建筑物会否倒塌在很大程度上取决于柱的设计，特别是随着高层建筑和大跨结构的发展，柱的轴力越来越大，柱不但需要很高的承载力，而且需要较好的延性，以防止建筑在大地震情况下倒塌。

本章主要讲述如何创建和编辑建筑柱、结构柱以及梁、梁系统、结构支架等，使读者了解建筑柱和结构柱的应用方法和区别。根据项目需要，某些时候需要创建结构梁系统和结构支架，比如对楼层净高产生影响的大梁等。

本章学习目的：

（1）熟悉建筑结构概念。

（2）掌握柱的创建方法。

（3）掌握梁的创建方法。

（4）掌握结构支撑的添加方法。

5.1　建筑结构概念

随着建筑结构向更高、跨度更大、荷载更重的方向发展，建筑物中的柱子承受越来越大的荷载。通过对地震灾害的调查，人们认识到建筑物承重柱的设计是关系到建筑物在大地震下能否倒塌的关键，特别是在高轴压力作用下，柱子不但要有足够的强度，而且应有较好的延性。

5.1.1　钢筋混凝土构件

在砌体结构中的钢筋混凝土构件中，包括圈梁、过梁、墙梁与挑梁。不同类型、不同作用、不同尺寸的建筑应采用相应的构件，这样才能够使建筑保持更好的稳定性。

1．圈梁

在房屋的檐口、窗顶、楼层、吊车梁顶或基础面标高处，沿砌体墙水平方向设置封闭状的按构造配筋的混凝土梁构件称为圈梁。为增强房屋的整体刚度，放置由于地基的不均匀沉降或较大振动荷载对房屋引起的不利影响，在墙中设置现浇钢筋混凝土圈梁。设置圈梁有如下规定。

（1）车间、仓库、食堂等空旷的单层房屋应设置圈梁。

（2）宿舍、办公楼等多层其他民用房屋，且层数为3～4层时，应在檐口标高处设置圈梁一道。当层数超过4层时，应每层设置现浇钢筋混凝土圈梁。

（3）采用现浇钢筋混凝土楼盖的多层砌体结构房屋，当层数超过5层时，除在檐口标高处设置一道圈梁外，可隔层设置圈梁，并与楼层面板一起现浇。

2．过梁

过梁多用于跨度不大的门、窗等洞口处，其中有砖砌过梁和钢筋混凝土过梁等。而对于有较大振动荷载或可能产生不均匀沉降的房屋，应采用钢筋混凝土过梁。其中，砖砌过梁的构造规定如下。

（1）砖砌过梁截面计算高度内的砂浆不宜低于M5。

（2）砖砌平拱用竖砖砌筑部分的高度不应小于240mm。

（3）钢筋砖过梁底面砂浆层处的钢筋，其直径不应小于5mm，间距不宜大于120mm，钢筋伸入支座砌体内的长度不宜小于2400mm，砂浆层的厚度不宜小于30mm。

3．墙梁

墙梁包括简支墙梁、连续墙梁和框支墙梁，可划分为承重墙梁和自承重墙梁。采用烧结普通砖和烧结多孔砖砌体和配筋砌体的墙梁设计应符合如表5-1所示的规定。墙梁介绍高度范围内每跨允许设置的一个洞口；洞口边至支座中心的距离距边支座不应小于$0.15l_{oi}$，距中支座不应小于$0.07l_{oi}$；对多层房屋的墙梁，各层洞口宜设置在相同位置，并宜上、下对齐。

表 5-1　墙梁的一般规定

墙梁类别	墙体总高度（m）	跨度（m）	墙高 h_w/l_{oi}	托梁高 h_b/l_{oi}	洞宽 b_h/l_{oi}	洞高 h_h
承重墙梁	≤18	≤9	≥0.4	≥1/10	≤0.3	≤$5h_w/6$ 且 h_w-h_h ≥0.4m
自承重墙梁	≤18	≤12	≥1/3	≥1/15	≤0.8	

4．挑梁

嵌固在砌体中的悬挑式钢筋混凝土梁，叫挑梁。一般指房屋中的阳台挑梁、雨篷挑梁或外廊挑梁。砌体墙中钢筋混凝土挑梁应满足抗倾覆验算及砌体的局部受压承载力验算。其中，钢筋混凝土挑梁的构造规定如下。

（1）纵向受力钢筋至少应有1/2的钢筋面积伸入梁尾端，且不小于$2\phi12$，其余钢筋伸入支座的长度不应小于$21_l/3$。

（2）挑梁埋入砌体长度 l_1 与挑出长度 l 之比宜大于 1.2；当挑梁上无砌体时，l_1 与 l 之比宜大于 2。

5.1.2 柱

框架柱按结构形式的不同，通常分为等截面柱、阶形柱和分离式柱 3 大类；按柱截面类型不同又可分为实腹式柱及格构式柱两类。

其中，按结构形式的不同分为的柱类型如下。

1. 等截面柱

有实腹式和格构式两种。等截面柱构造简单，一般适于用作工作平台柱，无吊车或吊车起重量的轻型厂房中的框架柱等。

2. 阶形柱

有实腹式柱和格构式柱两种。阶形柱由于吊车梁或吊车桁架支承在柱截面变化的肩梁处，荷载偏心小，构造合理，其用钢量比等截面柱节省，在厂房中广泛应用。

3. 分离式柱

由支承屋盖结构的屋盖和支承吊车梁或吊车桁架的吊车肢所组成，两肢之间以水平板相连接。分离式柱构造简单，制作和安装比较方便，但用钢量比阶形柱多，且刚度较差。

框架柱按截面形式可分为实腹式柱和格构式柱两种。

1. 实腹式柱

实腹式柱的截面形式为焊接工字形钢截面，一般用于厂房等截面柱，阶形柱的上段。

2. 格构式柱

当柱承受较大弯矩作用，或要求较大刚度时，为了合理用材宜采用格构式组合截面。格构式组合截面一般每肢由型钢截面的双肢组成，当采用钢管（包括钢管混凝土）组合柱时，也可采用三肢或四肢组合截面。格构柱的柱肢之间均由缀条或缀板相连，以保证组合截面整体工作。

混凝土宜于受压，而钢材宜于受拉，为了充分发挥两种材料的优势，钢-混凝土组合结构正得到国内外学者的密切关注，在钢-混凝土组合结构中，由于两种不同性质的材料扬长避短，各自发挥其特长，因此具有一系列的优点。高层建筑中常见的钢-混凝土组合柱有钢骨混凝土柱和钢管混凝土柱。研究结果表明，由型钢与混凝土组合成的柱子具有较高的承载力和良好的延性。与钢筋混凝土柱相比，钢-混凝土组合柱在给定荷载条件下，组合柱具有较小的横截面积和较高的承载力。因此，在建筑物中使用组合柱可以解决高层建筑中的"胖柱"问题和钢筋高强混凝土柱的脆性破坏问题，并且可以显著增加建筑物的使用空间，简化了施工，获得较大的经济效益。与钢柱相比，可提高柱子的稳定性，避免型钢出现局部的屈曲，同时还可节省高层建筑的用钢量，提高结构的防火和防腐能力。

5.1.3 梁

钢梁是一种应用广泛、承受横向荷载弯曲工作的受弯构件（梁必须具有足够的强度、刚度和稳定性）。在工业和民用建筑中最常见到的有工作平台梁、楼盖梁、墙架梁、吊车梁以及檩条等。

按钢梁制作方法的不同可分为型钢梁和组合梁两大类。型钢梁又可分为热轧型钢梁和冷弯薄壁钢梁两种。热轧型钢梁常用普通工字钢、槽钢或 H 形钢做成。由于型钢梁具有加工方便和成本较为低廉的优点，所以在结构设计中应该优先采用。

当荷载和跨度较大时，型钢梁受到尺寸和规格的限制，常不能满足承载能力或刚度的要求，此时应考虑使用组合梁。组合梁按其连接方法和使用材料的不同，可以分为焊接组合梁（简称为焊接梁）、铆接组合梁（简称为铆接梁）、异种钢组合梁和钢与混凝土组合梁等几种。组合梁截面的组成比较灵活，可使材料在截面上的分布更为合理。

5.2 柱的创建

按常规建筑设计习惯，有了轴网后将创建柱网。根据柱子的用途及特性不同，Revit 将柱子分为两种：建筑柱与结构柱。建筑柱和结构柱的创建方法不尽相同，但编辑方法完全相同。

5.2.1 建筑柱

建筑柱适用于墙垛等柱子类型，可以自动继承其连接到的墙体等其他构件的材质，例如墙的复合层可以包络建筑柱。

在 Revit 中，打开保存的"职工食堂.rvt"项目文件。在 F1 平面视图中，放大左侧外墙区域，切换至【建筑】选项卡，单击【工作平面】面板中的【参照平面】按钮 ，设置选项栏中的【偏移量】为 1000.0，分别在轴线 C、D 上建立水平参照平面，如图 5-1 所示。

> **提 示**
>
> 由于设置了偏移量，所以在轴线上进行建立时，Revit 会在该轴线上方或下方显示参照平面，这时可以通过按键盘上的空格键来确定参照平面的创建位置。

选择【墙：建筑】工具，设置选项栏中的【定位线】为"面层面：外部"，并确定墙的当前类型为"职工食堂-240mm-外墙"。单击墙中心线与参照平面的交点，向右水平移动至任意一点单击绘制墙体，并确定该墙体在参照平面上方。按照此方法，在下方参照平面绘制水平墙体，如图 5-2 所示。

切换至【修改】选项卡，选择【修改】面板中的【偏移】工具 ，设置选项栏中的【偏移】为 700.0，启用【复制】选项。将光标指向轴线 1 上的外墙内侧并单击，在其右侧复制该墙体，如图 5-3 所示。

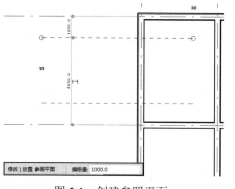

图 5-1　创建参照平面

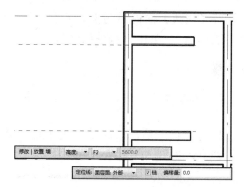

图 5-2　绘制墙体

选择【修改】面板中的【修剪/延伸为角】工具，在保留的墙体区域内单击后，继续在相邻的墙体保留区域内单击，就会删除相反的墙体，并形成连接的墙角，如图 5-4 所示。

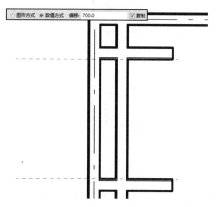

图 5-3　偏移并复制墙体

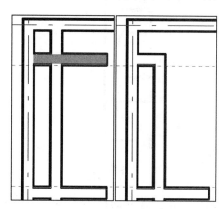

图 5-4　修剪墙体

按照上述方法，修剪下方墙体。选择【修改】面板中的【拆分图元】工具，在左侧外墙单击进行拆分，继续使用【修剪/延伸为角】工具，进行两段的修剪，如图 5-5 所示。

切换至【建筑】选项卡，在【构建】面板中单击【柱】下拉按钮，选择【柱：建筑】选项。设置【属性】面板的类型选择器中的类型为"500×1000mm"的矩形建筑柱，在凹陷的墙体左侧单击两次建立两个建筑柱，如图 5-6 所示。

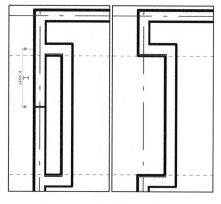

图 5-5　拆分并修剪墙体

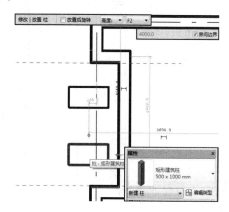

图 5-6　建立柱

选择【修改】面板中的【对齐】工具，在选项栏中启用【多重对齐】选项，设置【首选】为"参照墙面"。单击外墙外侧边缘后，依次单击柱左侧边缘使之对齐，如图5-7所示。

注 意

在完成每次操作后，都需要通过按Esc键来退出，才能够进行下一步的操作。

退出对齐状态后，依次单击选中柱，并设置柱与凹陷墙体的临时尺寸为600.0，完成建筑柱的建立，如图5-8所示。

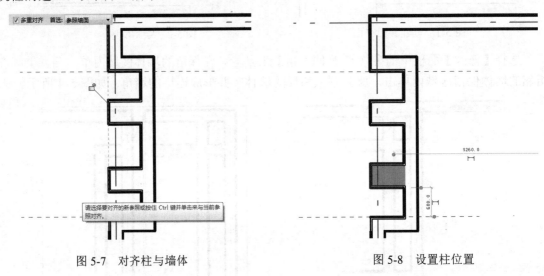

图5-7　对齐柱与墙体　　　　　　　图5-8　设置柱位置

由左至右扩选建立的柱与墙体将其选中，在打开的【修改|选择多个】选项卡中单击【修改】面板中的【复制】按钮，启用选项栏中的【约束】与【多个】选项，由上至下依次单击轴线D、C、B进行复制，如图5-9所示。

选择【修改】面板中的【拆分图元】工具，并启用选项栏中的【删除内部线段】选项，依次单击与凹陷墙体相连的左侧外墙，删除左侧与柱相连的外墙，如图5-10所示。

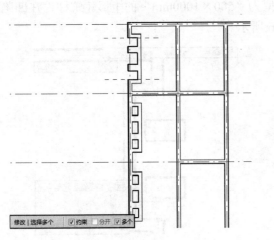

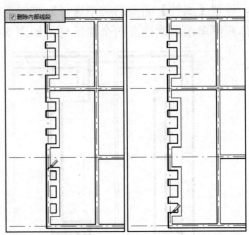

图5-9　复制柱　　　　　　　　　图5-10　删除内部线段

这里建立的墙体【底部限制条件】选项和建筑柱【底部标高】选项均设置为"室外地坪"，如图 5-11 所示。

按照上述方法，建立职工食堂右侧外墙的建筑柱效果。切换至默认三维视图中，查看立体效果，如图 5-12 所示。

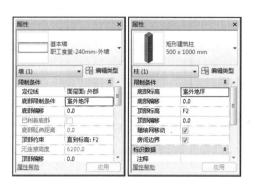

图 5-11　设置限制条件属性

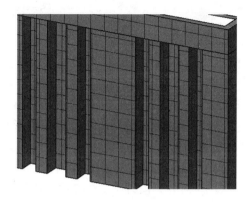

图 5-12　建筑柱效果

5.2.2　结构柱

结构柱适用于钢筋混凝土柱等与墙材质不同的柱子类型，是承载梁和板等构件的承重构件，在平面视图中结构柱截面与墙截面各自独立。

结构柱用于对建筑中的垂直承重图元建模。尽管结构柱与建筑柱共享许多属性，但是结构柱还具有许多由它自己的配置和行业标准定义的其他属性。在行为方面，结构柱也与建筑柱不同。

要创建结构柱，必须在当前项目中载入要使用的结构柱族。切换至【插入】选项卡，单击【从库中载入】面板中的【载入族】按钮，打开 Revit 自带的 China/结构/柱/混凝土文件夹，选择"混凝土-正方形-柱.rfa"族文件，如图 5-13 所示。单击【打开】按钮，将其载入项目文件中。

切换至【建筑】选项卡，在【构建】面板中单击【柱】下拉按钮，选择【结构柱】选项。确定【属性】面板的类型选择器中设置的是 300×300mm 类型的"混凝土-正方形-柱"。在选项栏中设置【高度】为 F2，放置方式为"垂直柱"，单击【多个】面板中的【在轴网处】按钮，如图 5-14 所示。

图 5-13　载入柱族

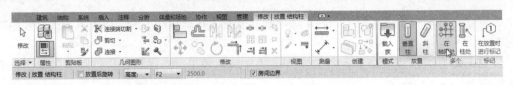

图 5-14　设置结构柱选项

由右至左单击并移动光标，将建筑所在的轴网选中，在轴网交点位置自动添加结构柱，如图 5-15 所示。单击【多个】面板中的【完成】按钮，确定结构柱的添加。

切换至【视图】选项卡，单击【图形】面板中的【细线】按钮![图标]，进入到细线模式中。切换至【修改】选项卡，单击【修改】面板中的【对齐】按钮![图标]，在选项栏中启用【多重对齐】选项，设置【首选】为"参照核心层表面"选项，如图 5-16 所示。

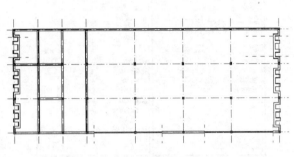

图 5-15　添加结构柱

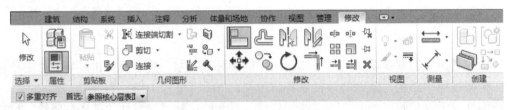

图 5-16　设置对齐工具

适当放大视图，单击轴线 1 墙体的外侧核心层表面作为对齐目标，单击结构柱外侧边缘进行对齐，如图 5-17 所示。

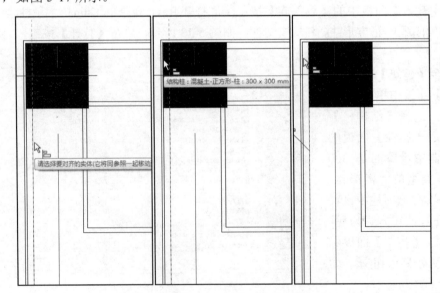

图 5-17　对齐结构柱

依次单击轴线 1 上的结构柱，完成该轴网上结构柱的对齐操作。在空白位置单击，取消当前对齐目标。继续拾取轴线 D 上的外侧核心层表面作为对齐目标，依次单击该轴线上的结构柱外侧边缘进行对齐，如图 5-18 所示。

按照上述方法对齐所有结构柱。依次选中轴线 A 与轴线 5、6、7 交点上的结构柱，按 Delete 键进行删除。右击任意结构柱，选择快捷菜单中的【选择全部实例】|【在视图中可见】选项，选中视图中所有结构柱。在【属性】面板中，依次

图 5-18　对齐轴线 D 上的结构柱

设置【底部标高】为"室外地坪"、【顶部偏移】为 480.0，并禁用【房间边界】选项。单击【应用】按钮后，在默认三维视图中查看效果，如图 5-19 所示。

5.2.3　编辑柱

虽然建筑柱与结构柱的创建方法不同，但是两者的编辑方法则完全相同，只是个别参数有所不同。选择建筑柱，单击【属性】面板中【编辑类型】选项，打开【类型属性】对话框，如图 5-20 所示。

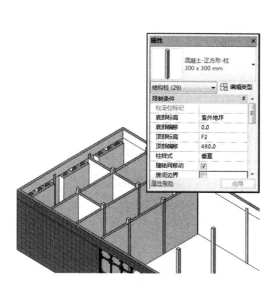

图 5-19　设置结构柱属性

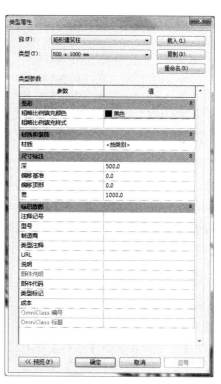

图 5-20　【类型属性】对话框

【类型属性】对话框中的各个参数以及相应值的作用如表 5-2 所示。设置该对话框中的参数值，可以改变建筑柱的尺寸与材质类型。

表 5-2 【类型属性】对话框中的各个参数以及相应值的作用

参数	值
图形	
粗略比例填充颜色	指定在任一粗略平面视图中，粗略比例填充样式的颜色
粗略比例填充样式	指定在任一粗略平面视图中，柱内显示的截面填充图案
材质和装饰	
材质	柱的材质
尺寸标注	
深	放置时设置柱的深度
偏移基准	设置柱基准的偏移
偏移顶部	设置柱顶部的偏移
宽	放置时设置柱的宽度
标识数据	
注释记号	添加或编辑柱注释记号。在值框中单击，打开【注释记号】对话框
型号	柱的模型类型
制造商	柱材质的制造商
类型注释	指定柱的建筑或设计注释
URL	设置对网页的链接。例如，制造商的网页
说明	提供柱的说明
部件说明	基于所选部件代码的部件说明
部件代码	从层级列表中选择的统一格式部件代码
类型标记	此值指定特定柱。对于项目中的每个柱，此值必须唯一。如果此值已被使用，Revit Architecture 会发出警告信息，但允许继续使用它
成本	建造柱的材质成本。此信息可包含于明细表中
OmniClass 编号	OmniClass 构造分类系统（能最好地对族类型进行分类）中的编号
OmniClass 标题	OmniClass 构造分类系统（能最好地对族类型进行分类）中的名称

当选择混凝土结构柱后，打开相应的【类型属性】对话框。该对话框中的参数与建筑柱【类型属性】对话框相比更为简单，除了相同的【标识数据】参数组外，【尺寸标注】只有 h 与 b 两个参数，分别用来设置结构柱的深度与宽度，如图 5-21 所示。

 提 — 示

    如果结构柱载入的是钢材料结构柱族，那么【类型属性】对话框除了【标识数据】参数组外，还包括【尺寸标注】和【结构】参数组。

5.3 梁的创建

梁是用于承重用途的结构图元。每个梁的图元是

图 5-21 混凝土结构柱【类型属性】对话框

通过特定梁族的类型属性定义的。此外，还可以修改各种实例属性来定义梁的功能。

5.3.1　常规梁

在 Revit 中，梁的绘制方法与墙非常相似。在 F2 平面视图中，切换至【结构】选项卡中，单击【结构】面板中的【梁】按钮，在打开的【修改|放置 梁】上下文选项卡中，确定绘制方式为直线。设置选项栏中的【放置平面】为"标高：F2"，【结构用途】为"自动"，如图 5-22 所示。

图 5-22　选择【梁】工具

在【属性】面板中，确定类型选择器选择的是"矩形梁-加强版"，单击【编辑类型】选项，打开【类型属性】对话框。单击【复制】按钮，复制类型为"250×500mm"，并设置【L_梁高】为 500.0，【L_梁宽】为 250.0，如图 5-23 所示。

单击【确定】按钮完成设置。在轴线 D 与 5 交点处单击后，在轴线 A 与 5 交点处单击建立垂直梁，如图 5-24 所示。

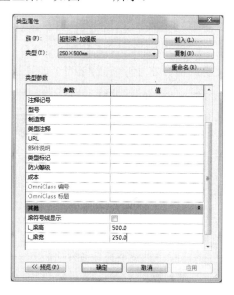

图 5-23　设置梁属性

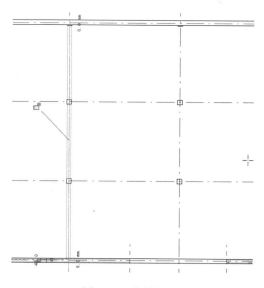

图 5-24　绘制梁

由于梁的顶部与标高 F2 对齐，所以梁是以淡显的方式显示。选择绘制的梁，在【属性】

面板中设置【Z轴对正】为"中心线",单击【应用】按钮,梁在标高F2中显示。通过复制方式,分别在轴线6、7上复制梁,如图5-25所示。

单击快速访问工具栏中的【默认三维视图】按钮，查看梁在三维视图中的效果,如图5-26所示。

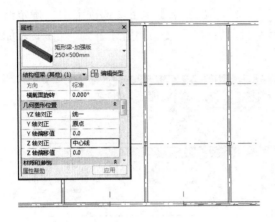

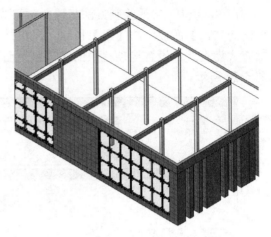

图 5-25　设置与复制梁　　　　图 5-26　梁三维视图效果

5.3.2　梁系统

结构梁系统可创建包含一系列平行放置的梁的结构框架图元。对于需要额外支座的结构,梁系统提供了一种对该结构的面积进行框架的便捷方法,可使用一次单击法和绘制法来创建梁系统。

1．自动创建梁系统

要想通过自动创建的方式来建立梁系统,首先只能在含有水平草图平面的平面视图或天花板视图中才能够进行自动创建;其次必须已经绘制了支撑图元的闭合环,比如墙或梁,否则 Revit 将自动重定向到【创建梁系统边界】选项卡。

在 Revit 中,打开光盘文件夹中的"梁系统.rvt"项目文件,并将其另存为"自动创建梁系统.rvt"。在该项目文件中已经创建了闭合梁,如图5-27所示。

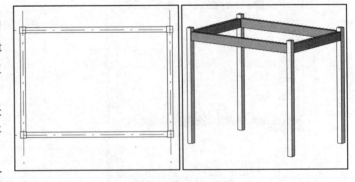

图 5-27　闭合梁

在 F2 平面视图中,切换至【结构】选项卡,单击【结构】面板中的【梁系统】按钮。在打开的【修改|放置 结构梁系统】选项卡中,Revit 自动选中【梁系统】面板的【自动创建梁系统】工具,如图5-28所示。

图 5-28　选择梁系统

确定【属性】面板类型选择器中类型为"结构梁系统"，即可单击结构构件，自动添加梁系统，如图 5-29 所示。

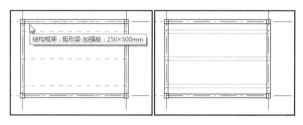

图 5-29　自动添加梁系统

选中添加的梁，在【属性】面板中设置【Z 轴对正】为"中心线"，切换至默认三维视图，查看梁系统效果，如图 5-30 所示。

梁系统参数随设计中的改变而调整。如果重新定位了一个柱，梁系统参数将自动随其位置的改变而调整。如图 5-31 所示，改变右下角结构柱位置梁系统发生的变化。

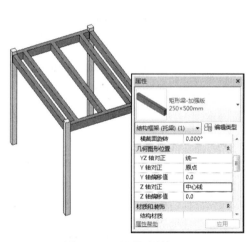

图 5-30　设置梁属性

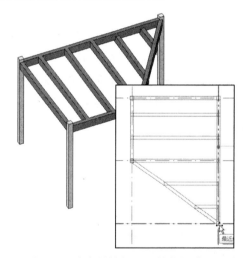

图 5-31　改变结构柱而调整的梁系统

2．绘制梁系统

当选择【梁系统】工具后，在【梁系统】面板中除了【自动创建梁系统】工具外，还包含【绘制梁系统】工具。单击【绘制梁系统】按钮后，打开【修改|创建梁系统边界】上下文选项卡，如图 5-32 所示。

图 5-32　绘制梁系统

注　意

当绘图区域中没有支撑图元的闭合环时，选择【梁系统】工具，Revit 会自动打开【修改|创建梁系统】上下文选项卡。

确定绘制方式为【直线】，在绘图区域中连续单击形成闭合的边界线。这里沿轴线绘制了矩形边界线，如图 5-33 所示。

单击【模式】面板中的【完成编辑模式】按钮，退出梁系统绘制模式，在绘制区域显示刚刚绘制的梁系统，如图 5-34 所示。

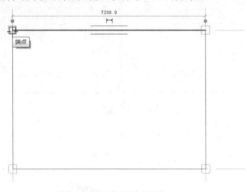

图 5-33　绘制边界线

图 5-34　绘制的梁系统

当绘制梁系统后，还可以重新编辑梁系统。方法是单击梁系统，在打开的【修改|结构梁系统】上下文选项卡中分别设置梁系统的【尺寸】、【对正】以及【布局】选项。如图 5-35 所示为设置【布局】选项后的梁系统。

提　示

在【修改|结构梁系统】上下文选项卡中，不仅能够设置选项栏中的选项，还能够删除梁系统以及编辑工作平面。

当单击【模式】面板中的【编辑边界】按钮，进入【修改|结构梁系统>编辑边界】上下文选项卡，这时可以通过单击并拖动梁系统边界的方法来改变梁系统边界的范围，如图 5-36 所示。

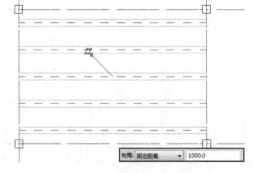

图 5-35　设置梁系统选项

绘制的梁系统中的梁方向为水平方向，要想改变梁方向，单击【梁边界】按钮，在梁系统垂直边界单击，即可改变梁系统中梁放置方向，如图 5-37 所示。

图 5-36　改变边界范围

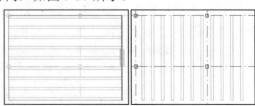

图 5-37　改变梁放置方向

切换至默认三维视图中，即可查看梁系统的绘制效果，如图 5-38 所示，该效果是更改后的梁系统效果。

5.3.3 编辑梁

无论是常规梁还是梁系统，其类型属性是相同的，并且与柱的类型属性也基本相似，梁的属性选项众多，如图 5-39 所示。

图 5-38 梁系统三维效果

图 5-39 梁【属性】面板

在该面板中，分别针对梁的放置位置、材质、结构、尺寸等属性分为选项组，通过设置选项组中的各个选项来完善梁的效果，如表 5-3 所示。

表 5-3 梁【属性】面板中的各个选项及参数设置

选项	参数值
限制条件	
参照标高	标高限制。这是一个只读的值，取决于放置梁的工作平面
工作平面	放置了图元的当前平面。该值为只读
起点标高偏移	梁起点与参照标高间的距离。当锁定构件时，会重设此处输入的值，锁定时只读
终点标高偏移	梁端点与参照标高间的距离。当锁定构件时，会重设此处输入的值，锁定时只读
方向	梁相对于图元所在的当前平面的方向。该值为只读
横截面旋转	控制旋转梁和支撑。从梁的工作平面和中心参照平面方向测量旋转角度

选项	参数值
几何图形位置	
YZ 轴对正	只适用于钢梁，"统一"或"独立"。使用"统一"可为梁的起点和终点设置相同的参数；使用"独立"可为梁的起点和终点设置不同的参数
Y 轴对正	只适用于"统一"对齐钢梁。指定物理几何图形相对于定位线的位置："原点"、"左侧"、"中心"或"右侧"
Y 轴偏移值	只适用于"统一"对齐钢梁。几何图形偏移的数值。在"Y 轴对正"参数中设置的定位线与特性点之间的距离
Z 轴对正	只适用于"统一"对齐钢梁。指定物理几何图形相对于定位线的位置："原点"、"顶部"、"中心"或"底部"
Z 轴偏移值	只适用于"统一"对齐钢梁。在"Z 轴对正"参数中设置的定位线与特性点之间的距离
材质和装饰	
结构材质	控制结构图元的隐藏视图显示。"混凝土"或"预制"将显示为隐藏。如果其前面有另一个图元时，"钢"或"木材"会显示；如果被其他图元隐藏，将不会显示未指定的内容
结构	
剪切长度	梁的物理长度。该值为只读
结构用途	指定用途。可以是"大梁"、"水平支撑"、"托梁"、"其他"或"檩条"
起点附着类型	"终点高程"或"距离"，指定梁的高程方向。终点高程用于保持放置标高，距离用于确定柱上的连接位置的方向
启用分析模型	显示分析模型，并将它包含在分析计算中。默认情况下处于选中状态
钢筋保护层-顶面	只适用于混凝土梁。与梁顶面之间的钢筋保护层距离
钢筋保护层-地面	只适用于混凝土梁。与梁底面之间的钢筋保护层距离
钢筋保护层-其他面	只适用于混凝土梁。从梁到邻近图元面之间的钢筋保护层距离
尺寸标注	
长度	梁操纵柄之间的长度。请参见梁操纵柄。这就是梁的分析长度。该值为只读
体积	所选梁的体积。该值为只读
标识数据	
注释	用户注释
标记	为梁创建的标签。可以用于施工标记。对于项目中的每个图元，此值都必须是唯一的，如果此数值已被使用，Revit 会发出警告信息，但允许继续使用它
阶段化	
创建的阶段	指明在哪一个阶段中创建了梁构件
拆除的阶段	指明在哪一个阶段中拆除了梁构件

5.4　结构支撑

　　支撑是连接梁和柱的斜构件，与梁相似，可以通过将指针捕捉到一个结构图元，单击起点捕捉到另一个结构图元并单击终点来创建支撑。例如，支撑可出现于结构柱和结构梁之间。

5.4.1　添加结构支撑

　　结构支撑既可以在平面视图中添加，也可以在框架立面视图中进行添加。而支撑会将其自身附着到梁和柱，并根据建筑设计中的修改进行参数化调整。当附着到梁时，可以指定附着的类型：距离或比率。另外，可以设置希望距离或比率值相对的参照图元的端点；如果该端点附着到柱或墙上，可以为其所在的高度设置标高和偏移。

要添加结构支撑，首先要建立结构柱或结构梁，这样才能够在此基础上进行结构支撑的添加。打开光盘中的"结构支撑.rvt"项目文件，如图 5-40 所示。

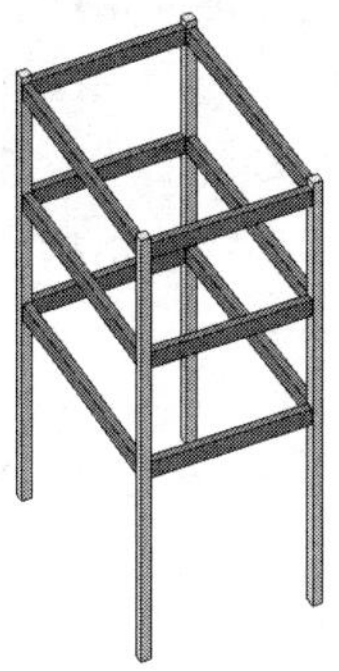

图 5-40　打开项目文件

虽然在平面视图与立面视图中均能够添加结构支撑，但是创建方法却截然不同。打开其中一个立面视图——西立面视图，切换至【结构】选项卡，单击【结构】面板中的【支撑】按钮，进行【修改|放置 支撑】上下文选项卡，如图 5-41 所示。

图 5-41　选择支撑工具

确定绘制方式为【直线】，将光标指向标高 F2 与轴线 C 的交点单击后，在标高 F3 的梁中间单击，添加结构支撑，如图 5-42 所示。

使用上述方法，在该结构支撑右侧绘制对称的结构支撑。切换至默认三维视图，查看结构支撑效果，如图 5-43 所示。

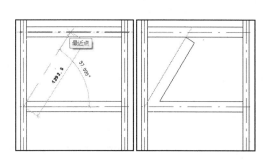

图 5-42　添加结构支撑

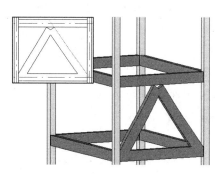

图 5-43　三维视图中的支撑效果

当视图切换至平面视图时，比如 F3 平面视图。按照相同的方法选择【支撑】工具后，在选项栏中设置【起点】为 F2，【终点】为 F3，【偏移距离】为 0.0，如图 5-44 所示。

图 5-44　设置选项

将光标指向某个结构柱并单击建立支撑的起点,然后在梁中心位置单击建立支撑的终点,如图 5-45 所示。

按照上述方法,在同轴网上建立对称的结构支撑。切换至默认三维视图,查看在平面视图中建立的结构支撑,如图 5-46 所示。

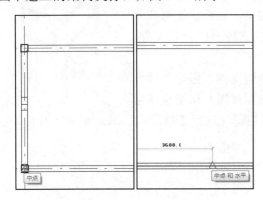

图 5-45　绘制结构支撑

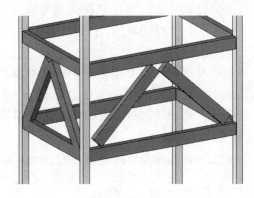

图 5-46　三维视图中的结构支撑

5.4.2　编辑与载入结构支撑

当通过绘制方式建立结构支撑后,结构支撑的材质是依附于相邻结构图元的。而建立后的结构支撑同样能够继续改变该图元的位置。要想建立的结构支撑不依附于相邻结构图元材质,则需要在绘制结构支撑之前载入支撑族文件。选择支撑类型后绘制,即可得到独立材质的结构支撑效果。

无论是在哪种视图中绘制的结构支撑,均能够在绘制后再次编辑结构支撑。在编辑结构支撑之前,首先要了解结构支撑与相邻结构图元之间的关系,如图 5-47 所示,这样才能够更好地改变结构支撑在建筑中的位置。

当选中结构支撑时,Revit 会显示支架端结点。单击并拖动该支架端结点至结构图元的其他位置,即可改变结构支撑的显示位置,如图 5-48 所示。

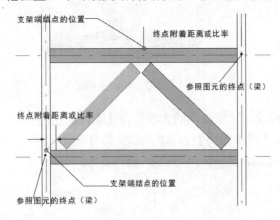

图 5-47　结构支撑与相邻结构图元示意图

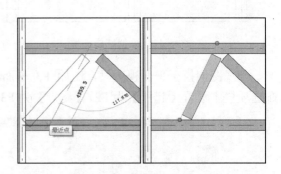

图 5-48　改变结构支撑位置

虽然结构支撑会将其自身附着到梁和柱，但是还是能够载入固定材质的结构支撑。方法是在【修改|放置 支撑】上下文选项卡的【模式】面板中，单击【载入族】按钮 ，在 Revit 系统文件的 China/结构/框架/文件夹中选择不同材质的框架族，比如钢、混凝土、木质、轻型钢、预置混凝土等。这里选择的是钢文件夹中的"热轧 H 型钢.rfa"类型族，如图 5-49 所示。

单击【打开】按钮，关闭【载入族】对话框同时打开【指定类型】对话框，选择支撑尺寸。要想选择多个尺寸时，可以配合 Ctrl 键，如图 5-50 所示。

图 5-49 载入框架族

图 5-50 选择支撑尺寸

单击【确定】按钮，关闭该对话框后，即可在【属性】面板的类型选择器中显示刚刚载入的框架类型，如图 5-51 所示。

这时，选择【支撑】工具后，在【属性】面板中设置类型选择器中的类型，绘制出来的结构支撑就不再附着值相邻的结构图元，而是显示自身的材质，如图 5-52 所示。

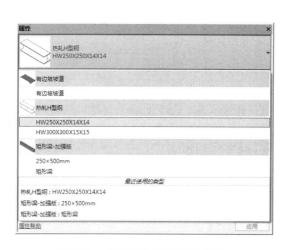

图 5-51 显示载入的框架族类型

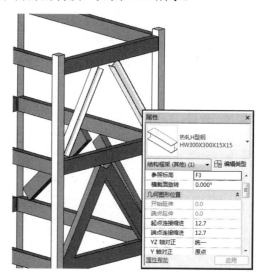

图 5-52 使用载入框架族建立支撑

第 **6** 章

门和窗

门和窗是房屋的重要组成部分，门的主要功能是交通联系，窗主要供采光和通风之用，它们均属建筑的围护构件。在 Revit 中墙是门窗的承载主体，门窗可以自动识别墙并且只能依附于墙存在。

在门窗构件的应用中，其插入点、门窗平立剖面的图纸表达、可见性控制等都和门窗族的参数设置有关。

本章主要介绍门和窗创建的插入方法与编辑操作，其他幕墙门窗的嵌套是门窗类型中的一种分支。

本章学习目的：

（1）了解门和窗基本概念。

（2）掌握门和窗的插入方法。

（3）掌握门和窗的编辑方法。

（4）掌握幕墙门和窗的嵌套方法。

6.1 门和窗的基本概念

门窗是除墙外另一种被大量使用的建筑构件，除常规门窗之外，通过在常规墙中嵌套玻璃幕墙的方式，也可以实现入口处玻璃门联窗、带形窗、落地窗等特殊的门窗形式。门窗的形式主要是取决于门窗的开启方式，不论其材质如何，开启方式均大致相同。

6.1.1 门形式与尺度

门按其开启方式通常分为平开门、弹簧门、推拉门、折叠门、转门等。

1. 平开门

平开门是水平开启的门，它的铰链装于门扇的一侧与门框相连，使门扇围绕铰链转动，如图 6-1 所示。其门扇有单扇、双扇，向内开和向外开之分。平开门构造简单，开启灵活，加工支座简便，易于维修，是建筑中最常见、使用最广泛的门。

2. 弹簧门

弹簧门的开启方式与普通平开门相同，所不同处是以弹簧铰链代替普通铰链，借助弹簧的力量使门扇能向内、向外开启并可经常保持关闭，如图 6-2 所示。它使用方便，美观大方，广泛用于商店、学校、医院、办公和商业大厦。为避免人流相撞，门扇或门扇上部应镶嵌安全玻璃。

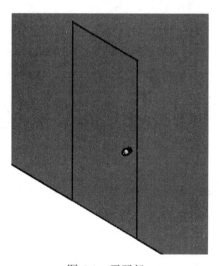

图 6-1 平开门

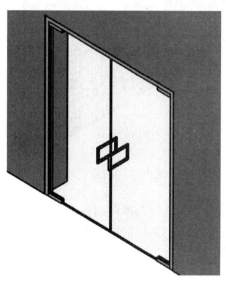

图 6-2 弹簧门

3. 推拉门

推拉门开启时门扇沿轨道向左右滑行。通常为单扇和双扇，也可做成双轨多扇或多轨多扇，开启时门扇可隐藏于墙内或悬于墙外，如图 6-3 所示。根据轨道的位置，推拉门可为上挂式和下滑式。当门扇高度小于 4m 时，一般作为上挂式推拉门，即在门扇的上部装置滑轮，滑轮吊在门过梁之预埋上导轨上，当门扇高度小于 4m 时，一般采用下滑式推拉门，即在门扇下部装滑轮，将滑轮置于预埋在地面的下导轨上。为使门保持垂直状态下稳定运行，导轨必须平直，并有一定刚度，下滑式推拉门的上部应设导向装置，较重型的上挂式推拉门则在门的下部设导向装置。

> 提示
>
> 推拉门开启时不占空间，受力合理，不易变形，但在关闭时难于严密，构造亦较复杂，多在工业建筑中，用作仓库和车间大门。在民用建筑中，一般采用轻便推拉门分隔内部空间。

4. 折叠门

折叠门可分为侧挂式折叠门和推拉式折叠门两种，如图 6-4 所示。由多扇门构成，每扇门宽度为 500～1000mm，一般以 600mm 为宜，适用于宽度较大的洞口。侧挂式折叠门与普通平开门相似，只是门扇之间用铰链相连而成。当用铰链时，一般只能挂两扇门，不适用于宽大洞口。

图 6-3 推拉门

图 6-4 折叠门

推拉式折叠门与推拉门构造相似，在门顶或门底装滑轮及导向装置，每扇门之间连以铰链，开启时门扇通过滑轮沿着导向装置移动。

折叠门开启时占空间少，但构造较复杂，一般用在公共建筑或住宅中起灵活分隔空间的作用。

5. 转门

转门是由两个固定的弧形门套和垂直旋转的门扇构成，如图 6-5 所示。门扇可分为三扇或四扇，绕竖轴旋转。转门对隔绝室外气流有一定作用，可作为寒冷地区公共建筑的外门，但不能作为疏散门。当设置在疏散口时，需在转门两旁另设疏散用门。

门的尺度通常是指门洞的高宽尺寸。门作为交通疏散，其尺度取决于人的通行要求、家具器械的搬运及建筑物的比例关系等，并要符合现行《建筑模数协调统一标准》GBJ2—86 的规定。

一般民用建筑门的高度不宜小于 2100mm。如门设有亮子时，亮子高度一般为 300～600mm，则

图 6-5 转门

门洞高度为门扇高加亮子高，再加门框及门框与墙间的缝隙尺寸，即门洞高度一般为2400～3000mm。公共建筑大门高度可视需要适当提高。

门的宽度：单扇门为700～1000mm，双扇门为1200～1800mm。宽度在2100mm以上时则多做成三扇、四扇或双扇带固定扇的门，因为门扇过宽易产生翘曲变形，同时也不利于开启。辅助房间（如浴厕、贮藏室等）门的宽度可窄些，一般为700～800mm。

为了使用方便，一般民用建筑门（木门、铝合金门、塑料门）均编制成标准图，在图上注明类型及有关尺寸，设计时可按需要直接选用。

6.1.2　窗形式与尺度

窗的形式一般按开启方式定，窗的开启方式主要取决于窗扇铰链安装的位置和转动方式。通常窗的开启方式有以下几种。

1. 平开窗

铰链安装在窗扇一侧与窗框相连，向外或向内水平开启，如图6-6所示。平开窗有单扇、双扇、多扇及向内开与向外开之分。平开窗构造简单，开启灵活，制作维修均方便，是民用建筑中使用最广泛的窗。

2. 固定窗

无窗扇、不能开启的窗为固定窗，如图6-7所示。固定窗的玻璃直接嵌固在窗框上，可供采光和眺望之用，不能通风。固定窗构造简单，密闭性好，多与亮子和开启窗配合使用。

图6-6　平开窗

图6-7　固定窗

3. 悬窗

根据铰链和转轴位置的不同，可分为上悬窗、中悬窗和下悬窗，如图6-8所示。上悬窗铰链安装在窗扇的上边，一般向外开，防雨好，多用作外门和门上的亮子。

下悬窗铰链安在窗扇的下边，一般向外开，通风较好，不防雨，不宜用作外窗，一般用于内门上的亮子。

中悬窗是窗扇两边中部装水平转轴，开启时窗扇绕水平

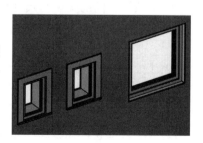

图6-8　悬窗

轴旋转，开启时窗扇上部向内，下部向外，对挡雨、通风均有利，并且开启易于机械化，故常用作大空间建筑的高侧窗，也可用于外窗或用于靠外廊的窗。此外还有立转窗、推拉窗等。

创建的尺度主要取决于房间的采光通风、构造做法和建筑造型等要求，并要符合现行《建筑模数协调统一标准》的规定。对一般民用建筑用窗，各地均有通用图，各类窗的高度和宽度尺寸通常采用扩大模数 3M 数列作为洞口的标志尺寸，需要时只要按所需类型及尺度大小直接选用。

确定窗洞口大小的因素很多，其主要因素为使房间有足够的采光。因而应进行房间的采光计算，其采光系数应符合如表 6-1 所示的规定。

表 6-1　几类建筑的采光系数标准值

建筑类别	采光等级	房间名称	侧面采光		顶部采光	
			采光系数最低值	室内天然光临界照度	采光系数平均值	室内天然光临界照度
居住建筑	IV	起居室、卧室、书房、厨房	1	50		
	V	卫生间、过厅、楼梯间、餐厅	0.5	25		
办公建筑	II	设计室、绘图室	3	150		
	III	办公室、视屏工作室、会议室	2	100		
	IV	复印室、档案室	1	50		
	V	走道、楼梯间、卫生间	0.5	25		
学校建筑	III	教室、阶梯教室、实验室、报告厅	2	100		
	V	走道、楼梯间、卫生间	0.5	25		
图书馆建筑	III	阅览室、开架书库	2	100		
	IV	目录室	1	50		75
	V	书库、走道、楼梯间、卫生间	0.5	25		
医院建筑	III	诊室、药房、治疗室、化验室	2	100		
	IV	候诊室、挂号室、综合大厅、病房、医生办、护士室	1	50	1.5	75
	V	走道、楼梯间、卫生间	0.5	25		

6.2　插入与编辑门窗

常规门窗的创建非常简单，只需要选择需要的门窗类型，然后在墙上单击捕捉插入点位置即可放置。门的类型与尺寸可以通过相关的面板或对话框中的参数来设置，从而得到不同的显示效果。其中，门和窗的创建与编辑方法是相似的。

6.2.1　插入与编辑门

使用门工具可以方便地在项目中添加任意形式的门。在 Revit 中，门构件与墙不同，门图元属于外部族，在添加门之前，必须在项目中载入所需的门族，才能在项目中使用。

在 Revit 中，打开光盘文件中的"职工食堂.rvt"项目文件。在 F1 平面视图中，切换至

【建筑】选项卡，单击【构建】面板中的【门】按钮，在打开的【修改|放置 门】上下文选项卡中单击【模式】面板中的【载入族】按钮，弹出【载入族】对话框。选择 China/建筑/门/普通门/平开门/双扇文件夹中的"双扇平开连窗玻璃门 2.rfa"族文件，如图 6-9 所示。

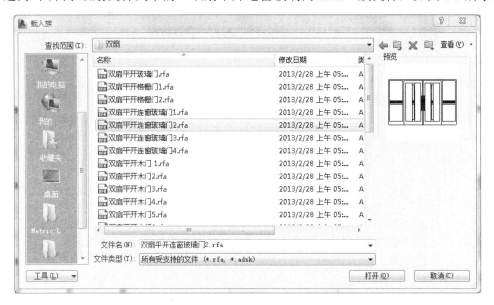

图 6-9　选择族文件

单击【打开】按钮后，【属性】面板的类型选择器中自动显示该族类型，将光标指向轴线 6 与 A 交点位置，单击后为其添加门图元，如图 6-10 所示。

退出【门】工具状态后，选中该门图元，确定【属性】面板中【底高度】为 0.0，其他参数默认，如图 6-11 所示。

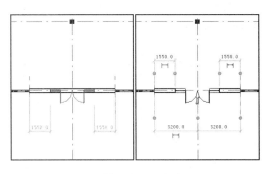

图 6-10　添加门

图 6-11　门【属性】面板

在该面板中，门实例各个参数及相关参数值如表 6-2 所示，详细了解其中的参数，能够更好地设置门图元。

表 6-2　门【属性】面板中的参数及相关参数值

参数	值
限制条件	
标高	指明放置次实例的标高
底高度	指定相对于放置次实例的标高的底高度，修改此值不会修改实例尺寸
构造	
框架类型	指定门框类型。可以输入值或从下拉列表中选择以前输入的值
材质和装饰	
框架材质	指定框架使用的材质。可以输入值或从下拉列表中选择以前输入的值
完成	指定应用于框架和门的面层。可以输入值或从下拉列表中选择以前输入的值
标识数据	
注释	显示输入或从下拉列表中选择的注释。输入注释后，便可以为同一类别中图元的其他实例选择该注释，无需考虑类型或族
标记	按照用户所指定的那样标识或枚举特定实例。对于门，该属性通过为放置的每个实例按 1 递增标记值，来枚举某个类别中的实例。例如，默认情况下在项目中放置的第一个门的"标记"值为 1。接下来放置的门"标记"值为 2，无需考虑门类型。如果将此值修改为另一个门已使用的值，则 Revit 将发出警告，但仍允许继续使用此值。接下来，将为所放置的下一个门的"标记"属性指定为下一个未使用的最大数值
阶段化	
创建的阶段	指定创建实例时的阶段
拆除的阶段	指定拆除实例时的阶段
其他	
顶高度	指定相对于放置此实例的标高的实例顶高度。修改此值不会修改实例尺寸

　　继续选择该门图元，单击【属性】面板中【编辑类型】选项，打开【类型属性】对话框，复制【类型】为"职工食堂-正门"，如图 6-12 所示。

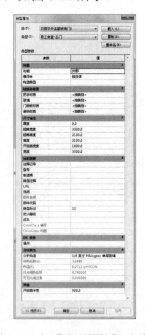

图 6-12　门【类型属性】对话框

在该对话框中，除了能够复制族类型外，还能够在类型参数列表中设置与门相关的参数，从而改变门图元的显示效果。其中，如表 6-3 所示为门参数及相关值。

表 6-3　门【类型属性】对话框中的参数及相关值

参数	值
构造	
功能	指示门是内部的（默认值）还是外部的。功能可用在计划中并创建过滤器，以便在导出模型时对模型进行简化
墙闭合	门周围的层包络。此参数将替换主体中的任何设置
构造类型	门的构造类型
材质和装饰	
把手材质	门的材质（如金属或木质）
玻璃	门中的玻璃材质
门嵌板材质	门嵌板的材质
装饰材质	装饰的材质
尺寸标注	
厚度	门的厚度
粗略宽度	可以生成明细表或导出
粗略高度	可以生成明细表或导出
高度	门的高度
开启扇宽度	门最大可通风面积的宽度
宽度	门的宽度
标识数据	
注释记号	添加或编辑门注释记号。在值框中单击，打开【注释记号】对话框
型号	门的模型类型的名称
制造商	门的制造商名称
类型注释	关于门类型的注释。此信息可显示在明细表中
URL	设置到制造商网页的链接
说明	提供门说明
部件说明	基于所选部件代码的部件说明
部件代码	从层级列表中选择的统一格式部件代码
防火等级	门的防火等级
成本	门的成本
OmniClass 编号	OmniClass 构造分类系统（能最好地对族类型进行分类）中的编号
OmniClass 标题	OmniClass 构造分类系统（能最好地对族类型进行分类）中的名称
IFC 参数	
操作	由当前 IFC 说明定义的门操作。这些值不区分大小写，而且下划线是可选的
分析属性	
分析构造	门结构与相关材质
传热系数（U）	用于计算热传导，通常通过流体和实体之间的对流和阶段变化
热阻（R）	用于测量对象或材质抵抗热流量（每时间单位的热量或热阻）的温度差
日光得热系数	阳光进入窗口的入射辐射部分，包括直接透射和吸收后在内部释放两部分
可见光透过率	穿过玻璃系统的可见光量，以百分比表示
其他	
开启扇半宽	门最大可通风面积的宽度

在该对话框中，设置【粗略高度】为 3000，【高度】参数自动更改为相同参数值。单击【确定】按钮，完成食堂正门的设置，在默认三维视图中的效果如图 6-13 所示。

按照上述方法，在 China/建筑/门/普通门系统文件中分别将"双扇地弹玻璃门 2-带亮窗.rfa"、"单扇平开木门 16.rfa"载入项目文件中，并且将前者插入至轴线 4 与 5 之间、轴线 7 与 8 之间的轴线 D 上；将后者依次插入轴线 1 与 2 之间的轴线 A 和 B 上、轴线 3 与 4 之间的轴线 D 上，如图 6-14 所示。

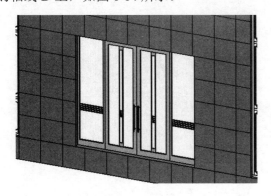

图 6-13　正门效果

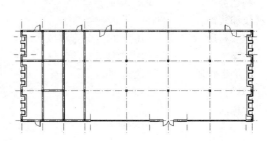

图 6-14　插入其他门图元

　　当载入门族后，首先要在【类型属性】对话框中复制族类型。然后将其插入适当的位置，在插入门图元时，要注意门图元与相邻墙体之间的距离。

在门【类型属性】面板中，不仅能够设置门图元的尺寸，还能够设置门材质。这里将单扇门材质颜色进行设置，如图 6-15 所示为默认三维视图效果。

继续按照上述方法，打开【载入族】对话框，选择 China/建筑/门/其他/门洞文件夹中的"门洞.rfa"族文件，单击【打开】按钮后，打开【指定类型】对话框，选择 1200×2400mm 类型，如图 6-16 所示。

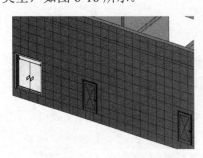

图 6-15　门三维效果

图 6-16　指定类型

单击【确定】按钮，即可将指定类型的门洞族载入项目文件中。这时，在轴线 A 与 B、B 与 C、C 与 D 之间的轴线 3 上单击，插入门洞，如图 6-17 所示。

切换至默认三维视图后，在【属性】面板中启用【剖面框】选项，并将最右侧的控制点向左拖动至轴线 3 与 4 之间，显示门洞效果，如图 6-18 所示。

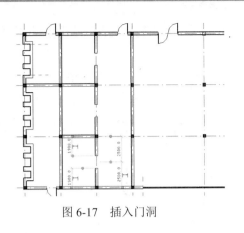

图 6-17　插入门洞

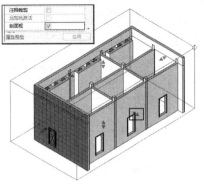

图 6-18　门洞三维效果

6.2.2　插入与编辑窗

在 Revit 中，窗是基于主体的构件，可以添加到任何类型的墙内（对于天窗，可以添加到内建屋顶），可以在平面视图、剖面视图、立面视图或三维视图中添加窗。首先要选择窗类型，然后指定窗在主体图元上的位置，Revit 将自动剪切洞口并放置窗。

返回 F1 平面视图，在【建筑】选项卡中单击【构建】面板中的【窗】按钮 🔲，载入光盘文件中的"单扇六格窗.rfa"族文件，打开相应的【类型属性】对话框，复制类型为"职工食堂-单扇六格窗"，如图 6-19 所示。

在该对话框中，除了能够复制类型外，还能够设置相关的参数选项，而这些参数则与门【类型属性】对话框中的参数基本相似。可以参照门类型属性进行窗类型属性设置，这里设置了【宽度】和【默认窗台高度】两个参数值。

而窗【属性】面板中的参数同样与门【属性】面板相似，设置该面板中的【底高度】为 900.0，如图 6-20 所示。

将光标指向轴线 D 下方的参照平面，在该参照平面下方的墙体上单击插入窗图元，如图 6-21 所示。

图 6-19　窗【类型属性】对话框

图 6-20　窗【属性】面板

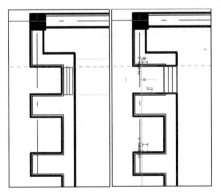

图 6-21　设置并插入窗

继续垂直向下在建筑柱之间的墙体上插入窗图元，其中建筑柱之间的窗图元与建筑柱图元之间距离为100，如图6-22所示。

选中插入的3个窗图元，单击【修改】面板中的【复制】按钮，启用选项栏中的【约束】和【多个】选项，依次单击轴线D、C、B上的任一点进行复制，如图6-23所示。

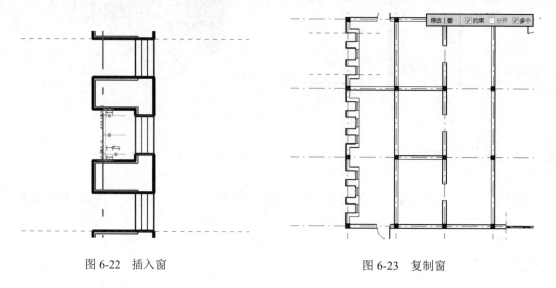

图 6-22　插入窗　　　　　　　　　　　图 6-23　复制窗

按照上述方法，创建职工食堂右侧外墙上的窗图元，切换至默认三维视图中，查看窗在三维视图中的效果，如图6-24所示。

再次载入同光盘文件中的"食堂六格窗.rfa"族文件，并且在【类型属性】对话框中复制类型为"职工食堂-食堂六格窗"，依次在轴线5、6、7之间的轴线D上单击插入窗图元，并设置其居中，如图6-25所示。

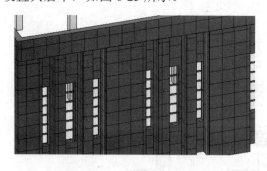

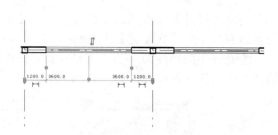

图 6-24　窗三维效果　　　　　　　　　　图 6-25　插入窗

继续载入 Revit 系统 China/建筑/窗/普通窗/组合窗文件夹中的"组合窗-双层单列（四扇推拉）-上部双扇.rfa"族文件，并在【属性】面板中设置【底高度】为900.0，依次在轴线D、C、B、A之间的轴线4上单击插入窗，设置窗与相邻墙体的间距为1300.0，如图6-26所示。

至此，职工食堂中的窗创建完成。保存项目文件后切换至默认三维视图中，查看窗效果，如图6-27所示。

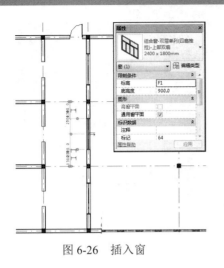

图 6-26　插入窗

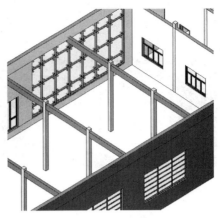

图 6-27　窗三维效果

6.3　嵌套幕墙门窗

　　除常规门窗之外，在现代建筑设计中经常有入口处玻璃门联穿、带形窗、落地窗等特殊的门窗形式。这些门窗在传统概念上仍属于门窗的范畴，但其外形上却是幕墙加门窗形式，且外形各异，很难用一个或几个前面的门窗族来实现。

　　要创建幕墙中的门窗，首先要创建幕墙，而幕墙的创建既可以独立创建，也可以基于墙体嵌入，这里通过后者来创建幕墙门窗。打开光盘文件中的"职工食堂-幕墙门窗.rvt"项目文件，在 F1 平面视图中创建嵌入墙体的幕墙，如图 6-28 所示。

　　切换至默认三维视图中，选择【构建】面板中的【幕墙网格】工具，打开【修改|放置 幕墙网格】上下文选项卡，选择【放置】面板中的【全部分段】工具，捕捉距离幕墙顶部 800 位置单击创建水平网格线，如图 6-29 所示。

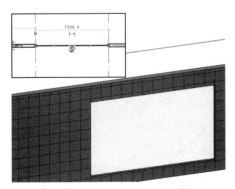

图 6-28　创建幕墙

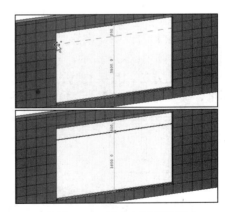

图 6-29　创建水平网格线

　　选择【放置】面板中的【一段】工具，分别捕捉上下嵌板 1/2、1/3 分割点创建垂直网格线，如图 6-30 所示。

　　选择【构建】面板中的【竖梃】工具，选择【放置】面板中的【全部网格线】工具，在网格线上单击创建所有竖梃，如图 6-31 所示。

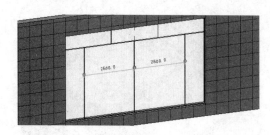

图 6-30　创建垂直网格线

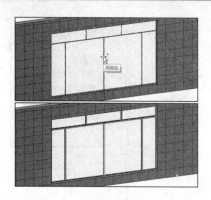

图 6-31　创建竖梃

切换至【插入】选项卡，单击【从库中载入】面板中的【载入族】按钮 ，打开【载入族】对话框，选择 China/建筑/幕墙/门窗嵌板文件夹中的"门嵌板_双扇地弹无框玻璃门.rfa"族文件，如图 6-32 所示。

将光标指向下方中间的竖梃图元，通过循环按 Tab 键，选中门所在的嵌板时单击选中该嵌板，如图 6-33 所示。

图 6-32　载入门嵌板族文件

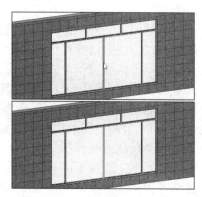

图 6-33　选择嵌板

在【属性】面板中，设置类型选择器为刚刚载入的门嵌板类型，即可发现选中的嵌板替换为门嵌板，如图 6-34 所示。

按照上述方法，替换右侧的幕墙嵌板。选中其中一个门嵌板图元后，打开【类型属性】对话框，设置【把手高】为 1400.0，完成嵌套幕墙门的创建如图 6-35 所示。

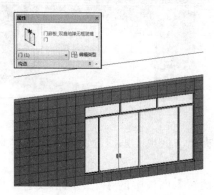

图 6-34　替换嵌板

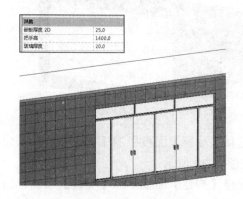

图 6-35　设置门嵌板参数

第 7 章

楼板、屋顶和天花板

Revit 提供了灵活的楼板、屋顶工具，可以在项目中建立生成任意形式的楼板和屋顶。与墙类似，楼板、屋顶和天花板都属于系统族，可以根据草图轮廓及类型属性中定义的结构生成任意结构和形状的楼板、屋顶和天花板。

本章主要在了解楼板的专业知识后，逐一了解 Revit 当中的楼板、天花板以及屋顶的创建方法与编辑方法，完成建筑房屋的外轮廓建立。

本章学习目的：

（1）了解楼地层专业知识。

（2）掌握楼板的建立方法。

（3）掌握屋顶的建立方法。

（4）掌握天花板的建立方法。

7.1 楼地层概述

楼地层包括楼盖层和地坪层，是水平方向分隔房屋空间的承重构件，楼盖层分隔上下楼层空间、地坪层分隔大地与底层空间。由于它们均是供人们在上面活动的，因而有相同的面层，但由于它们所处位置和受力不同，因而结构层有所不同。楼盖层的结构层为楼板，楼板将所承受的上部荷载及自重传递给墙或柱，并由墙柱传给基础。楼盖层有隔声等功能要求，地坪层的结构层为垫层，垫层将所承受的荷载及自重均匀地传给夯实的地基。

7.1.1 楼盖层的基本组成与类型

为了满足使用要求，楼盖层通常由面层、楼板、顶棚 3 部分组成。多层建筑中楼盖层往往还需设置管道敷设、防水隔声、保温等各种附加层。

（1）面层　又称楼面或地面，起着保护楼板、承受并传递荷载的作用，同时对室内有很重要的清洁及装饰作用。

（2）楼板　是楼盖层的结构层，一般包括梁和板，主要功能在于承受楼盖层上的全部静、活荷载，并将这些荷载传给墙或柱，同时还对墙身起水平支撑的作用，增强房屋刚度和整体性。

（3）顶棚　是楼盖层的下面部分。根据其构造不同，分为抹灰顶棚、粘贴类顶棚和吊顶棚3种。

根据使用的材料不同，楼板分为木楼板、钢筋混凝土楼板、压型钢板组合楼板等。

（1）木楼板　是在由墙或梁支承的木搁栅上铺钉木板，木搁栅间是由设置增强稳定性的剪刀撑构成的。木楼板具有自重轻、保温性能好、舒适、有弹性、节约钢材和水泥等优点。但是易燃、易腐蚀、易被虫蛀、耐久性差，特别是需耗用大量木材。所以，此种楼板仅在木材采区使用。

（2）钢筋混凝土楼板　具有强度高、防火性能好、耐久、便于工业化生产等优点。此种楼板形式多样，是我国应用最广泛的一种楼板。

（3）压型钢板组合楼板　该楼板的做法是用截面为凹凸形压型钢板与现浇混凝土面层组合形成整体性很强的一种楼板结构。压型钢板的作用既为面层混凝土的模板，又起结构作用，从而增加楼板的侧向和竖向刚度，使结构的跨度加大，梁的数量减少，楼板自重减轻，加快施工进度，在高层建筑中得到广泛的应用。

7.1.2　地坪层构造

地坪层是建筑物底层与土壤相接的构件，和楼板层一样，它承受着底层地面上的荷载，并将荷载均匀地传给地基。

地坪层由面层、垫层和素土夯实层构成。根据需要还可以设置各种附加构造层，如找平层、结合层、防潮层、保温层、管道敷设层等。

（1）面层　地平面层与楼盖面层一样，是人们日常生活、工作、生产直接接触的地方，根据不同房间对面层有不同的要求，面层应坚固耐磨、表面平整、光洁、易清洁、不起尘。对于居住和人们长时间停留的房间，要求有较好的蓄热性和弹性；浴室、厕所则要求耐潮湿、不透水；厨房、锅炉房要求地面防水、耐火；实验室则要求耐酸碱、耐腐蚀等。

（2）垫层　是承受并传递荷载给地基的结构层，垫层有刚性垫层和非刚性垫层之分。刚性垫层用于地面妖气较高及薄而性脆的面层，如水磨石地面、瓷砖地面、大理石地面等；非刚性垫层常用于厚而不易断裂的面层，如混凝土地面、水泥制品块地面等。对某些室内荷载大且地基又较差的并且有保温等特殊要求的地方，或面层装修标准较高的地面，可在地基上先做非刚性垫层，再做一层刚性垫层，即复式垫层。

（3）素土夯实层　是地坪的基层，也称地基。素土即为不含杂质的砂质黏土，经夯实后，才能承受垫层传下来的地面荷载。通常是填300mm厚的土夯实成200mm厚，使之能均匀承受荷载。

7.2 添加楼板

楼板是建筑设计中常用的建筑构件，用于分隔建筑各层空间。Revit 提供了 3 种楼板："楼板：建筑"、"楼板：结构"和"面楼板"。其中，面楼板是用于将概念体量模型的楼层面转换为楼板模型图元，该方式适合从体量创建楼板模型时使用。

7.2.1 添加室内楼板

添加楼板的方式与添加墙的方式类似，在绘制前必须预先定义好需要的楼板类型。

打开光盘文件中的"职工食堂.rvt"项目文件，切换至【建筑】选项卡，单击【建构】面板中的【楼板】下拉按钮，选择【楼板：建筑】选项，打开【修改|创建楼层边界】上下文选项卡进行草图绘制模式，如图 7-1 所示。

图 7-1 选择楼板工具

在【属性】面板的类型选择器中选择"混凝土 120mm"，打开【类型属性】对话框，并复制类型为"职工食堂-150mm-室内"，如图 7-2 所示。该对话框中的参数与墙类型属性基本相似。

单击【结构】参数右侧的【编辑】按钮，打开【编辑部件】对话框。单击【插入】按钮两次，在结构最上方插入结构层。单击最上方结构层的【材质】选项，在打开的【材质浏览器】对话框复制"混凝土-沙/水泥找平"为"职工食堂-水泥砂浆找平"，如图 7-3 所示。

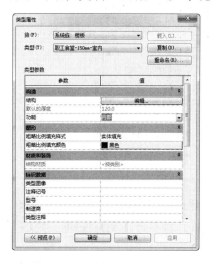

图 7-2 楼板【类型属性】对话框

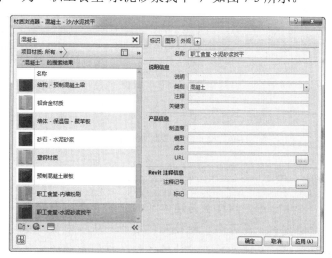

图 7-3 设置材质

分别设置这两个结构层的【功能】与【厚度】选项，具体参数如图 7-4 所示。然后按照上述方法，第二个结构层设置材质"混凝土-沙/水泥砂浆面层"为"职工食堂-水泥砂浆面层"；第四个结构层设置材质"混凝土-现场浇注混凝土"为"职工食堂-现场浇注混凝土"。

当退出【类型属性】对话框后，开始绘制楼板轮廓线。单击【绘制】面板中的【拾取墙】按钮，在选项栏中设置【偏移】为 0，并启用【延伸到墙中（至核心层）】选项，依次在墙体图元上单击，建立楼板轮廓线，如图 7-5 所示。

图 7-4　设置参数

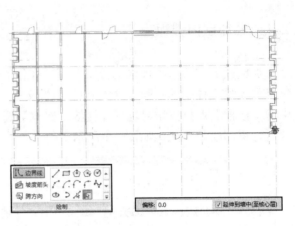

图 7-5　绘制楼板轮廓线

按 Esc 键一次退出绘制模式，同时选中所有楼板轮廓线。单击【反转】图标，将生成的楼板边界线沿着外墙核心层边界，如图 7-6 所示。

确定【属性】面板中的【标高】为 F1，单击【模式】面板中的【完成编辑模式】按钮，在打开的 Revit 对话框中单击【是】按钮，完成楼板绘制，如图 7-7 所示。

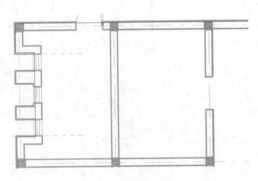

图 7-6　反正轮廓线显示位置

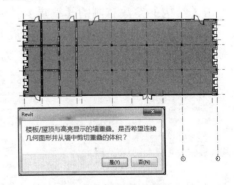

图 7-7　完成楼板绘制

提　示

由于绘制的楼板与墙体有部分的重叠，因此 Revit 提示对话框"楼板/屋顶与高亮显示的墙重叠。是否希望连接几何图形并从墙中剪切重叠的体积？"。单击【是】按钮，接受该建议，从而在后期统计墙体积时得到正确的墙体积。

切换至默认三维视图，并设置【视图样式】为"着色"，查看楼板在建筑中的效果，如图 7-8 所示。

7.2.2　创建室外楼板

由于室外楼板与室内楼板的类型不同，所以在创建室外楼板之前，同样需要先定义室外楼板的类型属性。室外楼板不仅包括室外台阶，还包括空调挑板、雨篷挑板等建筑构件。

在 Revit 中，除了通过【属性】面板中的【编辑类型】选项打开【类型属性】对话框外，还能够通过【项目浏览器】面板直接打开【类型属性】对话框，对族的类型进行调整或编辑。

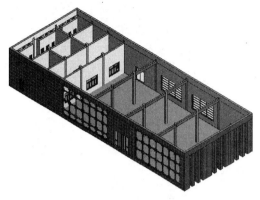

图 7-8　楼板三维效果

方法是在【项目浏览器】面板中展开【族】选项，在 Revit 中支持的所有类型中单击展开【楼板】选项，再次单击【楼板】选项后，显示当前项目中所有可用的楼板类型，如图 7-9 所示。

双击"职工食堂-150mm-室内"楼板类型，直接打开【类型属性】对话框。复制该类型为"职工食堂-600mm-室外台阶"，并修改【功能】为"外部"，如图 7-10 所示。

图 7-9　【项目浏览器】面板

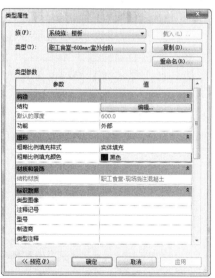

图 7-10　复制族类型

单击【结构】参数右侧的【编辑】按钮，打开【编辑部件】对话框。修改第一个结构层的材质为"职工食堂-现场浇注混凝土"，依次设置不同结构层的【厚度】选项，使之形成 600mm 的厚度，如图 7-11 所示。

退出【类型属性】对话框后，在 F1 平面视图中选择【楼板：建筑】工具，确定绘制方式为【矩形】。设置【属性】面板中类型选择器为"职工食堂-600mm-室外台阶"，设置【自标高的亮度偏移】为-20.0。捕捉轴线 1 与轴线 D 上墙体的交点单击，建立矩形轮廓线，如图 7-12 所示。

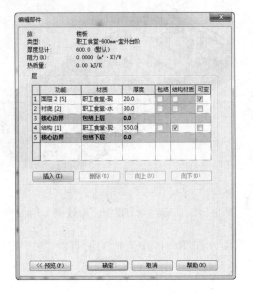

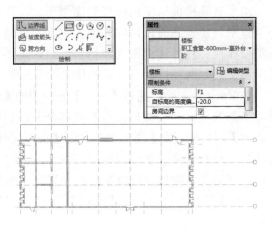

图 7-11　设置室外楼板材质　　　　　　　图 7-12　绘制后门的室外台阶

退出绘制模式后，单击【修改】面板中的【对齐】按钮，选择选项栏中的【首选】为"参照核心层表面"，依次单击墙体的核心层表面与楼板轮廓线进行对齐，如图 7-13 所示。

按照上述方法，分别将楼板左侧轮廓线对齐左侧墙体核心层表面，楼板右侧轮廓线对齐右侧墙体核心层面板，如图 7-14 所示。通过临时尺寸线，设置楼板轮廓线的宽度为 1500，完成后单击【模式】面板中的【完成编辑模式】按钮，完成楼板轮廓线绘制。

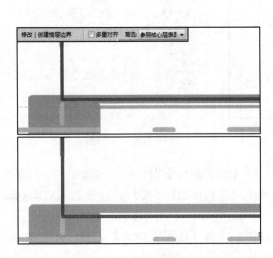

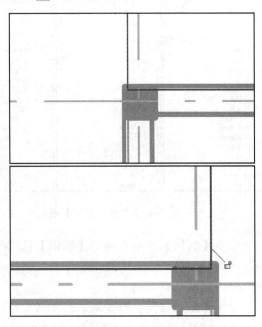

图 7-13　对齐轮廓线　　　　　　　　　图 7-14　对齐左右轮廓线位置

　　按照上述方法，并采用相同的类型，在职工食堂正门的参考平面之间绘制室外台阶，使之对齐相邻墙体的核心层表面后，设置其宽度为 3000，如图 7-15 所示。

　　切换至默认三维视图中，按住 Shift 键并结合鼠标中键旋转视图，分别查看正门与后门方向的室外台阶效果，如图 7-16 所示。

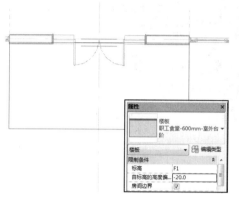

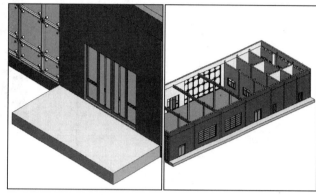

图 7-15　创建正门台阶　　　　　　　　　　　图 7-16　室外台阶三维效果

　　在 F1 平面视图中，选择【楼板：建筑】工具，并确定绘制模式为【矩形】。在左侧参照平面之间绘制空调挑板轮廓线，如图 7-17 所示。

　　将空调挑板边缘对齐墙体的核心层表面后，通过【镜像】工具，创建轴线 C 与 B、B 与 A 之间的挑板轮廓线，如图 7-18 所示。

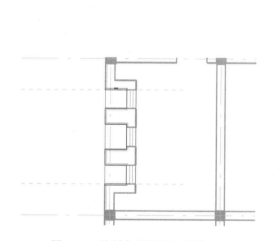

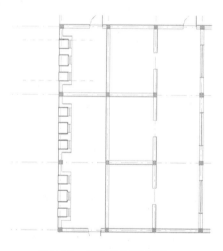

图 7-17　绘制空调挑板轮廓线　　　　　　　　图 7-18　镜像挑板轮廓线

　　选中该挑板图元，在相应的【类型属性】对话框中复制"职工食堂-600mm-室外台阶"为"职工食堂-100mm-挑板"，打开【编辑部件】对话框，删除非核心层结构层，并设置核心层图层的【厚度】为 100mm，如图 7-19 所示。

　　选中所有空调挑板图元，在【属性】面板中设置【自标高的高度偏移】为–20.0，单击【应用】按钮后，切换至默认三维视图，效果如图 7-20 所示。

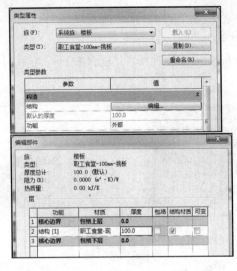

图 7-19　新建楼板类型

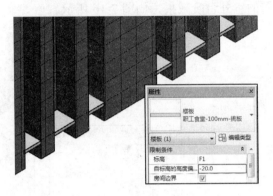

图 7-20　挑板三维效果

7.3　创建屋顶

Revit 提供了迹线屋顶、拉伸屋顶和面屋顶 3 种创建屋顶的方式。其中，迹线屋顶的创建方式与创建楼板的方式非常类似。不同的是，在迹线屋顶中可以灵活地为屋顶定义多个坡度。

7.3.1　添加屋顶

Revit 提供了屋顶工具，可以方便地在项目中创建任意形式的屋顶。这里使用【迹线屋顶】工具，为职工食堂添加屋顶图元。

打开光盘中的"职工食堂.rvt"项目文件，在 F2 平面视图中，单击【构建】面板中的【屋顶】下拉按钮，选择【迹线屋顶】选项，打开【修改|创建屋顶迹线】上下文选项卡，如图 7-21 所示。

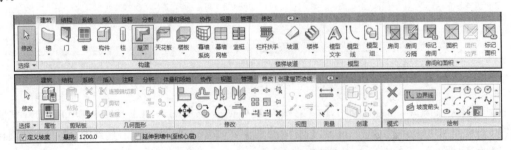

图 7-21　选择【迹线屋顶】工具

打开相应的【类型属性】对话框，确定【族】选项为"系统族：基本屋顶"。复制类型"混凝土 120mm"为"职工食堂-150mm-平屋顶"。该对话框中的参数与楼板参数基本相似，如

图 7-22 所示。

单击【结构】参数右侧的【编辑】按钮，打开【编辑部件】对话框。在结构层最上方新建两个结构层分别设置结构层的【功能】、【材质】与【厚度】选项，如图 7-23 所示。其中，材质分别为已经创建的"职工食堂-水泥砂浆面层"和"职工食堂-现场浇注混凝土"。

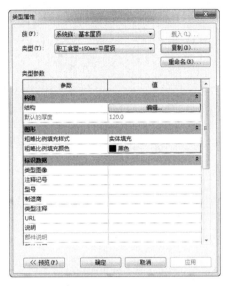

图 7-22　屋顶【类型属性】对话框　　　　　　图 7-23　设置材质

确定屋顶绘制方式为【拾取墙】工具，在选项栏中禁用【定义坡度】选项，设置【悬挑】选项为 0，启用【延伸到墙中（至核心层）】选项。继续在【属性】面板中设置【自标高的底部偏移】选项为 480.0，依次单击职工食堂墙体生成屋顶轮廓线，如图 7-24 所示。

单击【模式】面板中的【完成编辑模式】按钮，完成屋顶的创建。切换至默认三维视图中，屋顶效果如图 7-25 所示。

图 7-24　绘制屋顶轮廓线

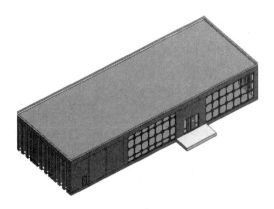

图 7-25　屋顶三维效果

7.3.2　修改子图元

创建屋顶后，可以使用修改子图元功能对屋顶的形状进行编辑，从而形成建筑找坡的坡度。

在 F2 平面视图中，使用【参照平面】工具在轴线 5 与 6 之间绘制垂直参照平面，并根据临时尺寸线设置其与两侧墙体所在的轴线距离为 19800.0，如图 7-26 所示。

选择屋顶图元，在【修改|屋顶】上下文选项卡中单击【形状编辑】面板中的【添加点】按钮，分别在轴线 B 与参照平面交点、轴线 C 与参照平面交点单击创建顶点，如图 7-27 所示。

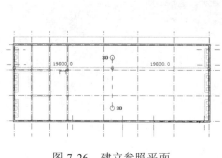

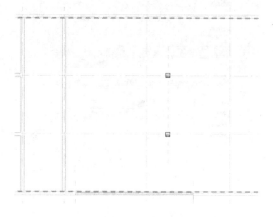

图 7-26　建立参照平面　　　　　　　　　　　图 7-27　添加顶点

选择【形状编辑】面板中的【添加分割线】工具，依次单击创建的顶点，将顶点进行连接，使用相同工具分别将顶点与 4 个交点连接，如图 7-28 所示。

选择【形状编辑】面板中的【修改子图元】工具，单击顶点之间的分割线，显示临时尺寸值，该临时尺寸值是指分割线与屋顶表面之间的距离。这里设置为 100，按 Enter 键完成设置，如图 7-29 所示。

切换至默认三维视图中，查看编辑后的屋顶表面。切换至【注释】选项卡，选择【尺寸标注】面板中的【高程点坡度】工具。移动鼠标至屋顶表面时，将产生不同的坡度，实现建筑找坡效果，如图 7-30 所示。

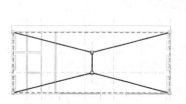

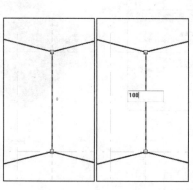

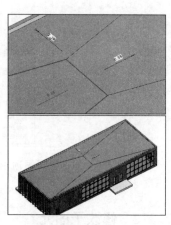

图 7-28　连接顶点与交点　　　　图 7-29　修改子图元　　　　图 7-30　查看屋顶坡度

7.3.3 坡屋顶和拉伸屋顶练习

在 Revit 中，迹线屋顶的使用方法与楼板非常相似，但是不同的是，迹线屋顶还允许定义坡度复杂的屋顶。

打开光盘文件中的"职工食堂-屋顶.rvt"项目文件，打开 F2 平面视图。选择【构建】面板中的【迹线屋顶】工具，确定绘制模式为【拾取墙】工具，在选项栏中启用【定义坡度】与【延伸到墙中（至核心层）】选项，设置【悬挑】选项为 600.0，如图 7-31 所示。

图 7-31 选择【迹线屋顶】工具

确认【属性】面板的类型选择器为"职工食堂-150mm-平屋顶"后，将光标指向某个墙体图元，在该墙体外侧显示屋顶边界的预览。按 Tab 键，Revit 自动显示首尾相连墙体外侧的屋顶边界预览。单击绘制屋顶边界，如图 7-32 所示。

单击【模式】面板中的【完成编辑模式】按钮 ✓ ，完成屋顶边界的绘制。切换至默认三维视图，查看双坡屋顶的效果，如图 7-33 所示。

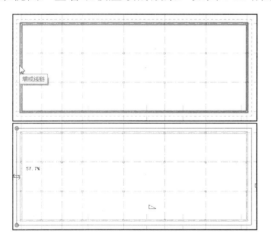

图 7-32 绘制屋顶边界

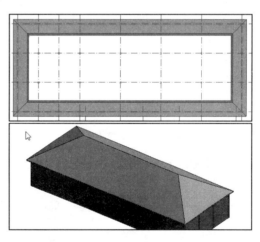

图 7-33 双坡屋顶三维效果

【屋顶】工具组中还包括【拉伸屋顶】工具，该工具是用来创建具有弧度效果的屋顶。打开光盘文件中的"职工食堂-屋顶.rvt"项目文件并切换至东立面视图，选择【参照平面】工具，分别在轴线 A 左侧、轴线 D 右侧建立垂直参照平面，并设置之间的距离为 700.0，如图 7-34 所示。

在标高 F2 上方，创建水平参照平面，并设置两者之间的距离为 600。切换至 F2 平面视图，选择【屋顶】工具组中的【拉伸屋顶】工具，在打开的【工作平面】对话框中确认启用的是【拾取一个平面】选项，如图 7-35 所示。

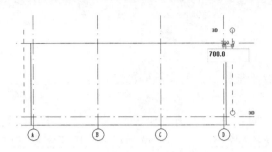

图 7-34　建立参照平面

图 7-35　【工作平面】对话框

单击【确定】按钮，在 F2 平面视图中单击轴线 6 作为拉伸屋顶的工作平面。在打开的【转到视图】对话框中，选择绘制轴线 6 的最佳视图，这里选择的是"立面：东立面"视图，如图 7-36 所示。

单击【打开视图】按钮后，打开【屋顶参照标高和偏移】对话框，选择【标高】为 F2，设置【偏移】为 0.0，如图 7-37 所示。

图 7-36　【转到视图】对话框

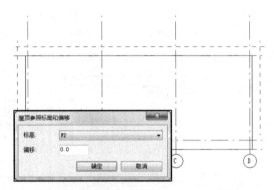

图 7-37　【屋顶参照标高和偏移】对话框

单击【确定】按钮进入【修改|创建拉伸屋顶轮廓】上下文选项卡中，确定绘制模式为【起点-终点-半径弧】工具，设置选项栏中的【偏移量】为 0.0，如图 7-38 所示。

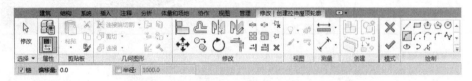

图 7-38　【起点-终点-半径弧】工具

捕捉轴网 A 左侧的垂直与水平参照平面的交点单击后，在轴线 C 与水平参数平面的交点处单击，将光标向两点中间的上方移动值适合位置单击，建立向上弧度的轮廓线，如图 7-39 所示。

按照上述方法，依次在轴线 C 与水平参照平面交点、轴线 D 与水平参照平面交点单击，建立向下弧度的拉伸屋顶轮廓线以及单击轴线 D 与水平参照平面交点、轴线 D 右侧的垂直参照平面与垂直参照平面交点，建立向上弧度的拉伸屋顶轮廓线，如图 7-40 所示。

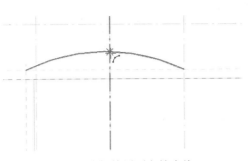

图 7-39　建拉伸屋顶立轮廓线

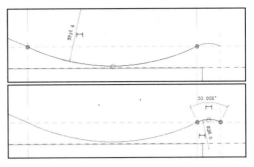

图 7-40　建拉伸屋顶立轮廓线

技—巧

当建立弧度的拉伸屋顶轮廓线时，需要对比相连接的弧度拉伸屋顶轮廓线，这样才能够使之自然连接。

单击【模式】面板中的【完成编辑模式】按钮✔完成拉伸屋顶轮廓线绘制，切换至默认三维视图中，拉伸屋顶效果如图 7-41 所示。

这时，发现拉伸屋顶并没有覆盖整个建筑的上方。单击拉伸屋顶图元将其选中，单击并拖动屋顶侧方的三角形图标，使其拉伸屋顶覆盖整个建筑上方，如图 7-42 所示。

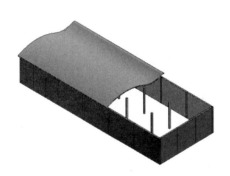

图 7-41　拉伸屋顶三维效果

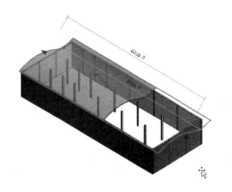

图 7-42　修改拉伸屋顶范围

要改变拉伸屋顶的范围，还可以进行精确设置。方法是选中拉伸屋顶图元，在【属性】面板中设置【拉伸起点】选项值即可，如图 7-43 所示。

7.4　天花板

在 Revit 中，创建天花板的过程与楼板、屋顶的绘制过程相似，但 Revit 为【天花板】工具提供了更为智能的自动查找房间边界功能。

由于天花板的建立与楼板相似，所以当选择【构建】

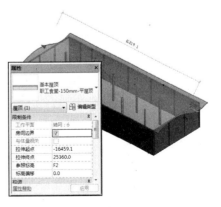

图 7-43　设置【拉伸起点】选项

面板中的【天花板】工具后，在【属性】面板类型选择器中选择"复合天花板"族类型，并在【类型属性】对话框中复制类型"600×600 轴网"为"职工食堂-天花板"，如图 7-44 所示。

单击【结构】参数右侧的【编辑】按钮，打开【编辑部件】对话框，再打开"面层 2[5]"结构层的【材质浏览器】对话框，查找"石膏板"材质并复制为"职工食堂-石膏板"，如图 7-45 所示。

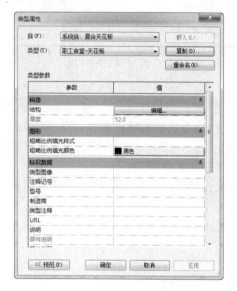

图 7-44　天花板【类型属性】对话框

图 7-45　复制材质

单击【确定】按钮，关闭【材质浏览器】对话框，设置【编辑部件】对话框中结构层材质参数，如图 7-46 所示。

当在 F1 平面视图中，选择【天花板】工具后，在【修改|放置 天花板】上下文选项卡中单击选择，默认情况下【天花板】面板中选择【自动创建天花板】工具，如图 7-47 所示。

图 7-46　天花板结构

图 7-47　【自动创建天花板】工具

在【属性】面板中，设置【自标高的高度偏移】为 5600.0 后，在墙体图元中间单击，这时在距离标高 F1 的 5600mm 高度位置自动创建天花板，如图 7-48 所示。

> **提示**
>
> 当自动创建天花板后，Revit 弹出【警告】提示框。其中提示"所创建的图元在视图楼层平面:F1 中不可见。您可能需要检查活动视图及其参数、可见性设置以及所有平面区域及其设置"，说明当前视图无法查看创建的天花板。

切换至默认三维视图后，启用【属性】面板中的【剖面框】选项，单击并拖曳剖面框右侧的向左箭头图标，即可查看天花板效果，如图 7-49 所示。

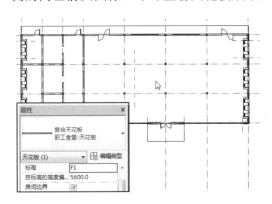

图 7-48　自动创建天花板

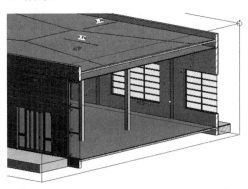

图 7-49　天花板三维效果

在【修改|放置 天花板】上下文选项卡中，除了【自动创建天花板】工具外，还包括【绘制天花板】工具，后者主要是在未封闭的墙体中使用的。

当选择【绘制天花板】工具，并设置天花板族类型后，即可按照楼板的绘制方式进行创建。其中，采用【拾取墙】工具或者【直线】工具均可，如图 7-50 所示。

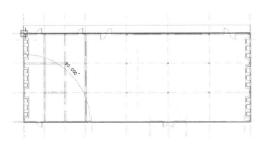

图 7-50　绘制天花板

第 8 章

扶手、楼梯和坡道

建筑空间的竖向组合交通联系，依托于楼梯、电梯、自动扶梯、台阶、坡道以及爬梯等竖向交通设施，而楼梯是建筑设计中一个非常重要的构件，且形式多样，造型复杂。

Revit 提供了【楼梯（按草图）】和【楼梯（按构件）】两种专用的创建工具，可以快速创建直跑、U 形楼梯、L 形楼梯和螺旋楼梯等各种常见楼梯，同时还可以通过绘制楼梯踢面线和边界线、设置楼梯主体、踢面、踏板、梯边梁的尺寸和材质等参数的方式来自定义楼梯样式，从而衍生出各种各样的楼梯样式，以满足楼梯施工图的设计要求。

本章主要介绍楼梯与坡道的建立方法以及与其相关的扶手创建方法。通过学些掌握楼梯与坡道的创建方法。

本章学习目的：

（1）了解楼梯的专业知识。

（2）掌握扶手的创建方法。

（3）掌握楼梯的添加方法。

（4）掌握坡道的添加方法。

8.1 楼梯组成与尺度

楼梯作为建筑空间竖向联系的主要部件，其位置应明显，起到提示引导人流的作用，并要充分考虑其造型美观、人流通行顺畅、行走舒适、结构坚固及防火安全，同时还应满足施工和经济条件的要求。因此，需要合理地选择楼梯的形式、坡度、材料、构造做法，精心地处理好其细部构造。

8.1.1 楼梯组成

楼梯一般由梯段、平台、栏杆扶手 3 部分组成，如图 8-1 所示。

（1）梯段　俗称梯跑，是联系两个标高平台的倾斜构件，通常为板式梯段，也可以由踏步板和梯斜梁组成板式梯段。为了减轻疲劳，梯段的踏步步数一般不宜超过 18 级，但也不宜少于 3 级，因梯段步数太多使人连续疲劳，步数太少则不易被人察觉。

（2）楼梯平台　按平台所处位置和标高不同，有中间平台和楼层平台之分。两楼层之间的平台称为中间平台，用来供人们行走时调节体力和改变行进方向。与楼层地面标高齐平的平台称为楼层平台，除起着与中间平台相同的作用外，还用来分配从楼梯到达各楼层的人流。

（3）栏杆扶手　是设在梯段及平台边缘的安全保护构件。当梯段宽度不大时，可只在梯段临空设置；当梯段宽度较大时，非临空面也应加设靠墙扶手；当梯段宽度很大时，则需在梯段中间加设中间扶手。

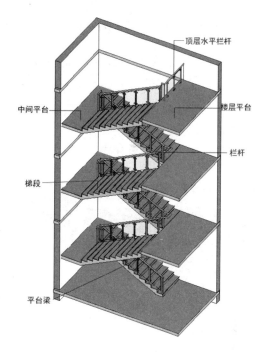

图 8-1　楼梯组成

8.1.2　楼梯形式

楼梯形式的选择取决于所处位置、楼梯间的平面形状与大小、楼层高低与层数、人流多少与缓急等因素，设计时需综合权衡这些因素。

（1）直行单跑楼梯　此种楼梯无中间平台，由于单跑楼段踏步数一般不超过 18 级，故仅用于层高不高的建筑，如图 8-2 所示。

（2）直行多跑楼梯　此种楼梯是直行单跑楼梯的延伸，仅增设了中间平台，将单梯段变为多梯段。一般为双跑梯段，适用于层高较大的建筑，如图 8-3 所示。

图 8-2　直行单跑楼梯

技—巧

直行多跑楼梯给人以直接、顺畅的感觉，导向性强，在公共建筑中常用于人流较多的大厅。但是，由于其缺乏方位上回转上升的连续性，当用于需上下多层楼面的建筑，会增加交通面积并加长人流行走的距离。

（3）平行双跑楼梯　此种楼梯由于上完一层楼刚好回到原起步方位，与楼梯上升的空间回转往复性吻合。当上下多

图 8-3　直行多跑楼梯

层楼面时，比直跑楼梯节约交通面积并缩短人流行走距离，是常用的楼梯形式之一，如图 8-4 所示。

　　（4）平行双分双合楼梯　此种楼梯形式是在平行双跑楼梯基础上演变产生的，其梯段平行而行走方向相反，且第一跑在中部上行，然后其中间平台处往两边以第一跑的二分之一梯段宽，各上一跑到楼层面。通常在人流多、楼段宽度较大时采用。由于其造型的对称严谨性，常用作办公类建筑的主要楼梯。而平行双合楼梯与平行双分楼梯类似，区别仅在于楼层平台起步第一跑梯段前者在中而后者在两边，如图 8-5 所示。

图 8-4　平行双跑楼梯　　　　　　　　　　图 8-5　平行双分双合楼梯

　　（5）折行多跑楼梯　此种楼梯人流导向较自由，折角可为 90°，也可大于或小于 90°，当折角大于 90° 时，由于其行进方向性类似直行双跑楼，故常用于导向性强仅上一层楼的影剧院、体育馆等建筑的门厅；当折角小于 90° 时，其行进方向回转延续性有所改观，形成三角形楼梯间，可用于上多层楼的建筑中，如图 8-6 所示。

注—意

　　折行三跑楼梯中部形成较大梯井。由于有三跑梯段，常用于层高较大的公共建筑中。因楼梯井较大，不安全，供少年儿童使用的建筑不宜采用此种楼梯。过去有在楼梯井中加电梯井的作法，但现在已不使用。

图 8-6　折行多跑楼梯

　　（6）交叉跑（剪刀）楼梯　可认为是由两个直行单跑楼梯交叉并列布置而成，通行的人流量较大，且为上下楼层的人流提供了两个方向，对于空间开敞、楼层人流多方向进入有利，但仅适合层高小的建筑，如图 8-7 所示。

　　（7）螺旋形楼梯　通常是围绕一根单柱布置，平面呈圆形。其平台和踏步均为扇形平面，踏步内侧宽度很小，并形成较陡的坡度，行走时不安全，且构造较复杂。这种楼梯不能作为主要人流交通和疏散楼梯，但由于其流线造型设计，常作为建筑小品布置在庭院或室内，如图 8-8 所示。

图 8-7　交叉跑（剪刀）楼梯

提 示

为了克服螺旋形楼梯内侧坡度过陡的缺点，在较大型的楼梯中，可将中间的单柱变为群柱或筒体。

（8）弧形楼梯　该楼梯与螺旋形楼梯的不同之处在于它围绕一较大的轴心空间旋转，未构成水平投影圆，仅为一段弧环，并且曲率半径较大。其扇形踏步的内侧宽度也较大，使坡度不至于过陡，可以用来通行较多的人流。弧形楼梯也是折行楼梯的演变形式，当布置在公共建筑的门厅时，具有明显的导向性和优美轻盈的造型。但其结构和施工难度较大，通常采用现浇钢筋混凝土结构，如图8-9所示。

图 8-8　螺旋形楼梯　　　　　　　　　图 8-9　弧形楼梯

8.1.3　楼梯尺度

楼梯尺度包括踏步尺度、梯段尺度、平台宽度以及梯井宽度。

1. 踏步尺度

楼梯的坡度在实际应用中均由踏步高宽比决定。踏步的高宽比需根据人流行走的舒适、安全和楼梯间的尺度、面积等因素进行综合权衡。常用的坡度为1：2左右。人流量大，安全要求高的楼梯坡度应该平缓一些，反之则可陡一些，以利于节约楼梯水平投影面积。楼梯踏步的踏步高和踏步宽尺寸一般根据经验数据确定，如表8-1所示。

表 8-1　踏步常用高度尺寸

名称	住宅	幼儿园	学校、办公楼	医院	剧院、会堂
踏步高（mm）	150～175	120～150	140～160	120～150	120～150
踏步宽（mm）	260～300	260～280	280～340	300～350	300～350

踏步的高度，成人以150mm左右较适宜，不应高于175mm。踏步的宽度（水平投影宽

度）以 300mm 左右为宜，不应窄于 260mm。当踏步宽度过宽时，将导致梯段水平投影面积的增加；当踏步宽度过窄时，会使人流行走不安全。为了在踏步宽度一定的情况下增加行走舒适度，常将踏步出挑 20～30mm，使踏步实际宽度大于其水平投影宽度。

2．梯段尺度

梯段尺度分为梯段宽度和梯段长度。梯段宽度应根据紧急疏散时要求通过的人流股数多少确定。每股人流按 550～600mm 宽度考虑，双人通行时为 1100～1200mm，三人通行时为 1650～1800mm，以此类推。同时，需满足各类建筑设计规范中对梯段宽度的低限要求。

3．平台宽度

平台宽度分为中间平台宽度 D1 和楼层平台宽度 D2，对于平行和折行多跑等类型楼梯，其中间平台宽度应不小于梯段宽度，并不得小于 1200mm，以保证通行和梯段同股数人流。同时应便于家具搬运，医院建筑还应保证担架在平台处能转向通行，其中间平台宽度应不小于 1800mm。对于直行多跑楼梯，其中间平台宽度不宜小于 1200mm。对于楼层平台宽度，则应比中间平台更宽松一些，以利于人流分配和停留。

4．梯井宽度

所谓梯井，系指梯段之间形成的空当，此空档从顶层到底层贯通。在平行多跑楼梯中可无梯井，但为了梯段安装和平台转变缓冲可设梯井。为了安全，其宽度应以 60～200 为宜。

5．栏杆扶手尺度

梯段栏杆扶手高度指踏步前缘线到扶手顶面的垂直距离，其高度根据人体重心高度和楼梯坡度大小等因素确定，一般不应低于 900mm。靠楼梯井一侧水平扶手超过 500mm 长度时，其扶手高度不应小于 1050mm；供儿童使用的楼梯应在 500～600mm 高度增设扶手。

6．楼梯净空高度

楼梯各部位的净空高度应保证人流通行和家具搬运，一般要求不小于 2000mm，梯段范围内净空高度应大于 2200mm。

8.2　创建扶手

使用扶手工具可以创建任意形式的扶手模型。扶手属于 Revit 系统族，可以通过定义类型参数形成各类参数化的扶手。

8.2.1　创建室外空调栏杆

使用【栏杆扶手】工具，可以为项目添加各种样式的扶手。在 Revit 中，既可以单独绘制扶手，也可以在绘制楼梯、坡道等主体构件时自动创建扶手。在创建扶手前，需要定义扶手的类型和结构。

这里将在"职工食堂.rvt"项目中，为空调挑板添加栏杆扶手。在 F1 平面视图中单击【楼梯坡道】面板中【栏杆扶手】下拉按钮，选择【绘制路径】选项，切换至【修改|创建栏杆扶手路径】上下文选项卡，如图 8-10 所示。

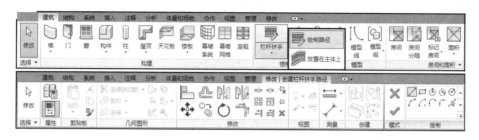

图 8-10　【栏杆扶手】工具

单击【属性】面板中的【编辑类型】选项，打开栏杆扶手的【类型属性】对话框，在该对话框中选择类型为"钢楼梯 900mm 圆管"，并复制该类型为"职工食堂-900mm-空调栏杆"，如图 8-11 所示。

在该对话框中，当复制类型后，【类型参数】列表中的参数将添加【顶部扶栏】、【扶手 1】与【扶手 2】参数组，其各个参数及参数值作用如表 8-2 所示。

> **提　示**
>
> 栏杆扶手【类型属性】对话框参数列表中的【标识数据】参数组中的各个参数与前面介绍的其他系统族【类型属性】对话框中的【标识数据】参数组基本相同。

单击【扶栏结构（非连续）】参数右侧的【编辑】按钮，打开【编辑扶手（非连续）】对话框。在列表最下方复制"扶手 5"为"扶手 6"，并由下至上依次设置【高度】参数为 150.0、300.0、450.0、600.0、750.0、900.0，以及【偏移】参数均为 0.0，如图 8-12 所示。

继续在该对话框中设置"扶手 1"扶栏的【轮廓】为"公制_圆形扶手：50mm"，单击【材质】参数中的【编辑】按钮，打开【材质浏览器】对话框，查找材质"抛光不锈钢"并复制为"职工食堂-抛光不锈钢"，如图 8-13 所示。

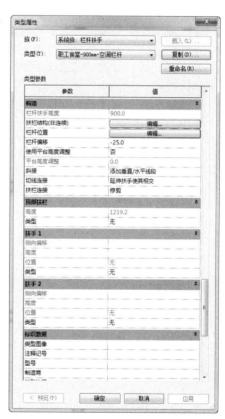

图 8-11　栏杆扶手【类型属性】对话框

表 8-2　栏杆扶手【类型属性】对话框中的各个参数以及值作用

参数	值
构造	
栏杆扶手高度	设置栏杆扶手系统中最高扶栏的高度

参数	值
扶栏结构（非连续）	打开一个独立对话框，在此对话框中可以设置每个扶栏的扶栏编号、高度、偏移、材质和轮廓族（形状）
栏杆位置	单独打开一个对话框，在其中定义栏杆样式
栏杆偏移	距扶栏绘制线的栏杆偏移。通过设置此属性和扶栏偏移的值，可以创建扶栏和栏杆的不同组合
使用平台高度调整	控制平台栏杆扶手的高度。选择"否"选项，栏杆扶手和平台像在楼梯梯段上一样使用相同的高度；选择"是"，栏杆扶手高度会根据"平台高度调整"设置值进行向上或向下调整。要实现光滑的栏杆扶手连接，将【切线连接】参数设置为"延伸扶栏使其相交"
平台高度调整	基于中间平台或顶部平台"栏杆扶手高度"参数的指示值提高或降低栏杆扶手高度
斜接	如果两段栏杆扶手在平面内相交成一定角度，但没有垂直连接，则可以从以下选项中选择"添加垂直"、"水平线段"为创建连接，"不添加连接件"为留下间隙
切线连接	如果两段相切栏杆扶手在平面中共线或相切，但没有垂直连接，则可以从以下选项中选择"添加垂直"、"水平线段"为创建连接；"不添加连接件"为留下间隙；"延伸扶栏使其相交"为创建平滑连接
扶栏连接	如果 Revit 无法在栏杆扶手段之间进行连接时创建斜接连接，可以选择下列选项之一："修剪"为使用垂直平面剪切分段；"焊接"为尽可能接近斜接的方式连接分段，接合连接最适合于圆形扶栏轮廓
顶部扶栏	
高度	设置栏杆扶手系统中顶部扶栏的高度
类型	指定顶部扶栏的类型
扶手 1	
侧向偏移	报告上述栏杆偏移值（只读）
高度	扶手类型属性中指定的扶手高度（只读）
位置	指定扶手相对于栏杆扶手系统的位置："左"、"右"、"左侧和右侧"
类型	指定扶手类型
扶手 2	
参见扶手 1 的属性定义	

图 8-12 【编辑扶手（非连续）】对话框

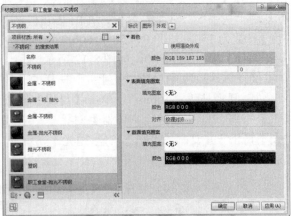

图 8-13 复制材质

采用复制后的材质"职工食堂-抛光不锈钢",依次为所有扶栏设置【材质】参数,如图 8-14 所示。

单击【确定】按钮返回【类型属性】对话框,单击【栏杆位置】参数右侧的【编辑】按钮,打开【编辑栏杆位置】对话框,设置所有【栏杆族】选项为"无",如图 8-15 所示。

图 8-14 设置【材质】参数

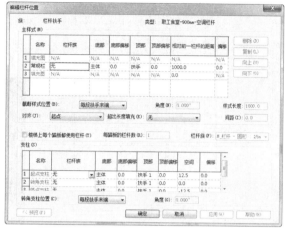

图 8-15 设置【栏杆族】选项

单击【确定】按钮返回【类型属性】对话框,设置【栏杆偏移】参数为 0.0,并依次设置【顶部扶栏】、【扶手1】与【扶手2】参数组中的【类型】均为"无",如图 8-16 所示。

单击【确定】按钮返回路径绘制状态,设置【属性】面板中的【底部偏移】选项为–20。启用【选项】面板中的【预览】选项,确定选项栏中的【偏移量】为 0。放大左侧上方的空调挑板图元区域,在轴线 1 上依次捕捉转弯墙体并单击,绘制栏杆扶手,如图 8-17 所示。

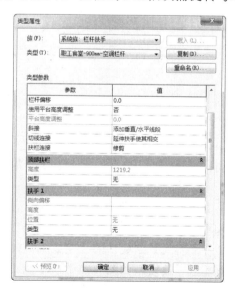

图 8-16 设置参数

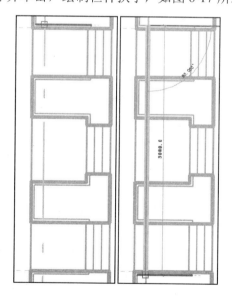

图 8-17 绘制栏杆

单击【模式】面板中的【完成编辑模式】按钮☑后,选中该栏杆图元,单击【修改】面板中的【镜像】按钮，启用选项栏中的【复制】选项，单击轴线 C 进行镜像复制。使用相同方法进行复制创建其他的空调栏杆，如图 8-18 所示。

　　按照上述方法，在职工食堂右侧的空调挑板上方创建空调栏杆，切换至默认三维视图中，查看空调栏杆效果，如图 8-19 所示。

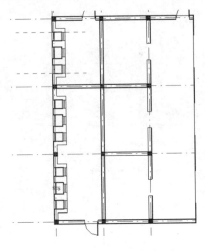

图 8-18　镜像复制空调栏杆图元

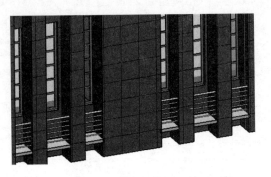

图 8-19　空调栏杆三维效果

8.2.2　创建栏杆扶手

　　在 Revit 当中，除了能够通过编辑扶手对话框来定义扶手外，还能够通过 Revit 中的系统族来定义扶手结构。

　　在 Revit 中，新建建筑样板的空白项目文件，切换至【插入】选项卡中，单击【从库中载入】按钮，将光盘文件中的"顶部扶手轮廓.rfa"和"正方形扶手轮廓.rfa"族文件载入项目文件中，然后在视图中绘制任意的扶手图元，如图 8-20 所示。

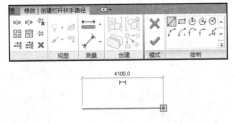

图 8-20　绘制任意扶手图元

　　打开扶手的【类型属性】对话框，复制【类型】900mm 为 900mm-2015，确定【顶部扶栏】参数组中的【类型】参数为"矩形-50×50mm"，设置【高度】参数为 1100，【栏杆偏移】参数为 0.0，如图 8-21 所示。

　　单击【栏杆位置】右侧的【编辑】按钮，打开【编辑栏杆位置】对话框。在已有的栏杆定义当中设置【顶部】选项为"顶部扶栏图元"，如图 8-22 所示。

　　连续单击【确定】按钮，关闭所有对话框，单击【模式】面板中的【完成编辑模式】按钮，完成栏杆绘制。切换至默认三维视图中，查看栏杆效果，如图 8-23 所示。

　　在【项目浏览器】面板中，双击【族】|【栏杆扶手】|【扶手类型】|【矩形-墙式安装】类型选项，打开【类型属性】对话框，复制该类型为"中间扶手"，并设置【手间隙】参数为 0，【高度】参数为 850.0，【轮廓】参数为"正方形扶手轮廓：50×50mm"，【族】参数为"无"，

如图 8-24 所示。

图 8-21　扶手【类型属性】对话框

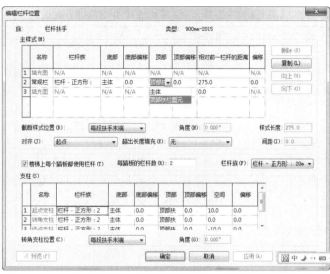

图 8-22　【编辑栏杆位置】对话框

图 8-23　栏杆三维效果

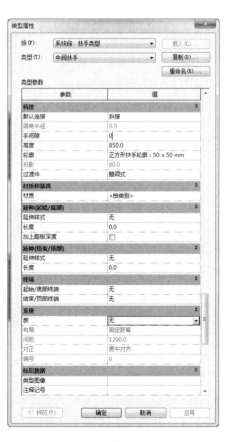

图 8-24　设置【构造】参数组

该对话框中的参数组中的各个参数分别用来设置该族类型的轮廓、材质、延伸效果等各种显示效果，其中参数及值作用如表 8-3 所示。

表 8-3　扶手类型【类型属性】对话框中的各个参数以及值作用

参数	值
构造	
默认连接	将扶手或顶部扶栏的连接类型指定为"斜接"或"圆角"
圆角半径	如果指定圆角连接，则此值设置圆角半径
手间隙	指定从扶手的外部边缘到扶手附着到的墙、支柱或柱的距离
高度	指定扶手顶部距离楼板、踏板、梯边梁、坡道或其他主体表面的高度
轮廓	指定连续扶栏形状的轮廓
投影	指定从扶手的内部边缘到扶手附着到的墙、支柱或柱的距离
过渡件	指定在扶手或顶部扶栏中使用的过渡件的类型。"无"为在包含平台的楼梯系统中，内部扶栏将终止于平台上的第一个或最后一个踏板的梯缘；"鹅颈式"用于存在过渡件密集和复杂扶栏轮廓的情况；"普通"用于存在过渡件密集与圆形扶栏轮廓的情况
材质和装饰	
材质	指定扶手或顶部扶栏的材质。单击该值，然后单击【浏览】按钮以打开【材质浏览器】对话框
延伸（起始/底部）	
延伸样式	指定扶栏延伸的附着系统配置（如果有）分别为"无"、"墙"、"楼板"、"支柱"
长度	指定延伸的长度
加上踏板深度	选择此选项可将一个踏板深度添加到延伸长度
延伸（结束/顶部）	
延伸样式	参见"起始/底部延伸"
长度	参见"起始/底部延伸"
终端	
起始/底部终端	指定顶部扶栏或扶手的起始/底部的终端类型
结束/顶部中段	指定顶部扶栏或扶手的结束/顶部的终端类型
支座	
族	指定扶手支撑的类型
布局	指定扶手支撑的放置："无"使可以手动放置支撑；"固定距离"为使用下面定义的"间距"属性指定距离；"与支柱对齐"将支撑自动放置在栏杆扶手系统中的每个支柱上并水平居中；"固定数量"为使用下面定义的"数量"属性指定支撑数；"最大间距"为沿栏杆扶手系统放置最大数量的支撑，不超过"间距"值；"最小间距"为沿扶栏路径适当放置最大数量的支撑，不小于"间距"值
间距	指定用于关联的"布局"系统配置的间距值
对正	指定支撑位置的对正选项："起点"为扶栏的下端（如果自动将扶栏放置在楼梯上），或第一个单击位置（如果手动放置扶栏）；"中心"为沿整个扶手路径居中放置；"终点"为扶栏的上端（如果自动将扶栏放置在楼梯上），或最后一个单击位置（如果手动放置扶栏）
编号	如果将"布局"设置为"固定数量"，该值将指定使用的支撑数

　　继续在该对话框中复制类型为"底部扶手"，并设置【高度】参数为 200。按照上述方法，双击【族】|【栏杆扶手】|【顶部扶栏类型】|【矩形-50×50mm】类型选项，打开【类型属性】对话框。设置【轮廓】参数为"顶部扶手轮廓：顶部扶手轮廓"，单击【确定】按钮查看顶部扶手效果，如图 8-25 所示。

选中栏杆扶手图元，单击【属性】面板中的【编辑类型】选项，打开【类型属性】对话框。设置【扶手 1】参数组中的【类型】参数为"中间扶手"，【位置】参数为"左侧"，设置【扶手 1】参数组中的【类型】参数为"底部扶手"，【位置】参数为"左侧"，单击【确定】按钮查看扶手效果，如图 8-26 所示。

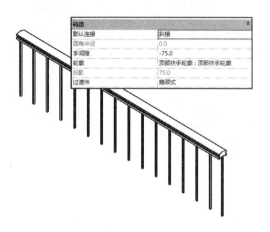

图 8-25　修改顶部扶手轮廓

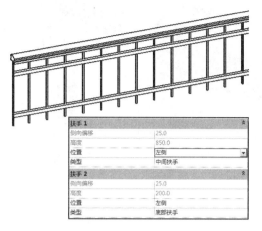

图 8-26　设置扶手效果

将光标指向顶部扶栏图元，按下 Tab 键选择顶部扶栏图元，这时【属性】面板中显示的是"栏杆扶手：顶部扶栏（1）"实例属性，如图 8-27 所示。

单击【编辑类型】选项，打开【类型属性】对话框，进行下一步设置。设置【延伸（起始/底部）】参数组中的【延伸样式】参数为"楼层"，【长度】参数为 150.0，单击【确定】按钮，查看效果如图 8-28 所示。

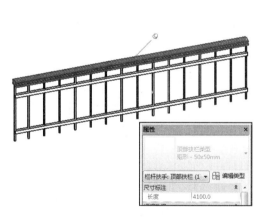

图 8-27　选择顶部扶栏

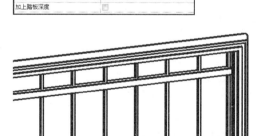

图 8-28　设置顶部扶手延伸效果

继续选择顶部扶手，在【修改|顶部扶栏】上下文选项卡中单击【连续扶栏】面板中的【编辑扶栏】按钮，进入【修改|编辑连续扶栏】选项卡。单击【工具】面板中的【编辑路径】按钮，确定绘制模式为【直线】工具。捕捉扶栏中点位置单击，并连续单击绘制扶栏，如图 8-29 所示。

单击并选中转角扶栏，单击【连接】面板中的【编辑扶栏连接】按钮，在右侧下拉列表中选择"圆角",并设置【半径】参数为200.0,完成扶栏转角的设置,如图8-30所示。

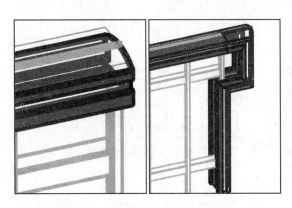

图8-29 绘制扶栏

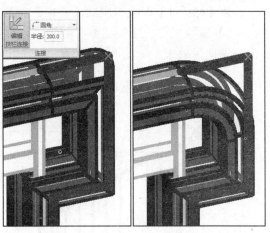

图8-30 设置转角效果

连续单击【模式】面板中的【完成编辑模式】按钮☑两次,完成栏杆扶栏的编辑,即可在默认三维视图中查看效果,如图8-31所示。

 提 示

中间扶手与底部扶手类型同样能够按照顶部扶手的选择方式、设置方法进行编辑,从而得到更加丰富的效果。

图8-31 栏杆扶栏效果

8.3 添加楼梯

在 Revit 中,楼梯的创建可以通过以下两种方式:一种是按草图的方式创建楼梯;一种是按构件的方式创建楼梯。这里主要通过草图的方式创建楼梯。

8.3.1 添加室内楼梯

当出现两层或两层以上的建筑时,就需要为其添加楼梯。楼梯同样属于系统族,在创建楼梯之前必须为楼梯定义类型属性以及实例属性。

打开光盘文件中的"职工食堂-二楼.rvt"项目文件,单击【楼梯坡道】面板中的【楼梯】下拉按钮,选择【楼梯(按草图)】选项,进入【修改|创建楼梯草图】上下文选项卡,如图8-32所示。

确定【属性】面板类型选择器中选择的为"整体板式-公共"类型,打开该类型的【类型属性】对话框。在该对话框中复制该类型为"职工食堂-室内楼梯",设置列表中的个别参数值，具体参数值如图 8-33 所示。

图 8-32　选择【楼梯】工具

在该对话框中，【材质和装饰】参数组中的各种材质是在创建楼板图元时定义完成的，这里只需要选择设置即可。其中，列表中的各个参数以及值作用如表 8-4 所示。

单击【确定】按钮，关闭【类型属性】对话框。在【属性】面板中确定【限制条件】选项组中的【底部标高】为 F1，【顶部标高】为 F2，【底部偏移】和【顶部偏移】均为 0；【尺寸标注】选项组中的【宽度】为 1800.0，如图 8-34 所示。

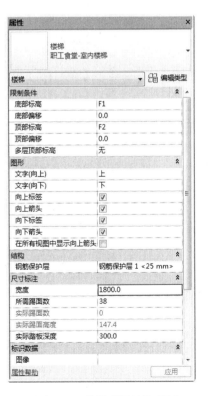

图 8-33　楼梯【类型属性】对话框　　　　图 8-34　楼梯【属性】面板

表 8-4 楼梯【类型属性】对话框中的各个参数以及值作用

参数	值
计算规则	
计算规则	单击【编辑】按钮以设置楼梯计算规则
最小踏板深度	设置"实际踏板深度"实例参数的初始值。如果"实际踏板深度"值超出此值，Revit 会发出警告
最大踢面高度	设置楼梯上每个踢面的最大高度
构造	
延伸到基准之下	将梯边梁延伸到楼梯底部标高之下。对于梯边梁附着至楼板洞口表面而不是放置在楼板表面的情况，可以使用此属性；要将梯边梁延伸到楼板之下，需输入负值
整体浇筑楼梯	指定楼梯将由一种材质构造
平台重叠	将楼梯设置为整体浇筑楼梯时启用。如果某个整体浇筑楼梯拥有螺旋形楼梯，此楼梯底端则可以是平滑式或阶梯式底面；如果是阶梯式底面，则此参数可控制踢面表面到底面上相应阶梯的垂直表面的距离
螺旋形楼梯地面	将楼梯设置为整体浇筑楼梯时启用。如果某个整体浇筑楼梯拥有螺旋形楼梯，此楼梯底端则可以是光滑式或阶梯式底面
功能	指示楼梯是内部的（默认值）还是外部的。功能可用在计划中并创建过滤器，以便在导出模型时对模型进行简化
图形	
平面中的波折符号	指定平面视图中的楼梯图例是否具有截断线
文字大小	修改平面视图中 UP-DN 符号的尺寸
文字字体	设置 UP-DN 符号的字体
材质和装饰	
踏板材质	单击该按钮以打开材质浏览器
踢面材质	参见【踏板材质】说明
梯边梁材质	参见【踏板材质】说明
整体式材质	参见【踏板材质】说明
踏板	
踏板厚度	设置踏板的厚度
楼梯前缘长度	指定相对于下一个踏板的踏板深度悬挑量
楼梯前缘轮廓	添加到踏板前侧的放样轮廓
应用楼梯全员轮廓	指定单边、双边或三边踏板前缘
踢面	
开始于踢面	如果启用，Revit 将向楼梯开始部分添加踢面。如果禁用此复选框，Revit 则会删除起始踢面。需注意，如果禁用此复选框，则可能会出现有关实际踢面数超出所需踢面数的警告。要解决此问题，需启用【结束于踢面】参数或修改所需的踢面数量
结束于踢面	如果启用此复选框，Revit 将向楼梯末端部分添加踢面；如果禁用此复选框，Revit 则会删除末端踢面
踢面类型	创建直线型或倾斜型踢面或不创建踢面
踢面厚度	设置踢面厚度
踢面至踏板连接	切换踢面与踏板的相互连接关系。踢面可延伸至踏板之后，或踏板可延伸至踢面之下
梯边梁	

续表

参数	值
在顶部修剪梯边梁	会影响楼梯梯段上梯边梁的顶端。如果选择"不修剪",则会对梯边梁进行单一垂直剪切,生成一个顶点;如果选择"匹配标高",则会对梯边梁进行水平剪切,使梯边梁顶端与顶部标高等高;如果选择"匹配平台梯边梁",则会在平台上的梯边梁顶端的高度进行水平剪切。为了清楚地查看此参数的效果,可能需要禁用【结束于踢面】复选框
右侧梯边梁	设置楼梯右侧的梯边梁类型。"无"表示没有梯边梁,闭合梯边梁将踏板和踢面围住,开放梯边梁没有围住踏板和踢面
左侧梯边梁	参见右侧梯边梁的说明
中间梯边梁	设置楼梯左右侧之间的楼梯下方出现的梯边梁数量
梯边梁厚度	设置梯边梁的厚度
梯边梁高度	设置梯边梁的高度
开放梯边梁偏移	楼梯拥有开放梯边梁时启用。从一侧向另一侧移动开放梯边梁。例如,如果对开放的右侧梯边梁进行偏移处理,此梯边梁则会向左侧梯边梁移动
楼梯踏步梁高度	控制侧梯边梁和踏板之间的关系。如果增大此数值,梯边梁则会从踏板向下移动,而踏板不会移动,栏杆扶手不会修改相对于踏板的高度,但栏杆会向下延伸直至梯边梁顶端。此高度是从踏板末端(较低的角部)测量到梯边梁底侧的距离(垂直于梯边梁)
平台斜梁高度	允许梯边梁与平台的高度关系不同于梯边梁与倾斜梯段的高度关系。例如,此属性可将水平梯边梁降低至 U 形楼梯上的平台

在【属性】面板中,【尺寸标注】选项组中的选项,除【宽度】选项外,其他选项中的值均是通过【限制条件】选项组中的选项值自动算出的,通常情况下不需要改动。其中,该面板中的各个选项及作用如表 8-5 所示。

表 8-5　楼梯【属性】面板中的各个选项及作用

选项	参数
限制条件	
底部标高	设置楼梯的基面
底部偏移	设置楼梯相对于底部标高的高度
顶部标高	设置楼梯的顶部
顶部偏移	设置楼梯相对于顶部标高的偏移量
多层顶部标高	设置多层建筑中楼梯的顶部。相对于绘制单个梯段,使用此参数的优势是:如果修改一个梯段上的栏杆扶手,则会在所有梯段上修改此栏杆扶手;如果使用此参数,Revit 项目文件的大小变化也不如绘制单个梯段时那么明显
图形	
文字(向上)	设置平面中"向上"符号的文字,默认值为 UP
文字(向下)	设置平面中"向下"符号的文字,默认值为 DN
向上标签	显示或隐藏平面中的"向上"标签
向上箭头	显示或隐藏平面中的"向上"箭头
向下标签	显示或隐藏平面中的"向下"标签
向下箭头	显示或隐藏平面中的"向下"箭头
在所有视图中显示向上箭头	在所有项目视图中显示向上箭头
结构	

选项	参数
钢筋保护层	设置楼梯结构材质
尺寸标注	
宽度	楼梯的宽度
所需踢面数	踢面数是基于标高间的高度计算得出的
实际踢面数	通常此值与所需踢面数相同，但如果未向给定梯段完整添加正确的踢面数，则这两个值也可能不同。该值为只读
实际踢面高度	显示实际踢面高度。此值小于或等于在【最大踢面高度】中指定的值。该值为只读
实际踏板深度	可设置此值以修改踏板深度，而不必创建新的楼梯类型。另外，楼梯计算器也可修改此值，以实现楼梯平衡

在【修改|创建楼梯草图】上下文选项卡中单击【工具】面板中的【栏杆扶手】按钮 ，
在打开的【栏杆扶手】对话框中选择下拉列表中的材质为"不锈
钢玻璃板栏杆-900mm"，启用【踏板】选项，单击【确定】按钮，
如图 8-35 所示。

图 8-35　设置栏杆材质与位置

选择【参照平面】工具，在轴线 7、8、A、B 区域中建立一
条垂直、三条水平的参照平面。设置垂直参照平面与轴线 7 之间
的距离为 1000.0，以轴线 A 为基点，由下至上依次设置之间的距
离为 1000、1100、1000，如图 8-36 所示。

技　巧

当建立多个参照平面时，可以依次为其进行命名，这样就能够清晰地进行辨别。

退出参照平面绘制状态，单击【绘制】面板中的【梯段】按钮，并确定绘制方式为【直
线】工具。捕捉参照平面 T-1 与 T-2 的交点，水平向右移动光标，当提示的灰色字显示的为
"创建了 19 个踢面，剩余 19 个"时单击创建梯段，如图 8-37 所示。

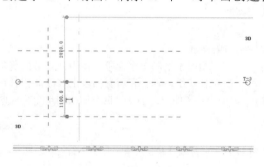

图 8-36　创建参照平面

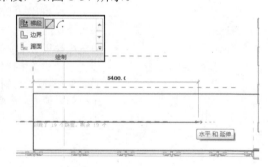

图 8-37　创建梯段（1）

继续捕捉梯段终点与参照平面 T-4 的交点单击，水平向左移动光标至参照平面 T-4 与 T-1
交点单击，完成第二段的梯段创建，如图 8-38 所示。

单击【绘制】面板中的【边界】按钮，并确定绘制方式为【直线】工具。在轴线 8 与
A 交点左上方的凹凸墙体中绘制边界线，如图 8-39 所示。

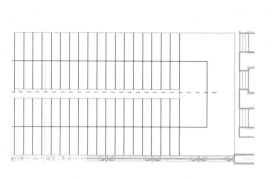

图 8-38　创建梯段（2）

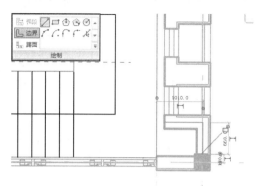

图 8-39　绘制边界

选择【修改】面板中的【修剪/延伸为角】工具，分别单击梯段边界与绘制的独立边界，使其形成封闭边界，如图 8-40 所示。

选择【修改】面板中的【对齐】工具，使梯段的右侧边界对齐相邻的墙体表面，如图 8-41 所示。

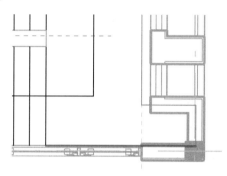

图 8-40　延伸为角

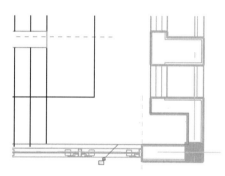

图 8-41　对齐边界

单击【模式】面板中的【完成编辑模式】按钮✅，完成楼梯的创建。切换至默认三维视图，查看楼梯在建筑中的效果，如图 8-42 所示。

8.3.2　修改楼梯扶手

绘制完成楼梯之后，Revit 会自动沿楼梯草图边界线生成扶手，而 Revit 同样允许用户再次来修改扶手的迹线与样式。

当建立楼梯后，载入光盘文件中的"扶手接头.rfa"族文件。在 F1 平面视图中选择楼梯扶手图元，功能区切换至【修改|栏杆扶手】上下文选项卡中，选择【模式】面板中的【编辑路径】工具，进入绘制路径状态，依次选择梯井位置的扶手路径与下方的扶手路径并删除，如图 8-43 所示。

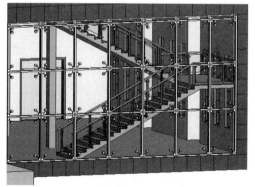

图 8-42　楼梯三维效果

> **注 意**
>
> 栏杆扶手线必须是一条单一且连接的草图。如果要将栏杆扶手分为几个部分，必须创建两个或多个单独的栏杆扶手。所以在删除梯井位置的扶手路径时，必须删除其中一条扶手路径并重新绘制。

单击【模式】面板中的【完成编辑模式】按钮✓，完成扶手的编辑。选择【栏杆扶手】工具，进入创建栏杆扶手路径状态，确定扶手类型为"不锈钢玻璃嵌板栏杆-900mm"以及绘制方式为【拾取线】工具，移动光标至下方梯段的边缘位置单击，生成扶手路径，如图8-44所示。

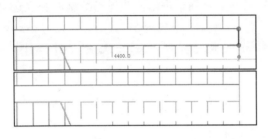

图 8-43　删除扶手路径

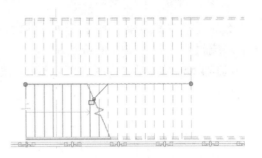

图 8-44　绘制扶手路径

选择【工具】面板中的【拾取新主体】工具，单击刚刚绘制扶手路径的楼梯，使扶手以楼梯为主体，其走向按照楼梯的走向显示，如图8-45所示。

单击【模式】面板中的【完成编辑模式】按钮✓，完成扶手的绘制。选择刚刚创建的扶手图元，打开【类型属性】对话框。单击【栏杆位置】参数右侧的【编辑】按钮，打开【编辑栏杆位置】对话框。在【支柱】列表中，设置End Post中的【栏杆族】参数为"扶手接头：梯井160"，【空间】参数为0.0，【偏移】参数为25.0，如图8-46所示。

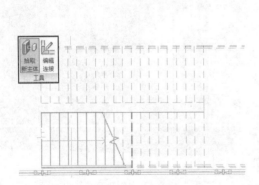

图 8-45　拾取新主体

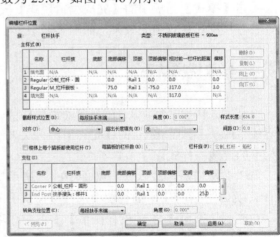

图 8-46　【编辑栏杆位置】对话框

连续单击【确定】按钮关闭所有对话框。在默认三维视图中查看效果，发现添加的扶手接头方向相反，如图8-47所示。

返回 **F1** 平面视图，选中该扶手图元后，单击【翻转】图标，将栏杆扶手方向进行翻转。这时切换至默认三维视图，查看栏杆扶手，如图 8-48 所示。

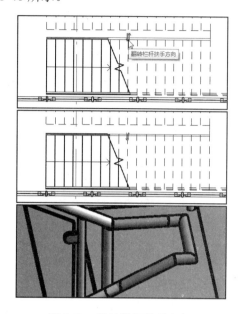

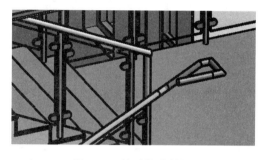

图 8-47 扶手接头效果   图 8-48 翻转栏杆扶手方向

由于扶手接头与栏杆材质不同，需要重新定义扶手接头的材质。方法是在【项目浏览器】面板中双击【族】|【栏杆扶手】|【扶手接头】|【梯井 160】族选项，在【类型属性】对话框中设置【接头材质】参数为"职工食堂-抛光不锈钢"，如图 8-49 所示。

打开 F2 平面视图，发现栏杆显示多余的扶手接头。选中下方的栏杆图元，选择【模式】面板中的【编辑路径】工具，进入绘制路径模式。选择【直线】工具，继续水平向左绘制 100mm 的路径，并连续向下绘制至墙体核心层表面，如图 8-50 所示。

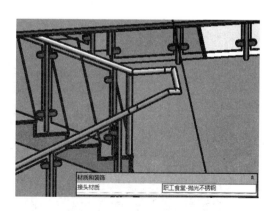

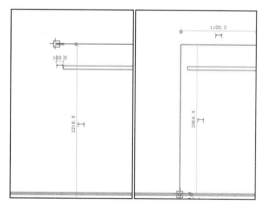

图 8-49 定义扶手接头材质   图 8-50 绘制栏杆路径

打开栏杆的【类型属性】对话框，复制类型为"不锈钢玻璃嵌板栏杆末段-900mm"，打开【编辑栏杆位置】对话框，设置 End Post 的【栏杆族】为"公制_栏杆-圆形：50mm"，【空间】为 25.0，【偏移】为 0.0，如图 8-51 所示。

返回【类型属性】对话框，设置【构造】参数组中的个别参数值，关闭所有对话框。单击【模式】面板中的【完成编辑模式】按钮✓，完成扶手的绘制，切换至默认三维视图，结合剖面框查看效果，如图8-52所示。

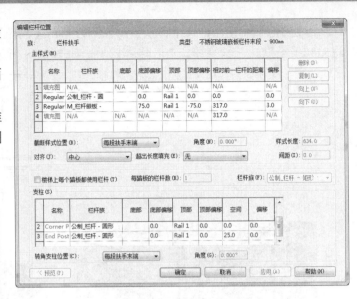

图 8-51　设置栏杆位置

> **提示**
>
> 　　由于我国的设计规范当中，水平段的高度要大于1.05m，所以需要设置【平台高度调整】参数来修改水平段栏杆的高度。

　　按照上述方法，在 F2 平面视图中使用相同的材质类型，绘制上方栏杆路径，如图8-53所示。

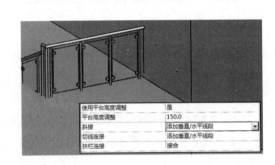

图 8-52　设置栏杆高度与连接

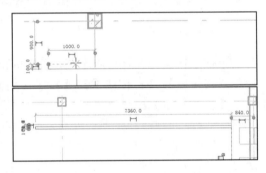

图 8-53　绘制栏杆路径

　　切换至默认三维视图，结合剖面框查看效果，发现绘制的水平栏杆同样高于楼梯末端，如图8-54所示。

8.4　添加坡道

　　Revit 当中的【坡道】工具是为建筑添加坡道的，而坡道的创建方法与楼梯相似。可以定义直梯段、L 形梯段、U 形坡道和螺旋坡道，还可以通过修改草图来更改坡道的外边界。

　　当楼梯创建完成后，切换至室外地坪平面视图中。局部放大正门台阶区域，选择【楼梯坡道】面板中的【坡道】工具，进入【修改|创建坡道草图】

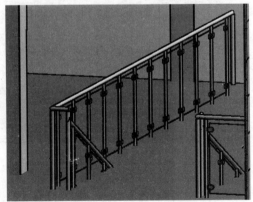

图 8-54　水平栏杆效果

上下文选项卡中，打开坡道的【类型属性】对话框，复制类型为"职工食堂-室外坡道"，设置列表中的参数，如图 8-55 所示。

在【属性】面板中，设置【顶部偏移】为–20.0，【宽度】为 2800.0，单击【应用】按钮后，选择【工具】面板中的【栏杆扶手】工具，在【栏杆扶手】对话框中选择下拉列表中类型为"欧式石栏板"，如图 8-56 所示。

选择【参照平面】工具，在距离台阶外边缘上方 500mm 位置建立水平参照平面 P-1，依次在台阶左侧边缘位置建立垂直参照平面 P-2，在距离参照平面 P-1 下方 14000mm 位置建立水平参照平面 P-3，如图 8-57 所示。

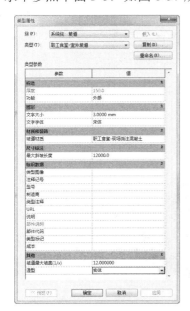

图 8-55 设置坡道类型属性

图 8-56 设置实例属性

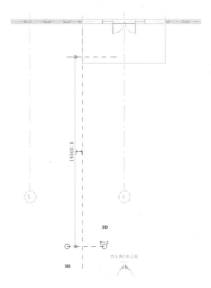

图 8-57 建立参照平面

选择【绘制】面板中的【梯段】工具，并确定绘制方式为【圆心-端点弧】工具。捕捉参照平面 P-2 与 P-3 的交点单击作为绘制的圆心，将光标向左上方移动，输入半径 15000.0，如图 8-58 所示。

沿顺时针移动光标，显示完整坡道路径后单击完成坡道绘制。选择该坡道路径，选择【修改】面板中的【旋转】工具，按空格键重新定义旋转的中心点至参照平面 P-2 与 P-3 的交点，捕捉到坡道的末端旋转至台阶左侧边缘，如图 8-59 所示。

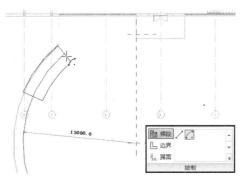

图 8-58 确定圆心与半径

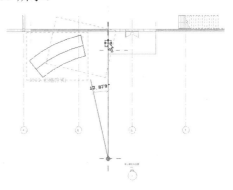

图 8-59 旋转坡道

退出当前的选择后，单击【模式】面板中的【完成编辑模式】按钮 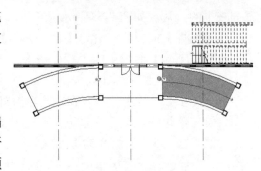，完成坡道的建立。选择该坡道图元，使用镜像的方式复制一份至台阶的右侧，如图 8-60 所示。

单击选择扶手图元，打开【类型属性】对话框，单击【栏杆位置】右侧的【编辑】按钮，打开【编辑栏杆位置】对话框，选择【对齐】选项为"展开样式以匹配"，并设置 End Post 的【栏杆族】选项为"无"，如图 8-61 所示。

图 8-60　镜像并复制坡道

关闭所有对话框后，完成栏杆扶手的类型设置，切换至默认三维视图，查看坡道效果，如图 8-62 所示。

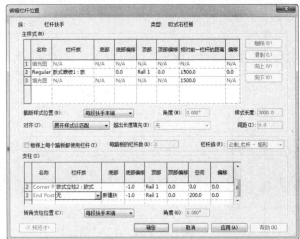

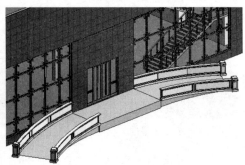

图 8-61　设置栏杆类型属性

图 8-62　坡道三维效果

第 ⑨ 章

洞口和其他构件

设计房屋建筑时，对于楼梯间、电梯间等需要打洞的区域，均称之为洞口。洞口的建立不仅可以通过编辑楼板、屋顶、墙体的轮廓来实现，还能够通过专门的【洞口】命令来创建面洞口、垂直洞口、竖井洞口、老虎窗洞口等。建筑中的其他配件则是以建筑构件的方式进行创建。

本章主要以职工食堂项目文件中的建筑为基准介绍洞口与构件的创建方法，其中穿插洞口与构件其他类型的创建方法。

本章学习目的：

（1）掌握各种洞口的创建方法。

（2）掌握楼板边缘的添加方法。

（3）掌握建筑构件的添加方法。

9.1 创建洞口

Revit 针对墙体、楼板、天花板、屋顶、结构柱、结构梁和结构支撑等不同的洞口主体、不同的洞口形式，提供了专用的【洞口】命令，其中包括按面、墙、垂直、竖井和老虎窗 5 种洞口。

9.1.1 创建楼梯间洞口

当创建楼板、天花板、屋顶后，就需要在楼梯间、电梯间等部位的天花板和楼板上创建洞口。

打开光盘文件中的"职工食堂.rvt"项目文件，在 F1 平面视图中，切换至【视图】选项卡中，选择【创建】面板中的【剖面】工具。确定剖面类型为"建筑剖面-国内符号"，在轴线 B 下方区域创建水平剖面线，如图 9-1 所示。

提　示

当创建剖面线后，在剖面视图中查看不是想要的显示方向，可以返回 F1 平面视图，单击剖面线上的【翻转】图标，改剖面显示方向。

局部放大楼梯所在区域，选择【参照平面】工具，依次在楼梯左侧与上侧边缘绘制垂直与水平参照平面 D-1 与 D-2，如图 9-2 所示。

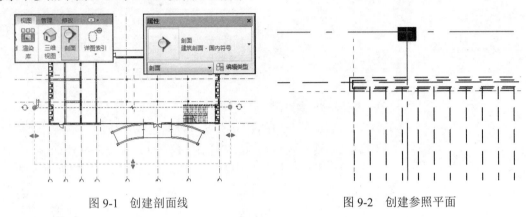

图 9-1　创建剖面线　　　　　　　　　　　　　图 9-2　创建参照平面

这时，【项目浏览器】面板中添加【剖面】视图选项，双击【剖面】|Section 0 视图选项后打开剖面视图，如图 9-3 所示。

打开 F2 平面视图，切换至【建筑】选项卡，单击【洞口】面板中的【竖井】按钮 打开【修改|创建竖井洞口草图】上下文选项卡，确定绘制方式为【矩形】工具，在参照平面 D-1、D-2 与墙体之间绘制矩形路径，如图 9-4 所示。

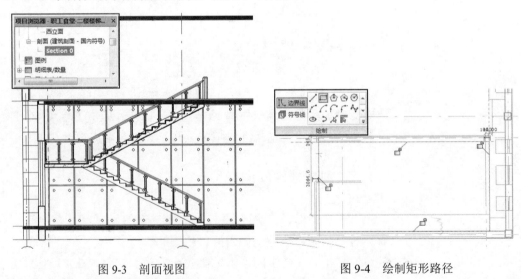

图 9-3　剖面视图　　　　　　　　　　　　　图 9-4　绘制矩形路径

选择【绘制】面板中的【拾取线】工具，依次在凹墙边缘上单击，创建草图，如图 9-5 所示。

选择【修改】面板中的【修剪/延伸为角】工具，以内部为基准依次单击洞口路径，使其形成封闭路径，如图9-6所示。

在【属性】面板中，设置【底部限制条件】为F1，【底部偏移】为1000.0，确定F1楼板不在开洞范围内，如图9-7所示。

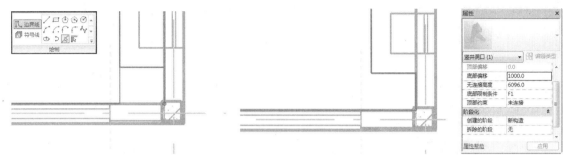

图9-5　绘制洞口草图　　　　　图9-6　修改路径　　　　　图9-7　设置属性选项

在【属性】面板中设置竖井洞口的选项，这样才能够实现多个楼板、天花板等构件的剪切。其中，面板中的各个选项及作用如表9-1所示。

表9-1　竖井洞口【属性】面板中的各个选项及作用

选项	作用
限制条件	
顶部偏移	洞口距顶部标高的偏移。将【底部限制条件】设置为标高时，才启用此参数
底部偏移	洞口距洞底定位标高的高度。仅当【底部限制条件】被设置为标高时，此属性才可用
无连接高度	如果未定义【底部限制条件】，则会使用洞口的高度（从洞底向上测量）
底部限制条件	洞口的底部标高。例如，标高1
阶段化	
创建的阶段	此只读字段指示主体图元的创建阶段
拆除的阶段	此只读字段指示主体图元的拆除阶段

单击【模式】面板中的【完成编辑模式】按钮，切换至默认三维视图中，结合剖面框查看效果，发现楼板与天花板均被打洞，显示出楼梯效果，如图9-8所示。

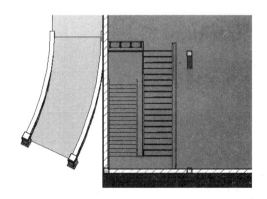

图9-8　洞口效果

9.1.2　其他形式洞口

在Revit中，除了【竖井】洞口工具外，还能够通过【按面】洞口工具、【墙】洞口工具、【垂直】洞口工具以及【老虎窗】洞口工具，不同的洞口工具，其创建方法不同，得到的效果也不尽相同。

1．面洞口

使用【按面】洞口工具可以垂直于楼板、天花板、屋顶、梁、柱子、支架等构件的斜面、水平面或垂直面剪切洞口。下面以坡屋顶为例介绍面洞口的创建方法。

打开光盘文件中的"职工食堂-双坡屋顶.rvt"项目文件,切换至默认三维视图中,选择【洞口】面板中的【按面】工具,如图9-9所示。

单击绘图区域右侧的【控制盘】图标中某个固定面,并单击要开洞的屋顶边缘单击,切换至【修改|创建开洞边界】上下文选项卡,进入洞口草图模式,如图9-10所示。

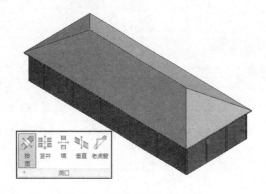

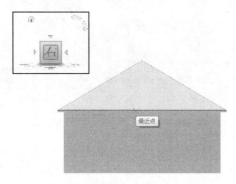

图9-9 选择【按面】工具

图9-10 洞口草图模式

单击【绘制】面板中的【矩形】按钮▢,在屋顶斜面区域内建立矩形路径,使用临时尺寸标注设置矩形尺寸为3500×3000mm,如图9-11所示。

单击【模式】面板中的【完成编辑模式】按钮✓,完成洞口的绘制,按住Shift键同时按住鼠标中键移动光标,查看洞口在屋顶的效果,如图9-12所示。

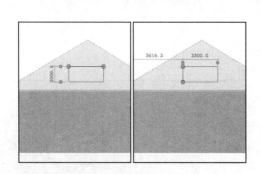

图9-11 绘制矩形路径

图9-12 洞口效果

2. 墙洞口

Revit中的【墙】工具可以在任意直线、弧线常规墙以及幕墙上快速创建矩形洞口,并可以用参数控制其位置与大小。

继续在默认三维视图中,通过旋转与缩放显示将要打洞的墙面,选择【洞口】面板中的【墙】工具,将光标移动至墙体并单击,光标会变成"十字+矩形"形状,如图9-13所示。

在墙面上单击并拖曳光标显示矩形范围,确定范围后单击即可创建矩形洞口,如图9-14所示。

退出绘制状态后,选中该洞口即可显示洞口的临时尺寸标注。通过临时尺寸标注修改精确的矩形尺寸以及矩形边界与墙边界的距离，或者通过单击并拖曳矩形边界三角图标的方式粗略改变矩形尺寸，如图 9-15 所示。

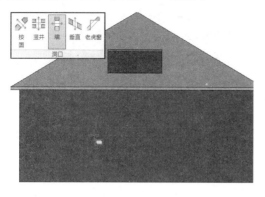

图 9-13　选择【墙】工具

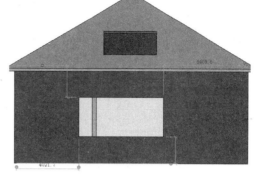

图 9-14　创建墙洞口

3. 垂直洞口

使用【垂直】洞口工具，可以在楼板、天花板、屋顶或屋檐底板上创建垂直于楼层平面的洞口。

打开光盘文件中的"洞口.rvt"项目文件，在 F5 平面视图中选择【洞口】面板中的【垂直】工具，单击楼板边界进入创建洞口边界状态，选择一种绘制方式。这里选择【矩形】工具，在楼板区域单击并拖动建立洞口路径，如图 9-16 所示。

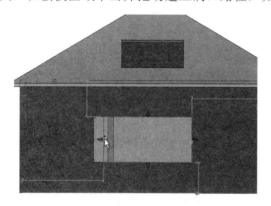

图 9-15　粗略改变矩形尺寸

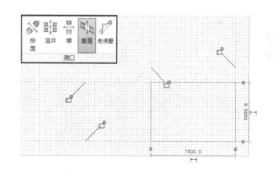

图 9-16　绘制垂直洞口路径

单击【模式】面板中的【完成编辑模式】按钮 ，完成洞口绘制，切换至默认三维视图中，洞口效果如图 9-17 所示。

使用【垂直】洞口工具一次只能剪切一层楼板、天花板或屋顶创建一个洞口，而对于楼梯间洞口、电梯井洞口、风道洞口等，在整个建筑高度方向上洞口形状大小完全一样，则可以使用【竖井】洞口工具一次剪切所有楼板、天花板或屋顶创建洞口，提高设计效率，如图 9-18 所示。

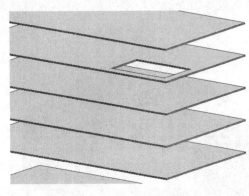

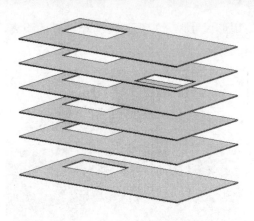

图 9-17 垂直洞口效果　　　　　　　　　　图 9-18 竖井洞口效果

4．老虎窗洞口

垂直洞口和面洞口是垂直于楼层平面或垂直于面剪切屋顶、楼板、天花板等，而老虎窗洞口则比较特殊，需要同时水平和垂直剪切屋顶。老虎窗洞口只适用于剪切屋顶，如图 9-19 所示为老虎窗效果。

为便于捕捉老虎窗墙边界，建议在平面视图或立面视图中拾取老虎窗洞口边界，同时打开 F3 平面视图和剖面 Section 0 视图，并平铺显示这两个视图，如图 9-20 所示。

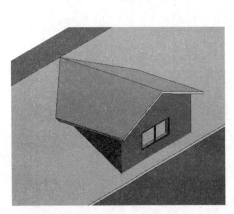

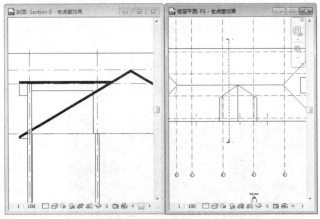

图 9-19 老虎窗　　　　　　　　　　　　图 9-20 平铺视图

在 F3 平面视图中，选择老虎窗小屋顶图元，在控制栏中单击【临时隐藏/隔离】按钮，选择【隐藏图元】选项，将小屋顶临时隐藏，如图 9-21 所示。

选择【洞口】面板中的【老虎窗】工具，单击拾取要剪切的大屋顶图元，显示【修改|编辑草图】上下文选项卡，如图 9-22 所示。

选择【拾取】面板中的【拾取屋顶/墙边缘】工具，依次单击老虎窗三面墙的内边线，创建 3 条边界线，如图 9-23 所示。

再次单击控制栏中的【临时隐藏/隔离】图标，选择【重设临时隐藏/隔离】选项，重新显示小屋顶图元，单击拾取小屋顶图元创建边界线，如图 9-24 所示。

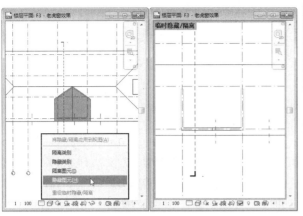

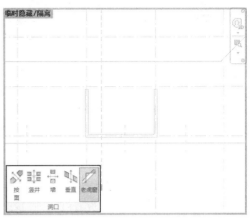

图 9-21 隐藏图元   图 9-22 【老虎窗】工具

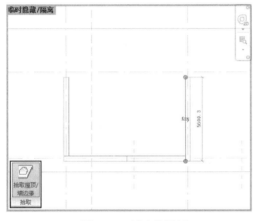

图 9-23 创建边界线   图 9-24 创建小屋顶边界线

单击【模式】面板中的【完成编辑模式】按钮，完成老虎窗洞口创建，在剖面 Section 0 视图中，查看老虎窗洞口在屋顶中同时进行垂直和水平剪切，如图 9-25 所示。

拾取边界后，不需要修剪成封闭轮廓即可创建老虎窗洞口。完成后的老虎窗和老虎窗的墙及小屋顶之间没有依附关系，删除墙和小屋顶后，老虎窗洞口可以独立存在剪切屋顶，如图 9-26 所示。

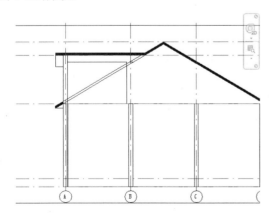

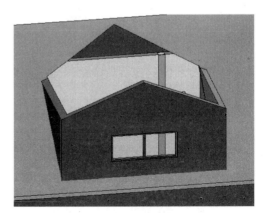

图 9-25 查看老虎窗洞口剖面效果   图 9-26 老虎窗三维效果

创建完成老虎窗洞口后，还能够重复修改。方法是选择老虎窗洞口，在【修改|屋顶洞口剪切】上下文选项卡中，可以使用【修改】面板中的移动、复制、旋转、阵列、镜像等编辑命令，编辑或快速创建其他洞口。

9.2 主体放样构件

Revit 提供了基于主体的放样构件，用于沿所选择主体或其边缘按指定轮廓放样生成实体，可以生成放样的主体对象包括墙、楼板和屋顶，对应生产的构件名称分别为墙饰条和分隔缝、楼板边缘、封檐带和檐沟。下面主要通过楼板边缘介绍主体放样构件的创建方法。

9.2.1 添加楼梯间楼板边缘

使用楼板边缘构件，可以沿所选择的楼板边缘按指定的轮廓创建带状放样模型。打开光盘文件中的"职工食堂-楼梯洞口效果.rvt"项目文件，并将其另存为"职工食堂-楼梯边缘.rvt"。

载入光盘文件中的"楼板边梁.rfa"和"楼板边梁带翻边.rfa"两个族文件，打开 F2 平面视图。在【建筑】选项卡中，单击【构建】面板中的【楼板】下拉三角形图标，选择【楼板：楼板边】选项，进入【修改|放置楼板边缘】上下文选项卡，如图 9-27所示。

图 9-27　选择【楼板：楼板边】工具

打开楼板边缘的【类型属性】对话框，复制【类型】为"职工食堂-楼板边梁"，设置【轮廓】参数为载入的"楼板边缘：楼板边缘"，【材质】参数为"职工食堂-现场浇注混凝土"，如图 9-28 所示。

单击【确定】按钮后关闭【类型属性】对话框，在楼梯的洞口边缘单击，创建楼板边梁，如图 9-29 所示。

图 9-28　设置楼板边缘类型属性

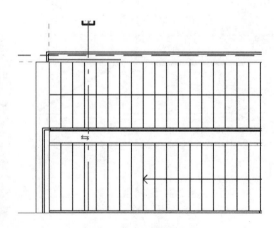

图 9-29　创建楼板边梁

选择【放置】面板中的【重新放置楼板边缘】工具，再次打开【类型属性】对话框。复制类型为"职工食堂-楼板边梁-带翻边"，设置【轮廓】参数为"楼板边梁带翻边：楼板边梁带翻边"，如图 9-30 所示。

单击楼梯洞口上方边缘，创建带翻边的楼板边梁，这时两种不同类型的楼板边梁没有衔接，如图 9-31 所示。

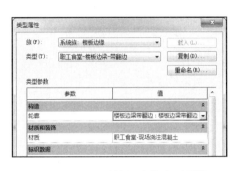

图 9-30　设置楼板边缘类型属性

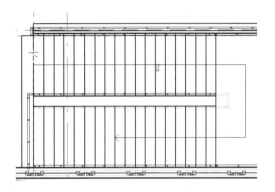

图 9-31　创建楼板边梁

退出绘制楼板边梁状态后，选择控制栏中的【视觉样式】为"线框"。选中刚刚绘制的楼板边梁，在其两端显示【拖曳线段端点】图标，单击并向左拖动【拖曳线段端点】图标与左侧楼板边梁对齐，如图 9-32 所示。

退出编辑楼板边状态后切换至默认三维视图，启用【属性】面板中的【剖面框】选项，旋转视图，楼板边梁效果如图 9-33 所示。

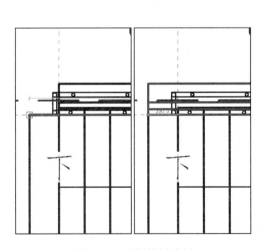

图 9-32　编辑楼板边梁

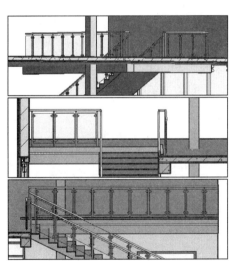

图 9-33　楼板边梁三维效果

9.2.2　室外台阶

创建主体放样构件的关键操作是创建并指定合适的轮廓族，在 Revit 当中可以指定任意形式的轮廓族。下面继续使用楼板边缘为职工食堂项目添加生成室外台阶，要创建室外台阶，首先必须创建适合的轮廓族。

打开光盘文件中的"职工食堂.rvt"项目文件后，单击【应用程序菜单】按钮，选择【新建】|【族】选项，打开【新族-选择样板文件】对话框，选择"公制轮廓.rft"族样板文件，如图 9-34 所示。

单击【打开】按钮，进入族编辑器模式。在公制轮廓族样板中，默认提供了相交的参照平面。参照平面的交点位置将作为楼板边缘的投影位置，如图 9-35 所示。

图 9-34　选择样板文件　　　　　　　　　　　图 9-35　公制轮廓中的参照平面

单击【详图】面板中的【直线】按钮，切换至【修改|放置 线】上下文选项卡中。在参照平面交点下方 150mm 的位置作为起点单击，水平向右移动 300mm 并单击，如图 9-36 所示。

以水平 300mm 的长度、高度 150mm 的高度连续绘制直线段值第三个阶梯后，向右至垂直参考平面水平绘制直线段，向上垂直至参考平面交点绘制垂直直线段，形成封闭轮廓，如图 9-37 所示。

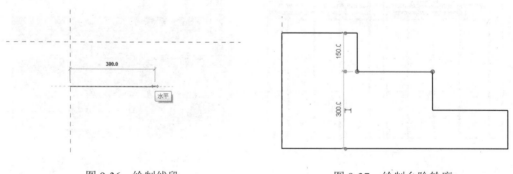

图 9-36　绘制线段　　　　　　　　　　　图 9-37　绘制台阶轮廓

完成之后单击【保存】按钮，在打开的【另存为】对话框中，保存族文件为"4 级室外台阶轮廓.rfa"，如图 9-38 所示。

单击【族编辑器】面板中的【载入到项目中】按钮，将刚刚创建的族轮廓文件载入已经打开的项目文件中，并切换至该项目文件中。选择【楼板：楼板边】工具，打开【类型属性】对话框，复制类型为"职工食堂-4 级室外台阶"，设置【轮廓】参数为"4 级室外台阶轮廓：4 级室外台阶轮廓"，【材质】参数为"职工食堂-现场浇注混凝土"，如图 9-39 所示。

图 9-38　保存族文件

图 9-39　设置类型属性

关闭对话框后，切换至默认三维视图。将光标指向正门楼板上边缘线并单击，按指定的轮廓形成新的楼板边缘，作为室外台阶的踏步，如图 9-40 所示。

单击【放置】面板中的【重新放置楼板边缘】按钮 ，单击正门左侧的室外台阶的上边缘，生成台阶踏步，如图 9-41 所示。

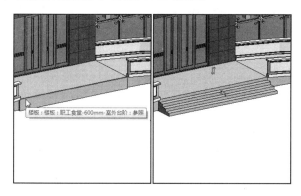

图 9-40　生成台阶踏步

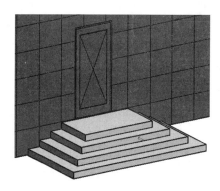

图 9-41　生成室外台阶踏步

旋转视图，按照上述方法，为后面室外台阶添加踏步，按 Esc 键两次，退出放置楼板边模式，完成室外台阶的创建。

9.3　建筑构件

除了前面介绍的各种常用建筑构件外，各种卫浴、家具、雨篷等室内外布局构件也是建筑设计中不可或缺的重要组成部分。

9.3.1 添加特殊雨篷

在 Revit 当中，可以将任意的特殊构件保存为族文件，并在项目当中载入之后放置在指定的位置。下面通过载入并放置的方式，为职工食堂项目添加入口处雨篷与后门处雨篷。

在 "职工食堂.rvt" 项目文件中，在【插入】选项卡中，选择【从库中载入】面板中的【载入族】工具，将光盘文件中的 "主入口雨篷.rfa" 和 "后门雨篷.rfa" 族文件载入项目文件中，如图 9-42 所示。

在 F2 平面视图中，切换至【建筑】选项卡，单击【构件】下拉三角形，选择【放置构件】选项，确定【属性】面板类型选择器为 "后门雨篷"。打开【类型属性】对话框，设置【雨篷挑宽】参数为 2600.0，【雨篷长度】参数为 39000.0，如图 9-43 所示。

图 9-42　载入族文件

图 9-43　设置参数

将光标指向轴线 D 上的墙体图元，确定雨篷覆盖整个项目的长度，单击放置该雨篷，如图 9-44 所示，按两次 Esc 键，退出放置构件模式。

选择该雨篷图元，在【属性】面板中，设置【立面】选项为 –100，切换至默认三维视图，雨篷在后门的效果如图 9-45 所示。

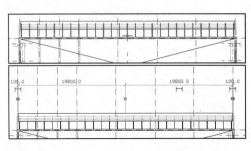

图 9-44　放置后门雨篷

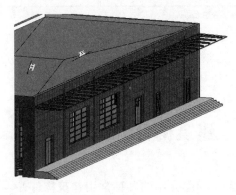

图 9-45　雨篷效果

切换至 F1 平面视图，继续选择【放置构件】工具，确定【属性】面板类型选择器为"主入口雨篷"，打开【类型属性】对话框，设置【雨篷材质】参数为"职工食堂-现场浇注混凝土"，将光标指向正门所在的墙体单击，放置主入口雨篷，如图 9-46 所示。

按两次 Esc 键退出放置构件模式后，配合【修改】面板中的对齐工具，将雨篷的中心线对齐轴线 6，切换至默认三维视图，查看入口处的雨篷效果，如图 9-47 所示。

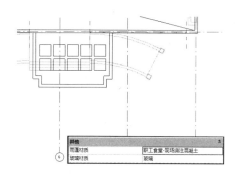

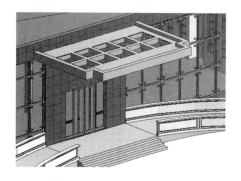

图 9-46　放置主入口雨篷　　　　　　　　　　图 9-47　入口处的雨篷效果

返回 F2 视图，选择【构件】面板中的【结构柱】工具，选择"混凝土-正方形-柱"的类型为 450×450mm。在雨篷两侧单击放置结构柱后，设置【属性】面板中的【底部标高】选项为"室外地坪"，【顶部标高】为 F2，【顶部偏移】为 100.0，如图 9-48 所示。

在 F1 平面视图中，选择【修改】面板中的【对齐】工具，分别使结构柱内侧边缘分别对齐台阶的两侧，使结构柱的下方边缘对齐台阶的第二个踏步的边缘线。完成编辑后，切换至默认三维视图中，效果如图 9-49 所示。

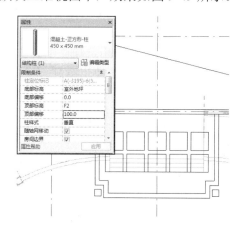

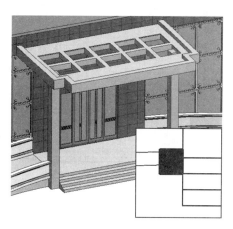

图 9-48　放置结构柱　　　　　　　　　　　图 9-49　对齐结构柱

9.3.2　放置室内配件

Revit 系统中配置了绝大多数的特殊配件，其中为建筑项目提供了 13 个分类。这里使用家具和橱柜族文件，为职工食堂添加餐桌以及水槽。

打开光盘文件中的"职工食堂.rvt"项目文件，在【插入】选项卡中，单击【从库中载入】

面板中的【载入族】按钮，打开【载入族】对话框。在该对话框中依次将建筑/家具/3D/桌椅/桌椅组合文件夹中的"餐桌-带长椅.rfa"，以及建筑/橱柜/家用厨房文件夹中的"台面-带水槽.rfa"族文件载入项目中，如图9-50所示。

打开 F1 平面视图，选择【构建】面板中的【放置构件】工具，确定【属性】面板类型选择器为"餐桌-带长椅"，将光标指向轴线5与C区域单击，放置餐桌，如图9-51所示。

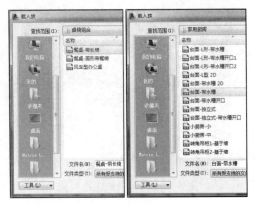

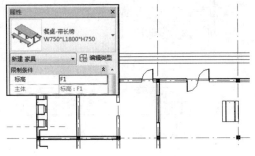

图 9-50　载入族文件　　　　　　　　图 9-51　放置餐桌

技 巧

当放置餐桌时，如果餐桌的放置方向不是想要的方向，可以按空格键来改变餐桌放置的方向。

按两次 Esc 键退出放置构件状态，根据临时尺寸标注以及【对齐】工具，修改餐桌图元的放置位置，如图9-52所示。

再次选中该餐桌图元，单击【修改】面板中的【复制】按钮 ，启用选项栏中的【约束】和【多个】选项，在餐桌右侧边缘单击后，向右移动光标2500mm距离单击复制餐桌图元。按照次方法，继续向右复制餐桌图元至右侧门图元，如图9-53所示。

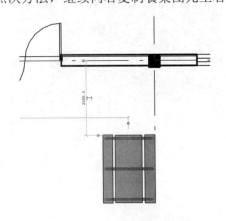

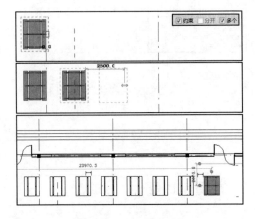

图 9-52　精确放置位置　　　　　　　图 9-53　复制餐桌图元

选择整排餐桌图元，单击【修改】面板中的【阵列】按钮 ，禁用选项栏中的【成组并关联】，启用【第二个】与【约束】选项，设置【项目数】为3。以整排餐桌图元的下边缘为基点，向下移动 4500mm 并单击完成阵列编辑，如图 9-54 所示。

完成餐桌的放置后，切换至默认三维视图中。启用【属性】面板中的【剖面框】选项，隐藏项目的上部区域，显示内部的餐桌效果，如图 9-55 所示。

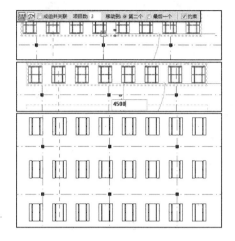

图 9-54　阵列餐桌图元

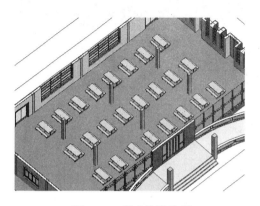

图 9-55　餐桌放置效果

> **提　示**
>
> 放置餐桌时，要避开空间中的结构柱，并且注意餐桌与门口之间的距离。

返回 F1 平面视图，选择【放置构件】工具，确定【属性】面板选择器为"台面-带水槽"，并在【类型属性】对话框中设置【台面材质】参数为"职工食堂-抛光不锈钢"，如图 9-56 所示。

通过空格键改变水槽放置方向，在轴线 8 与 D 交点下方区域由上至下连续单击，在右侧墙体左侧放置水槽，配合【对齐】工具，使水槽与凹陷墙体参照核心层表面对齐，如图 9-57 所示。

退出对齐编辑模式后，选中所有水槽图元，在【属性】面板中设置【偏移量】为 1000.0，切换至默认三维视图，水槽效果如图 9-58 所示。

图 9-56　设置类型属性

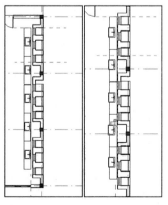

图 9-57　放置水槽

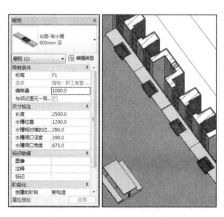

图 9-58　水槽三维效果

第 10 章

场地与场地构件

Revit 提供了从地形表面、建筑红线、建筑地坪、停车场、到场地构件等多种设计工具，可以帮助建筑师完成场地总图布置，同时基于地形曲面阶段属性的应用，Revit 还可以自动计算场地平整的挖填土方量计算，为工程概预算提供基础数据。

本章主要介绍场地的相关设置以及地形表面、场地构件的创建与编辑的基本方法和相关应用技巧，通过学习熟悉完善项目建立。

本章学习目的：

（1）掌握地形表面的添加方法。

（2）掌握建筑地坪的添加方法。

（3）掌握场地道路的创建方法。

（4）掌握场地构件的添加方法。

10.1 添加地形表面

Revit 中的场地工具用于创建项目的场地，而地形表面的创建方法包括两种：一种是通过放置点方式生成地形表面；一种是通过导入数据的方式创建地形表面。

10.1.1 通过放置点方式生成地形表面

在"职工食堂.rvt"项目文件中的项目基本创建完成后，下面通过放置点的方式来为该项目添加地形表面。

打开场地平面视图切换至【体量和场地】选项卡，单击【场地建模】面板中的【地形表面】按钮，在打开的【修改|编辑表面】上下文选项卡中，默认为【放置点】工具，在选项栏中设置【高程】为–600.0，下拉列表中选择"绝对高程"选项，如图10-1 所示。

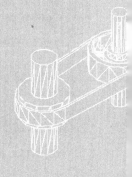

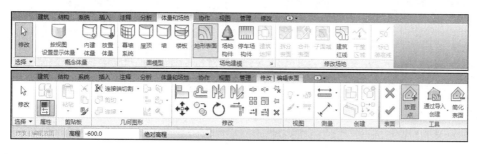

图 10-1　选择【地形表面】工具

在项目周围的适当位置（左上角、右上角、右下角以及左下角）连续单击，放置高程点，如图 10-2 所示。

连续单击 Esc 键两次退出放置高程点状态，单击【属性】面板中【材质】选项右侧的【浏览】按钮，打开【材质浏览器】对话框，选择"场地-草"并复制为"职工食堂-场地草"，将其指定给地形表面，如图 10-3 所示。

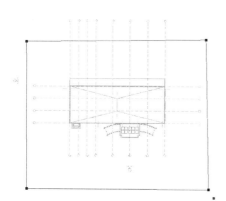

图 10-2　放置高程点

图 10-3　设置地形表面材质

单击【表面】面板中的【完成表面】按钮，完成地形表面的创建，切换至默认三维视图，地形表面效果如图 10-4 所示。

10.1.2　通过导入数据创建地形表面

通过导入数据的方式创建地形表面，同样包括能够通过不同的数据进行导入，一种是 DWG 格式的 CAD 文件，一种是 TXT 格式的记事本文件。

1．导入 CAD 等高线文件

图 10-4　地形表面效果

要通过导入 DWG 格式的 CAD 文件，首先要载入该文件。方法是打开"地形表面 01.rvt"

项目文件，切换至【插入】选项卡，单击【导入】面板中的【导入 CAD】按钮，在打开的【导入 CAD 格式】对话框中选择"场地.dwg"文件，设置【导入单位】为"米"，【定位】为"自动-原点到原点"，单击【打开】按钮后导入 CAD 文件，如图 10-5所示。

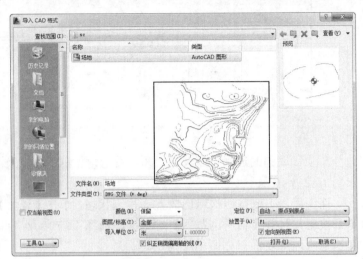

图 10-5　导入 CAD 文件

切换至【体量和场地】选项卡，单击【场地建模】面板中的【地形表面】按钮，进入【修改|编辑表面】上下文选项卡。单击【工具】面板中的【通过导入创建】下拉按钮，选择【选择导入实例】选项，在打开的【从所选图层添加点】对话框中选择两个等高线图层，单击【确定】按钮，Revit 自动沿等高线放置一系列高程点，如图 10-6 所示。

选择【工具】面板中的【简化表面】工具，设置【简化表面】对话框中【表面精度】为100，单击【确定】按钮进行简化，如图 10-7 所示。

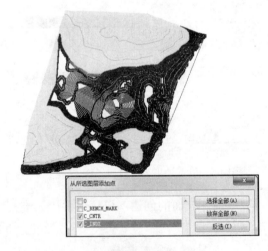

图 10-6　放置高程点

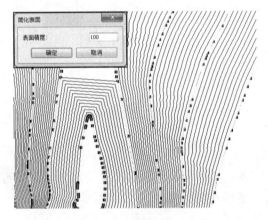

图 10-7　简化表面

单击【表面】面板中的【完成表面】按钮，切换至默认三维视图，导入 CAD 数据后的地形表面效果如图 10-8 所示。

选择 DWG 地形文件并右击，选择关联菜单中的【删除选定图层】选项。在打开的【选择要删除的图层/标高】对话框中选择导入的图层选项，单击【确定】按钮，删除 DWG 文件，保留 Revit 地形，如图 10-9 所示。

生成 Revit 生成地形表面后，可以根据需要为地形等高线进行设置。单击【场地建模】面板右下角的【场地设置】按钮，打开【场地设置】对话框，在该对话框中禁用【间隔】选

项，删除【附加等高线】列表中的所有等高线，并插入两个等高线，设置参数如图 10-10
所示。

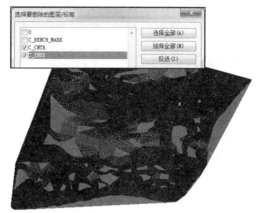

图 10-8　地形表面效果　　　　　　　　　图 10-9　删除 DWG 文件

　　切换至场地平面视图，在【属性】面板中设置【视图比例】为 1∶500。选择【修改场地】
面板中的【标记等高线】工具，打开相应的【类型属性】对话框，复制类型为"3.5mm 仿宋"，
设置【文字字体】与【文字大小】参数后，单击【单位格式】右侧编辑按钮，在打开的【格
式】对话框中，禁用【使用项目设置】选项，设置【单位】为"米"，如图 10-11 所示。

图 10-10　【场地设置】对话框

图 10-11　设置类型属性

关闭对话框后，禁用选项栏中的【链】选项。在要标注等高线的位置单击，并沿垂直于等高线的位置绘制，再次单击完成绘制。Revit 会沿经过的等高线自动添加等高线标签，如图 10-12 所示。

2．导入测量点

Revit 除了通过导入 DWG 格式的等高线文件生成地形表面外，还可以使用原始测量点数据文件快速创建地形表面。点数据文件必须使用逗号分隔的 CSV 或 TXT 文件格式，文件每行的开头必须是 X、Y 和 Z 坐标值，后面的点名称等其他数值信息将被忽略。如果该文件中有两个点的 X 和 Y 坐标值相等，Revit 会使用 Z 坐标值最大的点。

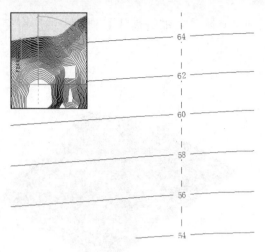

图 10-12　添加等高线标签

打开"地形表面 02.rvt"项目文件，切换至默认三维视图。在【体量和场地】选项卡中选择【场地建模】面板中的【地形表面】工具，继续单击【工具】面板中的【通过导入创建】下拉按钮，选择【指定点文件】选项，在打开的【打开】对话框中设置【文件类型】选项为"逗号分隔文本"，选择 TXT 格式文件，如图 10-13 所示。

单击【确定】按钮，在打开的【格式】对话框中确定【文件中的一个单位等于】选项为"米"，Revit 自动沿等高线放置一系列高程点，单击【表面】面板中的【完成表面】按钮，完成地形表面的生成，如图 10-14 所示。

图 10-13　选择 TXT 文件

图 10-14　生成地形表面

10.2　添加建筑地坪

通过在地形表面绘制闭合环可以添加建筑地坪。在绘制地坪后，可以指定一个值来控制其距标高的高度偏移，也可以指定其他属性。可通过在建筑地坪的周长之内绘制闭合环来定义地坪中的洞口，还可以为该建筑地坪定义坡度。

创建地形表面之后，可以沿建筑轮廓创建建筑地坪来平整场地的地形表面。建筑地坪的创建和编辑与楼板完全一样，包括创建封闭边界线、设置地坪属性及地坪的构造层。

打开"职工食堂.rvt"项目文件，在 F1 平面视图中切换至【体量和场地】选项卡，单击【场地建模】面板中的【建筑地坪】按钮，进入【修改|创建建筑地坪边界】上下文选项卡，打开相关的【类型属性】对话框后，复制类型为"职工食堂-地坪"，如图 10-15 所示。

图 10-15　复制类型

单击【结构】参数右侧的【编辑】按钮，打开【编辑部件】对话框，删除结构以外的其他功能层，设置"结构[1]"的【材质】与【厚度】参数，如图 10-16 所示。

确定绘制方式为【拾取墙】工具，设置选项栏中的【偏移】为 0.0，启用【延伸到墙中（至核心层）】选项。设置【属性】面板中的【自标高的高度偏移】选项为–150.0，单击墙体内侧位置单击，生成边界线，如图 10-17 所示。

图 10-16　设置结构层

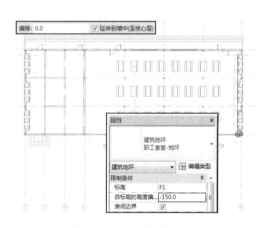

图 10-17　生成边界线

配合【修改】面板中的【修剪/延伸为角】工具，将生成的边界线进行封闭操作，使其称为闭合的边界线，如图 10-18 所示。

单击【模式】面板中的【完成编辑模式】按钮完成地坪边界线的创建，切换至默认三维视图，启用【剖面框】选项，改变剖面框范围，查看建筑地坪效果，如图 10-19 所示。

 注　意

只能为地形表面添加建筑地坪，建议在场地平面内创建建筑地坪。但是，在楼层平面视图中，可以将建筑地坪添加到地形表面中，如果视图范围或建筑地坪偏移都没有经过相应的调整，则楼层平面视图中的地坪是不会立即可见的。

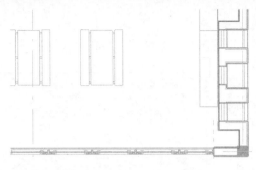

图 10-18　封闭边界线　　　　　　　　　图 10-19　建筑地坪效果

10.3　创建场地道路与场地平整

Revit【修改场地】面板中的【子面域】与【平整区域】工具分别是用来创建地形表面中的区域，以及地形表面中的平整区域。前者可以创建道路、停车场等项目构件，后者 Revit 将原始表面标记为已拆除并生成一个带有匹配边界的副本。

10.3.1　创建场地道路

使用【子面域】工具可以为项目创建道路。【子面域】工具是为场地绘制封闭的区域，并为这个区域指定独立材质的方式，以区分区域内的材质与场地材质。

打开"职工食堂.rvt"项目文件，在场地平面视图中选择【修改场地】面板中的【子面域】工具，进入【修改|创建子面域边界】上下文选项卡，确定绘制方式为【圆形】工具，在轴线 6 下方绘制半径为 6m 的正圆，如图 10-20 所示。

选中刚刚绘制的正圆，在【属性】面板中启用【中心标记可见】选项。配合使用【注释】选项卡【尺寸标注】面板中的【对齐】工具，分别拾取轴线 A 与正圆中心点，单击放置尺寸标注，选中正圆，设置尺寸标注为 13m，如图 10-21 所示。

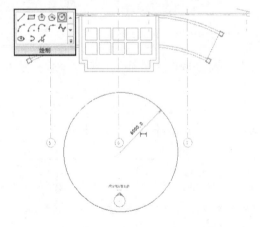

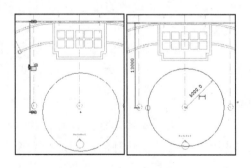

图 10-20　绘制圆形边界线　　　　　　　图 10-21　建立尺寸标注

继续使用【圆形】工具，右击正圆边界线选择【捕捉替换】|【中心】选项，单击正圆并向外移动光标，绘制半径为 15m 的同心圆，如图 10-22 所示。

确定绘制方式为【直线】工具，由同心圆左侧向左，沿项目中的门图元绘制循环直线，如图 10-23 所示。

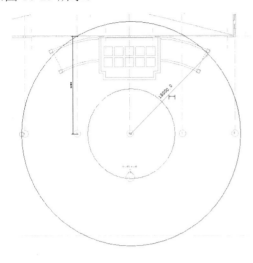

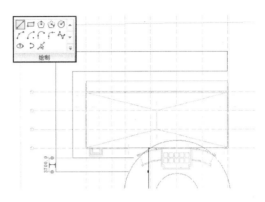

图 10-22　绘制同心圆　　　　　　　　　　　　图 10-23　绘制直线

配合【修改】面板中的【对齐】工具，分别将内侧的直线对齐相邻的台阶底边缘；然后使用临时尺寸标注，设置外侧直线与内侧直线距离为 5m，垂直直线与轴线 1 距离为 1m，如图 10-24 所示。

选择【绘制】面板中的【圆角弧】工具，依次单击转角外两侧的直线，然后在任意位置单击后设置圆角半径为 5m。使用相同方法，依次为外转角设置半径为 5m 的圆弧，为内转角设置半径为 1m 的圆弧，如图 10-25 所示。

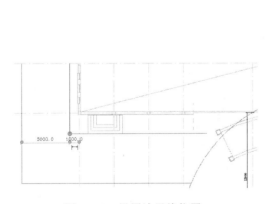

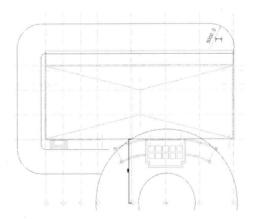

图 10-24　设置边界线位置　　　　　　　　　　图 10-25　绘制转角圆弧

对于直线与同心圆的外侧连接位置，则是通过拆分同心圆外侧边界线、修剪并延伸为角以及设置转角为圆弧等操作连接在一起的，如图 10-26 所示。

对于正门与同心圆外侧连接位置，首先要切换至 F1 平面视图；然后通过【拾取线】工具在台阶以及坡道边缘建立边界线，并通过【修剪/延伸为角】工具将其连接为一个闭合的图形，如图 10-27 所示。

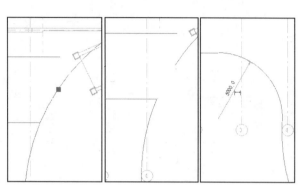

图 10-26　修剪并延伸为圆弧

图 10-27　修改正门边界线

按照上述方法，使用【直线】工具，在地形表面边缘绘制水平直线，并配合使用【拆分图元】工具以及【修剪/延伸为角】工具，将地形表面以外的道路删除，如图 10-28 所示。

单击【属性】面板中的【材质】选项右侧的浏览按钮，设置该选项为"混凝土-柏油路"，单击【模式】面板中的【完成编辑模式】按钮，退出边界线绘制状态，完成道路的创建，如图 10-29 所示。

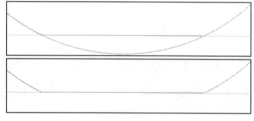

图 10-28　修剪边界线

切换至默认三维视图，按住 Shift 键同时按住鼠标中键并移动，旋转三维视图，道路在项目中的效果如图 10-30 所示。

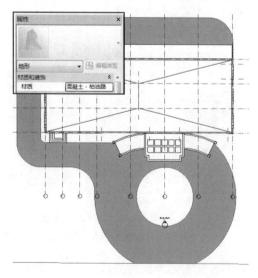

图 10-29　道路平面效果

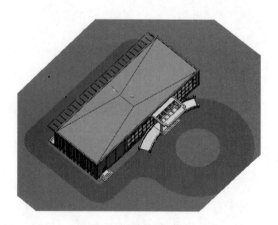

图 10-30　道路三维效果

10.3.2 场地平整

Revit 提供了平整区域工具，可以计算对场地进行区域计算的土方量。Revit 会将原始表面标记为已拆除并生成一个带有匹配边界的副本，将此副本标记为在当前阶段新建的图元。

若要创建平整区域，需要选择一个地形表面，该地形表面应该为当前阶段中的一个现有表面。方法是打开通过导入 DWG 格式的高程点文件生成的地形表面项目文件，这里打开光盘文件中的"场地平整.rvt"项目文件，该项目中已经创建了由参照平面建立的 4 个点，如图 10-31 所示。

在【体量和场地】选项卡中选择【修改场地】面板中的【建筑红线】工具，在打开的【创建建筑红线】对话框中，单击【通过绘制来创建】选项，顺时针依次单击参照平面形成的交点，建立红线边界线，如图 10-32 所示。

单击【模式】面板中的【完成编辑模式】按钮✔，完成建筑红线创建，选择已有的地形表面，修改【属性】面板中的【创建的阶段】选项为"现有"，单击【应用】按钮，如图 10-33 所示。

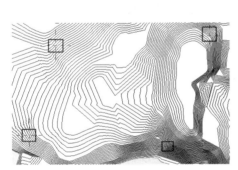

图 10-31　场地平面视图　　　　图 10-32　建立红线边界线　　　　图 10-33　设置属性

选择【修改场地】面板中的【平整区域】工具，在打开的【编辑平整区域】对话框中单击【仅基于周界点新建地形表面】选项，再单击已有的地形表面，Revit 会自动沿已有的边界创建高程点，如图 10-34 所示。

单击选择靠近参照平面 A 与 B 交点的任意高程点，将其拖曳至该交点。按照该方法，依次拖曳高程点至参照平面 C 与 D 交点、参照平面 E 与 F 交点，以及参照平面 G 与 H 交点，然后将周边的高程点删除，如图 10-35 所示。

完成后选择这 4 个边界点，在【属性】面板中设置【立面】选项为 28m，单击【应用】按钮，按 Esc 键退出当前模式。在编辑表面模式中，属性【属性】面板中的【名称】选项为"整平场地"，单击【应用】按钮，如图 10-36 所示。

单击【表面】面板中的【完成表面】按钮✔，切换至默认三维视图，发现 Revit 生成新的场地。隐藏原有的场地，查看生成的场地，如图 10-37 所示。

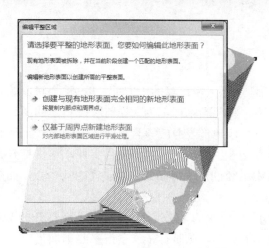

图 10-34　创建高程点

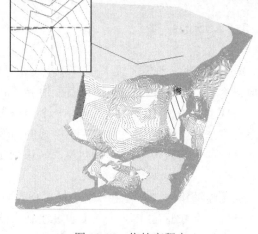

图 10-35　拖拽高程点

图 10-36　设置不同图元的属性

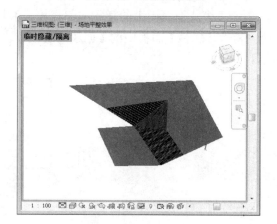

图 10-37　场地效果

10.4　场地构件

　　Revit 提供了场地构件工具，可以为场地添加停车场、树木、人物等场地构件。这些构件均依赖于载入的构件族，也就是说要使用场地构件，必须将要使用的族载入当前项目中才能使用。

10.4.1　添加花坛

　　为项目添加场地构件，能够美化环境，使其在后期渲染更加真实。这里为"职工食堂.rvt"项目文件中的项目添加花坛场地构件。

　　在室外地坪平面视图中选择【墙：建筑】工具，打开相应的【类型属性】对话框。复制类型"砖墙 240mm"为"职工食堂-花坛"，单击【结构】参数右侧的【编辑】按钮，在打开的【编辑部件】对话框中设置"结构[1]"的【材质】和【厚度】参数，如图 10-38 所示。

确定绘制模式为【直线】，并在选项栏中设置【高度】为【未连接】，【高度值】为 400mm，【定位线】为"核心面：外部"，在正门左侧的轴线 3 位置连续单击，建立大致形状的闭合墙体，如图 10-39 所示。

使用【修改】面板中的【对齐】工具，将内侧墙体对齐至项目墙体边缘。配合临时尺寸标注，设置外侧墙体与轴线 A 之间的距离为 1400mm，如图 10-40 所示。

按照上述方法，绘制正门右侧的花坛墙体。完成绘制后切换至默认三维视图，花坛效果如图 10-41 所示。

返回室外地坪平面视图，切换至【体量和场地】选项卡，选择【修改场地】面板中的【场地构件】工具。当项目文件中没有相关的场地族文件时，Revit 会提示现在是否要载入。在【载入族】对话框中选择

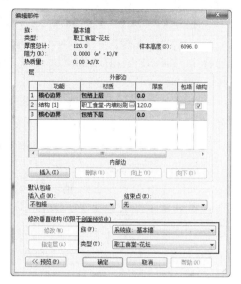

图 10-38　设置花坛墙材质

建筑/植物/RPC 文件夹中的"RPC 灌木.rfa"族文件，单击【打开】按钮载入项目文件中，如图 10-42 所示。

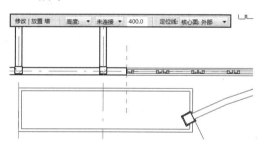

图 10-39　绘制闭合墙体

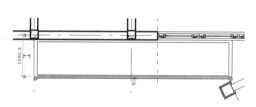

图 10-40　精确墙体位置

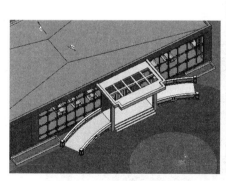

图 10-41　花坛效果

图 10-42　载入族文件

打开相应的【类型属性】对话框，复制类型"杜松-0.92 米"为"日本蕨"，设置【高度】参数为 1600.0，【类型注释】参数为"日本蕨"，如图 10-43 所示。

单击【渲染外观】右侧按钮，打开【渲染外观库】
对话框，选择【类别】为 Trees[Tropical]，并在列表中
选择 Japanese Fiber Banana，单击【确定】按钮，如图
10-44 所示。

单击【渲染外观属性】右侧的【编辑】按钮，打
开【渲染外观属性】对话框。启用 Cast Reflections 选
项，如图 10-45 所示，使其在玻璃等对象上可以形成反
射的倒影，使场景更加真实。

关闭【类型属性】对话框后，移动光标至花坛的
任意位置单击放置日本蕨，这里不必特别在意距离与
尺寸，只要单击放置即可，如图 10-46 所示。

图 10-43　设置参数

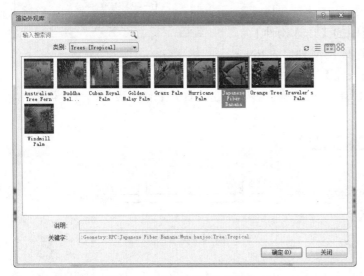

图 10-44　设置渲染外观材质

图 10-45　渲染外观属性

切换至默认三维视图，当【视图样式】为"着色"，可以查看植物在项目中的形状与位置，
设置【视图样式】为"真实"选项，即可查看植物的真实效果，如图 10-47 所示。

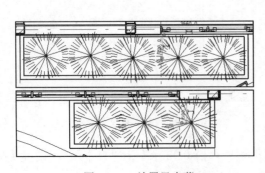

图 10-46　放置日本蕨

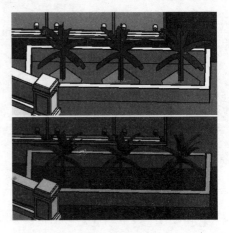

图 10-47　植物效果

10.4.2 添加其他构件

对于场地中的其他构件，比如人物、路灯、交通工具等，只需要将场地族文件载入当前项目中，在适当的位置放置即可。

在室外地坪平面视图中切换至【插入】选项卡，单击【从库中载入】面板中的【载入族】按钮，在打开的【载入族】对话框中依次将建筑/配景文件夹中的"RPC 甲虫.rfa"、"RPC 男性.rfa"、"RPC 女性.rfa"族文件以及建筑/照明设备/室外照明文件夹中的"室外灯 5.rfa"族文件分别载入项目中，如图10-48所示。

在场地平面视图中选择【参照平面】工具，分别在同心圆的中间水平位置、同心圆左侧水平位置以及垂直道路边缘位置建立参照平面，如图10-49所示。

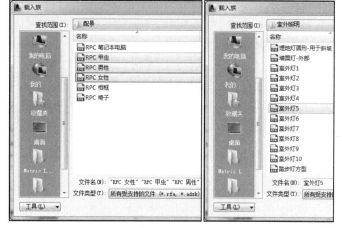

图 10-48 载入族文件

打开室外地坪平面视图，切换至【体量和场地】选项卡，单击【场地建模】面板中的【场地构件】按钮，确定【属性】面板选择器为"RPC 甲虫"，将光标指向左侧花坛下方后并列单击，放置两辆甲虫小汽车，如图10-50所示。

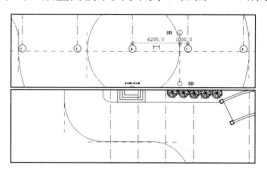

图 10-49 创建参照平面

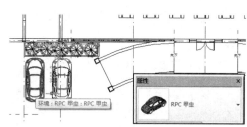

图 10-50 放置 RPC 甲虫

在【属性】面板中，重新设置选择器中的类型为"RPC 男性：Dwayne"，通过空格键改变放置的方向，如图10-51所示。按照上述方法，在不同位置放置"RPC 女性：佛罗伦萨"。

切换至【建筑】选项卡，选择【构建】面板中的【放置构件】工具，确定【属性】面板选择器为"室外灯 5"。配合空格键，在参照平面生成的交点位置和参照平面与轴线生成的交点位置，放置不同显示方向的路灯，如图10-52所示。

完成所有构件放置后，切换至默认三维视图中，设置【视图样式】为"真实"，各个构件在项目中的效果如图10-53所示。

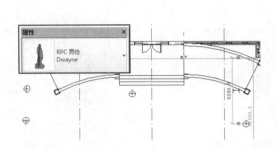

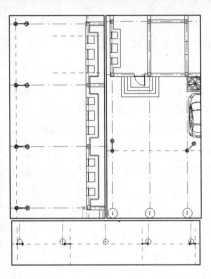

图 10-51　放置 RPC 男性　　　　　　　图 10-52　放置路灯

　　场地构件的放置并不是必须放置在室外地坪平面视图中，可以根据需要在不同的标高中进行放置，比如场地构件中的人物，可以在 F1 平面视图中放置在正门台阶上以及坡道上，如图 10-54 所示。

图 10-53　场地构件放置效果　　　　　　图 10-54　人物的放置效果

第 11 章

房间和面积

　　房间和面积是建筑中重要的组成部分，使用房间、面积和颜色方案规划建筑的占用和使用情况，并执行基本的设计分析。

　　本章主要介绍了如何使用房间工具为项目添加房间并在视图中生成房间图例，以更直观地表达项目房间分布信息。房间面积、颜色图例等均与项目模型关联，当修改模型后房间面积信息将同时自动修正。

　　本章学习目的：

　　（1）掌握房间的创建方法。

　　（2）熟悉房间边界的包含内容。

　　（3）掌握房间图例的创建方法。

　　（4）掌握面积平面的创建方法。

11.1　房间

　　为统计设计项目的房间分布、房间面积等房间信息，可以使用 Revit 的房间工具创建房间，配合房间标记和明细表视图统计项目房间信息。房间属于模型对象类别，可以像其他模型对象图元一样使用房间标记提取并显示房间各参数信息，如房间名称、面积、用途等。

11.1.1　创建与选择房间

　　只有闭合的房间边界区域才能创建房间对象。Revit 可以自动搜索闭合的房间边界，并在房间边界区域内创建房间。

　　打开光盘文件中的"职工食堂-房间.rvt"项目文件，切换至 F1 平面视图中。单击【房间和面积】面板下拉按钮展开该面板，选择【面积和体积计算】选项，打开【面积和体积计算】对话框。

在该对话框的【计算】选项卡中分别启用【仅按面积（更快）】选项与【在墙核心层】选项，如图11-1所示。

单击【房间和面积】面板中的【房间】按钮，进入【修改|放置房间】上下文选项卡中，确认选中【标记】面板中的【在放置时进行标记】选项，【属性】面板中类型选择器为"C_房间面积标记"，设置【上限】为F1，【高度偏移】为3200.0，如图11-2所示。

图11-1 【面积和体积计算】对话框　　　　图11-2 设置属性选项

将光标移至轴线1、2、C、D区域内的房间位置时，发现Revit自动显示蓝色房间预览线，单击即可创建房间，如图11-3所示。

按Esc键退出创建房间状态，将光标指向创建后的房间区域，当房间图元高亮显示时，单击选中该房间图元。在【属性】面板中，设置【名称】选项为"休息室"，单击【应用】按钮改变房间名称，如图11-4所示。

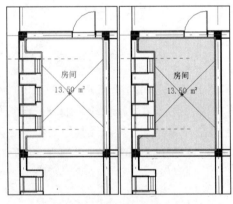

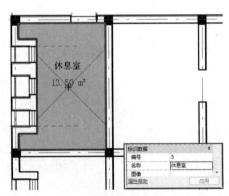

图11-3 创建房间　　　　　　　　　　图11-4 改变房间属性

继续选择【房间】工具，依次在项目中单击建立相应的房间，并单击房间标签，更改房间名称，如图11-5所示。

提　示

创建房间后，还可以删除房间图元，只要选中房间图元后按Delete键即可。删除房间图元的同时，房间标记也随之被删除。

11.1.2　房间标记

房间与房间标记不同，但它们是相关的 Revit 构件。与墙和门一样，房间在 Revit 中也是模型图元。房间标记是可在平面视图和剖面视图中添加和显示的注释图元。房间标记可以显示相关参数的值，例如房间编号、房间名称、计算的面积和体积等参数。

由于在创建房间时，选中了【标记】面板中【在放置时进行标记】选项，所以在创建房间的同时创建了房间标记。在【项目浏览器】面板中，

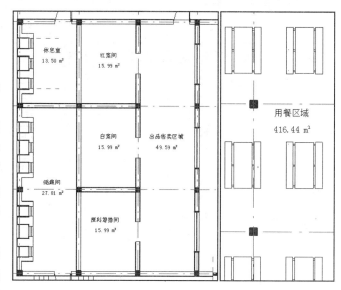

图 11-5　创建房间

右击 F1 并选择关联菜单中的【复制视图】|【复制】选项，得到 F1 副本 1 平面视图。右击 F1 副本 1 并选择【重命名】选项，设置平面视图名称为房间图例，如图 11-6 所示。

在复制得到的平面视图中，发现项目中没有显示房间名称。当光标指向项目时，放置的房间对象仍然存在，如图 11-7 所示。

图 11-6　复制平面视图

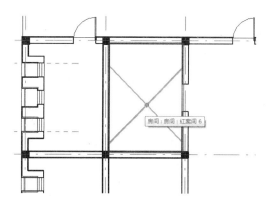

图 11-7　房间对象

选择【房间和面积】面板中的【标记房间】工具，进入【修改|放置房间标记】上下文选项卡。确定【属性】面板选择器为"C_房间面积标记"，这时 Revit 中会高亮显示所有已放置的房间图元。单击房间图元，即可为该房间图元添加相应的房间标记，如图 11-8 所示。

由于已经在 F1 平面视图中添加了房间图元，所以只要选择【房间标记】工具，单击房间区域，就会添加为设置好的房间名称。当选择【房间标记】下拉列表中的【标记所有未标记的对象】工具，在打开的【标记所有未标记的对象】对话框中选择列表中的"房间标记"，【载入的标记】为"C_房间面积标记：房间面积标记"选项，单击【确定】按钮即可自动为该视图中的所有房间添加房间标记，如图 11-9 所示。

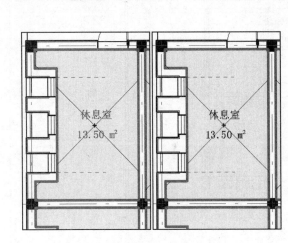

图 11-8　添加房间标记

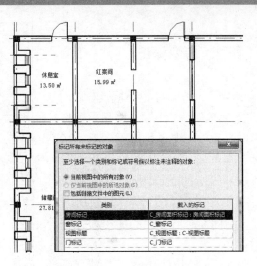

图 11-9　自动添加房间标记

11.2　房间边界

在计算房间的面积、周长和体积时，Revit 会使用房间边界。若要在平面视图或剖面视图中查看房间边界，可以选择房间或修改视图的可见性/图形设置。

11.2.1　房间边界图元

若要指示某个单元应用于定义房间面积和体积计算的房间边界，则必须指定该图元为房间边界图元。默认情况下，房间边界图元包括以下内容。

（1）墙（幕墙、标准墙、内建墙、基于面的墙）。

（2）屋顶（标准屋顶、内建屋顶、基于面的屋顶）。

（3）楼板（标准楼板、内建楼板、基于面的楼板）。

（4）天花板（标准天花板、内建天花板、基于面的天花板）。

（5）柱（建筑柱、材质为混凝土的结构柱）。

（6）幕墙系统。

（7）房间分隔线。

（8）建筑地坪通过修改图元属性，可以指定很多图元是否可作为房间边界。例如，可能需要将盥洗室隔断定义为非边界图元，因为它们通常不包括在房间计算中。如果将某个图元指定为非边界图元，当 Revit 计算房间或任何共享非边界图元的相邻房间的面积或体积时，将不使用该图元。

11.2.2　房间分隔线

房间分隔线是房间边界，在房间内指定另一个房间时，分隔线十分有用，比如客厅中的就餐区，此时房间之间不需要墙，如图 11-10 所示。在"新别墅.rvt"项目文件中，F1 平面视图中的客厅、就餐区以及楼梯间三者之间没有墙分隔。

当使用【房间】工具创建就餐区的房间时，发现会在就餐区、客厅以及楼梯间之间建立一个房间图元，如图 11-11 所示。

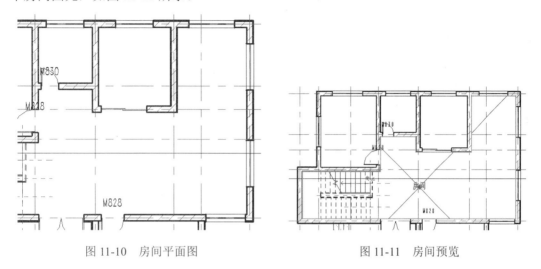

图 11-10　房间平面图　　　　　　图 11-11　房间预览

选择【房间和面积】面板中的【房间分隔】工具，确定绘制方式为【直线】工具，在就餐区的轴线 E 上绘制水平直线，创建房间分割线，如图 11-12 所示。

按两次 Esc 键退出房间分割线绘制状态，再次选择【房间】工具，将光标指向就餐区，单击在该区域创建房间，如图 11-13 所示。

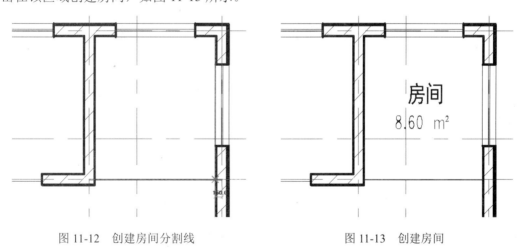

图 11-12　创建房间分割线　　　　　　图 11-13　创建房间

11.3　房间图例

添加房间后可以在房间中添加图例，并采用颜色填充等方式用于更清晰地表现房间范围与分布。对于使用颜色方案的视图，颜色填充图例是颜色标识的关键所在。

确定在房间图例平面视图中，切换至【视图】选项卡，选择【图形】面板中的【可见性/图形】工具，打开【楼层平面：房间图例的可见性/图形替换】对话框，选择【注释类型】选项卡，在列表中禁用【剖面】、【剖面框】、【参照平面】、【立面】以及【轴网】选项，如图 11-14 所示。

单击【确定】按钮后，关闭该对话框，房间图例平面视图中将隐藏辅助项目的轴线、剖面等参考图元，如图 11-15 所示。

图 11-14　隐藏参考选项

切换至【注释】选项卡，选择【颜色填充】面板中的【颜色填充图例】工具，单击视图的空白区域，在打开的【选择空间类型和颜色方案】对话框中选择【空间类型】为"房间"，【颜色方案】为"方案"，再次单击空白区域放置图例，如图 11-16 所示。

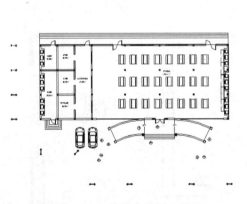

图 11-15　隐藏参考图元效果

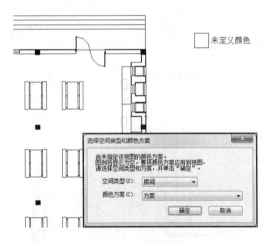

图 11-16　放置图例

　注　意

由于在项目中未定义方案颜色方案的显示属性，因此该图例显示为"未定义颜色"。当在多层项目中放置图例时，需要在相应的【类型属性】对话框中设置【显示的值】参数为"按视图"，这样图例就可以只显示当前视图中的房间图例。

切换至【建筑】选项卡，单击【房间和面积】面板下拉按钮，选择【颜色方案】选项。在打开的【编辑颜色方案】对话框中选择【类别】列表中的"房间"，设置【标题】为"房间图例",选择【颜色】为"名称",这时会打开【不保留颜色】对话框,单击【确定】按钮,列表中自动显示房间的填充颜色,如图 11-17 所示。

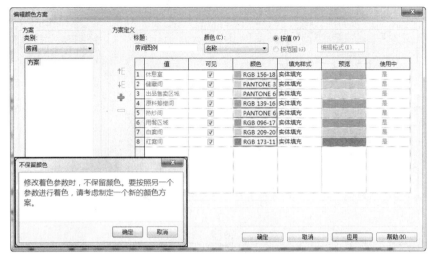

图 11-17 设置颜色方案

单击【确定】按钮,关闭【编辑颜色方案】对话框。房间平面视图中的项目房间中添加相应的颜色填充,并且右侧图列中显示颜色图例,如图 11-18 所示。

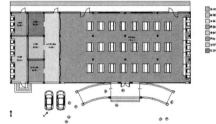

图 11-18 颜色方案效果

11.4 面积方案

面积平面是根据模型中面积方案和标高显示空间关系的视图,可以对每一个面积方案和楼层应用多个面积平面,每个面积平面均具有各自的面积边界、标记和颜色方案。

11.4.1 创建面积平面

Revit 提供了面积平面工具,用于创建专用面积平面视图,统计项目占地面积、使用面积等信息。Revit 可以根据房间边界、面积边界自动搜索并在封闭空间内生成房间和面积。

继续在"职工食堂.rvt"项目文件中创建项目的基底面积。选择【房间和面积】面板中的【面积和体积计算】选项,在打开的【面积和体积计算】对话框中切换至【面积方案】选项,单击【新建】按钮,新建一个面积方案。设置【名称】和【说明】选项均为"职工食堂基底面积",如图 11-19 所示。

┌─提─示─
│ 删除面积方案与创建面积方案类似,其区域是选中要删除的面积方案,单击右侧的【删除】
│ 按钮,完成面积方案的删除;如果删除面积方案,则与其关联的所有面积平面也会被删除。
└─

单击【房间和面积】面板中【面积】下拉按钮，选择【面积平面】工具。在打开的【新建面积平面】对话框中，选择【类型】列表中建立好的"职工食堂基底面积"选项，并选择F1作为细节视图的标高，如图11-20所示。

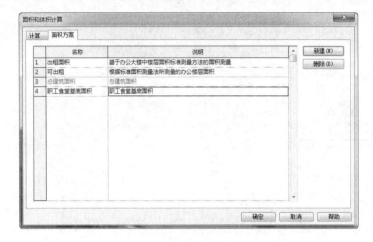

图 11-19 创建面积方案   图 11-20 新建面积平面

单击【确定】按钮关闭该对话框后，Revit会打开一个提示框："是否要自动创建与所有外墙关联的面积边界线？"，单击【否】按钮，创建面积平面的F1平面视图并进入该视图，如图11-21所示。

为了使面积平面更为简洁，通过快捷键VV打开【可见性/图形替换】对话框，依次禁用【剖面】、【剖面框】、【参考平面】、【立面】和【轴网】选项，将其隐藏，如图11-22所示。

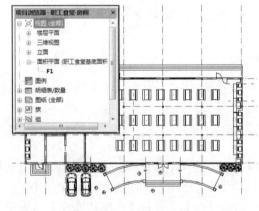
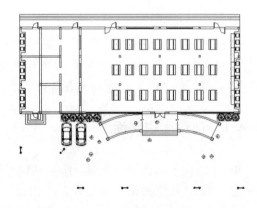

图 11-21 新建面积平面 F1   图 11-22 隐藏辅助图元

选择【房间和面积】面板中的【面积边界】工具，进入【修改|放置 面积边界】上下文选项卡中。确定绘制方式为【拾取线】工具，禁用选项栏中的【应用面积规则】选项，设置【偏移量】为0.0。通过单击拾取外墙图元的外边界线，如图11-23所示。

选择【修改】面板中的【修剪/延伸为角】工具，依次单击建立的边界线，生成首尾相连的封闭区域，如图11-24所示。

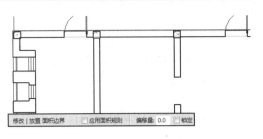

图 11-23　建立面积边界线

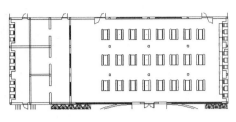

图 11-24　生成闭合区域

单击【房间和面积】面板中的【面积】下拉列表，选择【面积】工具，进入【修改|放置 面积】上下文选项卡中。确定选中【在放置时进行标记】面板中的【在放置时进行标记】选项，以及【属性】面板选择器中的类型为"C_面积标记"，禁用选项栏中的【引线】选项。将光标移至建立的面积边界线区域内，单击放置该面积，如图 11-25 所示。按两次 Esc 键，退出放置面积状态。

11.4.2　编辑面积平面

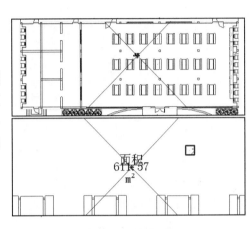

图 11-25　放置面积

当放置面积后，Revit 会显示面积以及面积值。通过选择面积，则能够修改面积的属性选项。当光标指向面积图元时，面积区域被高亮显示，单击即可选择该面积图元，如图 11-26 所示。

在【属性】面板中，设置【名称】为"基底面积"，选择【面积类型】为"楼层面积"，单击【应用】按钮来更改面积名称，如图 11-27 所示。

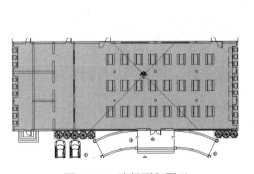

图 11-26　选择面积图元

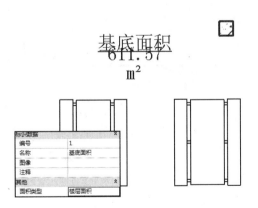

图 11-27　设置面积属性

在不选择任何图元的状态下，单击【属性】面板中【颜色方案】右侧按钮。在打开的【编辑颜色方案】对话框中选择列表中的【方案 1】，设置【标题】为"基底面积"，选择【颜色】为"名称"，这时单击打开提示对话框中的【确定】按钮，得到列表中的颜色选项，如图 11-28

所示。

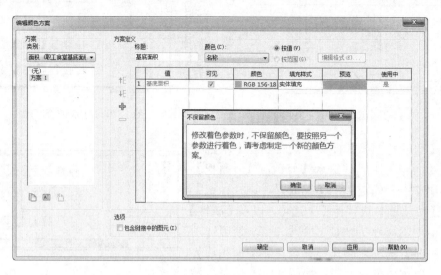

图 11-28 【编辑颜色方案】对话框

单击【确定】按钮关闭对话框后，Revit 会使用设置的颜色方案来显示绘制的面积范围区域，如图 11-29 所示。

切换至【注释】选项卡，选择【颜色填充】面板中的【颜色填充图例】工具，直接在视图空白区域单击，即可放置该图例，如图 11-30 所示。

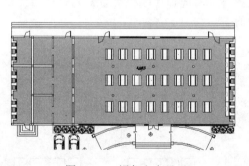

图 11-29 颜色方案显示

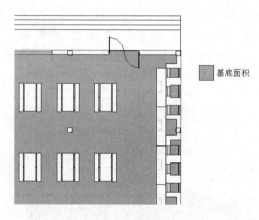

图 11-30 放置颜色图例

第 12 章

渲染

在 Revit 建筑设计过程中，当创建的模型经过渲染处理后，其表面将会显示出明暗色彩和光照效果，形成非常逼真的图像。Revit 2015 软件集成了 mental ray 渲染引擎，可以生成建筑模型的照片级真实渲染图像，便于展示设计的最终效果。

在 Revit 中，用户可以通过以下流程进行渲染操作：创建渲染三维视图→指定材质渲染外观→定义照明→配景设置→渲染设置以及渲染图像→保存渲染图像。渲染的图像使人更容易想象三维建筑模型的形状和大小，并且渲染图最具真实感，能清晰地反映模型的结构形状。

本章主要介绍材质外观的设置方法以及相关的渲染设置方法，并详细介绍了渲染操作的过程。此外，还介绍了漫游操作的相关知识点，使用户对渲染的整个流程有清晰的认识。

本章学习目的：
（1）掌握材质和贴花设置的方法。
（2）掌握相关的渲染设置方法。
（3）掌握渲染操作的方法。
（4）掌握漫游的创建方法。

12.1　渲染外观

材质是表现对象表面颜色、纹理、图案、质地和材料等特性的一组设置。通过将材质附着给三维建筑模型，可以在渲染时显示模型的真实外观。如果在材质中再添加相应的贴花，则可以使模型显示出照片级的真实效果。

12.1.1　材质

创建三维建筑模型时，如果指定恰当的材质，便可完美地表现出模型效果。在 Revit 中，用户可以将材质应用到建筑模型的图元中，也可以在定义图元族时将材质应用于图元。

1. 材质简介

在 Revit 中，材质代表实际的材质，例如混凝土、木材和玻璃。这些材质可应用于设计的各个部分，使对象具有真实的外观。在部分设计环境中，由于项目的外观是最重要的，因此材质还具有详细的外观属性，如反射率和表面纹理，效果如图 12-1 所示。

2. 材质设置

在 Revit 中，用户可以利用系统提供的材质库中的材质赋予模型材质。当系统提供的材质库无法满足设计要求时，用户还可以自定义一个新材质。

图 12-1　材质效果

切换至【管理】选项卡，单击【材质】按钮，系统将打开【材质浏览器】对话框，如图 12-2 所示。

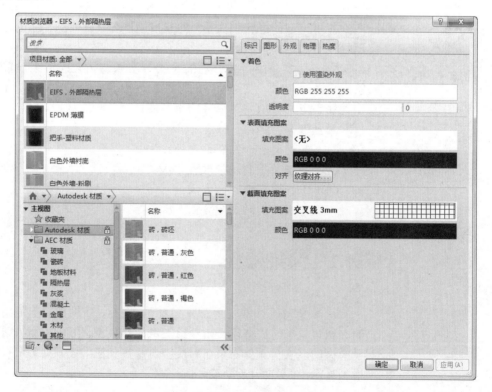

图 12-2　【材质浏览器】对话框

其中，该对话框的左侧为材质列表，包含项目中的材质和系统库中的材质；右侧为材质编辑器，包含选中材质的各资源选项卡，用户可以进行相应的参数设置。该对话框中各选项参数的含义介绍如下。

1）材质列表

在对话框左侧的材质列表中，系统包含项目材质和库材质。其中，项目材质列表中列出了当前项目中的所有材质，用户可以通过指定类别来过滤显示相应的材质，还可以更改项目材质在列表框中的显示样式，如图 12-3 所示。

位于材质列表下方的库材质则是由系统默认提供的材质。材质库是材质和相关资源的集合，系统通过添加类别并将材质移动到类别中对库进行细分，如图 12-4 所示。

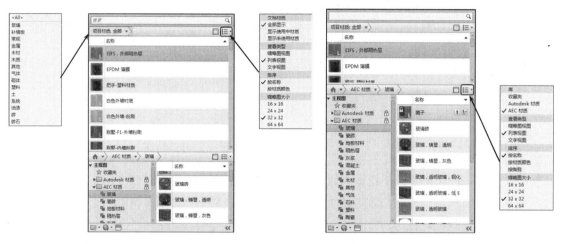

图 12-3 项目材质列表　　　　　图 12-4 库材质列表

用户可以通过以下操作将材质库中的指定材质添加到项目材质列表中。

（1）双击库列表中的材质。

（2）将材质从库列表拖放到项目材质列表中。

（3）在材质上右击，选择【添加到】|【文档材质】选项。

（4）选择库列表中的材质，然后单击位于材质右侧的【添加】按钮，效果如图 12-5 所示。

图 12-5 添加库材质至项目

此外，在材质列表下方的工具栏中，用户可以通过单击相应的按钮来管理库、新建或复制现有材质，或打开和关闭资源浏览器。其中，在 Revit 中，通常通过复制现有材质，修改相应的参数来创建新的材质。

 提 示

用户也可以通过拖曳材质将材质复制到库中。

2）材质编辑器

在材质列表中选择一材质，系统将在右侧的材质编辑器中显示该材质的相关资源选项卡，如图 12-6 所示。然后用户即可切换至相应的选项卡中进行参数设置，并单击【应用】按钮，完成材质参数的设置编辑。材质编辑器中各资源选项卡中的参数含义分别介绍如下。

（1）标识　该选项卡用于设置材质的相关信息，如图 12-7 所示，用户可以在相应的文本框中输入详细的注释信息。

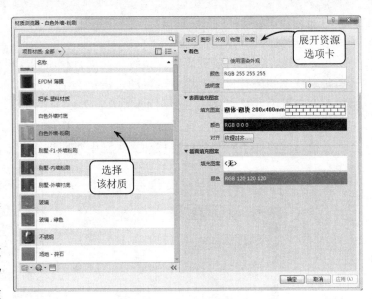

图 12-6　材质编辑器

（2）图形　该选项卡用于设置材质在未渲染视图中的外观，如图 12-8 所示。用户可以通过图形设置控制模型图元在三维、平面、立剖面和详图等各个设计视图中表面和截面的颜色以及填充图案样式，是施工图设计（特别是详图）的重要组成部分。

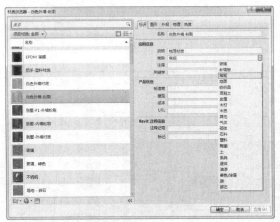

图 12-7　【标识】选项卡

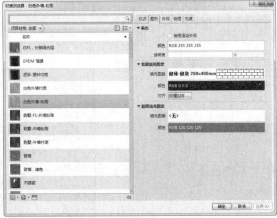

图 12-8　【图形】选项卡

此外，若单击【表面填充图案】选项组中的【填充图案】文本框，则系统将打开【填充样式】对话框，如图 12-9 所示。此时，在【填充图案类型】选项组中选择【模型】单选按钮，才可以使模型各个表面的填充图案线条和模型的边界线保持相同的固定角度。

（3）外观　该选项卡用于控制材质在渲染视图、真实视图或光线追踪视图中的显示方式，其决定模型最终的材质渲染效果，如图 12-10 所示。用户可以在该选项卡中对渲染外观的相关

图 12-9　【填充样式】对话框

参数进行相应的设置。

其中，用户可以单击右上角的【替换资源】按钮 ，在打开的【资源浏览器】对话框中选择指定的资源替换现有资源，如图 12-11 所示。

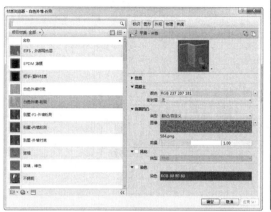

图 12-10 【外观】选项卡

图 12-11 替换资源

此外，用户还可以在【外观】选项卡的顶部单击样例图像旁边的下拉箭头，在打开的下拉列表中设置材质的预览样式和渲染质量，如图 12-12 所示。

> **提 示**
>
> 设置材质时，资源更改仅应用于当前项目中的材质。

（4）物理　该选项卡用于更改项目中材质的物理属性，其信息主要应用于建筑的结构分析，如图 12-13 所示。

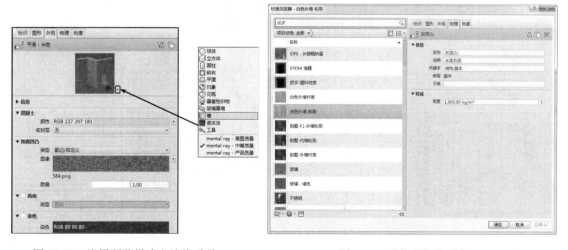

图 12-12 设置预览样式和渲染质量　　　　图 12-13 【物理】选项卡

（5）热度　该选项卡用于更改项目中材质的热属性，其信息主要应用于建筑的热分析，如图 12-14 所示。

3．添加材质

为模型赋予材质，可以使物体更具真实感。在 Revit 中，用户可以通过以下方式将材质应用于模型图元。

1）按类别或按子类别

在项目中，用户可以根据模型图元的类别或子类别添加相应的材质。例如，可以为门类别指定一种材质，然后为门的子类别指定不同材质，如为门板指定玻璃材质。

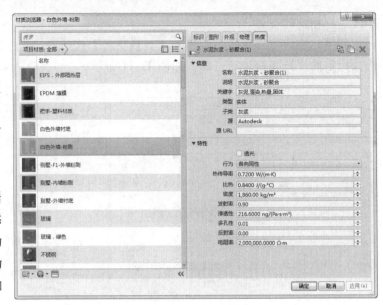

图 12-14 【热度】选项卡

切换至【管理】选项卡，在【设置】面板中单击【对象样式】按钮，系统将打开【对象样式】对话框，如图 12-15 所示。

此时，切换至【模型对象】或【导入对象】选项卡，在相应的类别或子类别对应的【材质】列表框中单击激活，然后单击【浏览】按钮，即可在打开的【材质浏览器】对话框中选择相应的材质。以后在项目视图中，选定类别或子类别的所有图元均显示应用的材质。

2）按图元参数

在项目中，用户可以在视图中选择一个模型图元，然后利用图元属性添加相应的材质。

在视图中选择要添加材质的模型图元，系统将打开该图元的【属性】选项板。此时，如果材质是实例参数，则可以在【材质和装饰】选项组中单击相应的【浏览】按钮，在打开的【材质浏览器】对话框中选择相应的材质，如图 12-16 所示。

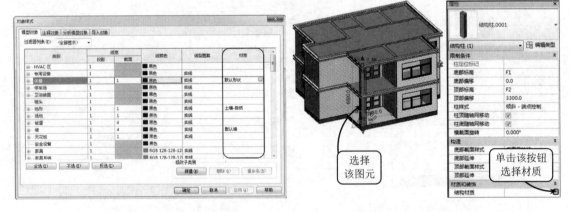

图 12-15 【对象样式】对话框   图 12-16　添加实例参数材质

如果材质是类型参数，则可以在【属性】选项板中单击【编辑类型】按钮，系统将打开【类型属性】对话框，如图 12-17 所示。此时，用户可以在【材质和装饰】选项组中单击相应的【浏览】按钮，在打开的【材质浏览器】对话框中选择相应的材质。

如果材质是物理参数（例如墙体），同样在【属性】选项板中单击【编辑类型】按钮，并在打开的【类型属性】对话框中单击【编辑】按钮，系统将打开【编辑部件】对话框，如图 12-18 所示。此时，用户可以在【材质】列表框中单击相应的【浏览】按钮，在打开的【材质浏览器】对话框中选择相应的材质。

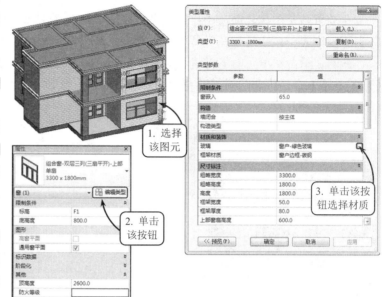

图 12-17　添加类型参数材质

提　示

一般情况下，用户可以在创建图元构件的同时就为该图元创建并添加相应的材质，而无需在后面单独添加。

12.1.2　贴花

贴花就是将二维图像贴到三维对象的表面上，从而在渲染时产生照片级的真实效果。用户还可以将贴花和光源组合起来，产生各种特殊的渲染效果。在 Revit 中，利用相应的工具可以将图像放置到建筑模型的表面上以进行渲染。例如，可以将贴花用于标志、绘画和广告牌，效果如图 12-19 所示。

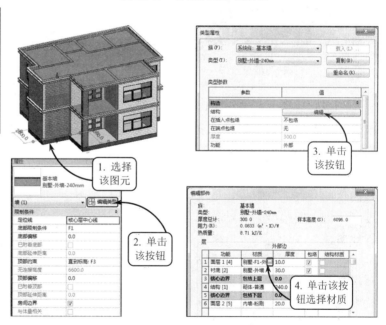

图 12-18　添加物理参数材质

对于每个贴花，用户都可以指定一个图像及其反射率、亮度和纹理（凹凸贴图）。通常情况下，可以将贴花放置到水平表面和圆筒形表面上。

1. 贴花类型

在放置贴花图像之前，用户需要创建相应的贴花类型。切换至【插入】选项卡，在【贴花】下拉列表中单击【贴花类型】按钮，系统将打开【贴花类型】对话框。

此时，单击左下角的【新建贴花】按钮，输入贴花的类型名称，并单击【确定】按钮，【贴花类型】对话框将显示新贴花的名称及其属性，如图 12-20 所示。

图 12-19　附着贴花渲染效果

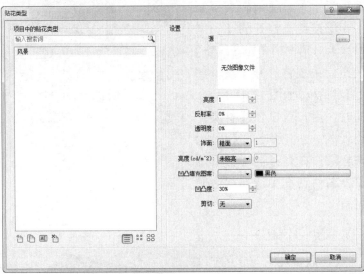

图 12-20　【贴花类型】对话框

在该对话框中，用户可以单击【源】右侧的【浏览】按钮，选择要添加的图像文件，如图 12-21 所示，还可以设置该图像的亮度、反射率、透明度和纹理（凹凸度）等贴花的其他属性。

此外，用户可以通过【贴花类型】对话框左下角的工具栏复制、重命名或删除贴花，还可以设置贴花列表的显示方式。

图 12-21　设置贴花属性

2. 放置贴花

在 Revit 中，利用【放置贴花】工具可以将图像放置到建筑模型的水平表面和圆筒形表面上以进行渲染。

打开相应的视图，切换至【插入】选项卡，然后在【贴花】下拉列表中单击【放置贴花】

按钮，【属性】选项板将自动选择之前所创建的贴花类型，系统将打开【贴花】选项栏。此时，在视图中指定表面的相应位置上单击，即可放置贴花，效果如图 12-22 所示。

其中，用户可以在【贴花】选项栏中修改添加贴花的物理参数，如宽度和高度值。若要保持这些尺寸标注间的长宽比，可以启用【固定宽高比】复选框。

此外，当模型的视觉样式为【真实】时，添加相应的贴花后，可以在视图上直接显示；若当模型的视觉样式为【着色】或其他样式时，添加相应的贴花后，其在未渲染的视图中将显示为一个占位符，效果如图 12-23 所示。

且不论模型视图为何种视觉样式，完成贴花的添加后，将光标移动到该贴花或选中该贴花，它将显示为矩形交叉线横截面，如图 12-24 所示，用户可以通过拖曳角点的控制柄来调整贴花的大小。

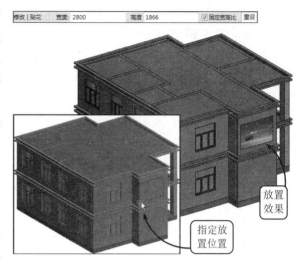

图 12-22　放置贴花

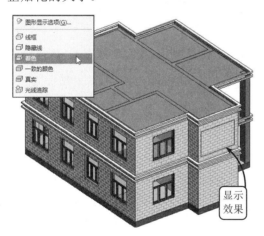

图 12-23　贴花预显样式

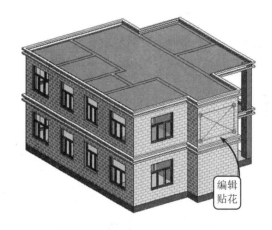

图 12-24　编辑贴花

12.2　渲染操作

渲染是基于三维场景来创建二维图像的一个过程。该操作通过使用在场景中已设置好的光源、材质和配景，为场景的几何图形进行着色。通过渲染可以将建筑模型的光照效果、材质效果以及配景外观等都完美地表现出来。

12.2.1 渲染设置

在渲染三维视图前，用户首先需要对模型的照明、图纸输出的分辨率和渲染质量进行相应的设置。一般情况下，利用系统经过智能化设计的默认设置来渲染视图，即可得到令人满意的结果。

切换至【视图】选项卡，单击【渲染】按钮 📷，系统将打开【渲染】对话框，如图 12-25 所示。该对话框中各主要选项参数的含义分别介绍如下。

1）质量

在该选项组的列表框中可以选择渲染质量的等级。

2）输出设置

在渲染过程中，渲染图像的图像大小或分辨率对渲染时间具有可预见的影响。图像尺寸或分辨率的值越高，生成渲染图像所需的时间就越长。在该选项组中，用户可以设置图形输出的像素，如图 12-26 所示。

> **提 示**
>
> 系统默认选择【屏幕】单选按钮，此时输出图形的大小等于渲染时在屏幕上显示的大小。

3）照明方式

在该选项组中，用户可以根据实际情况指定渲染的照明方式。当选择日光时，还可以单击【选择太阳位置】按钮 📷，在打开的对话框中设置日光的相应参数，如图 12-27 所示。

4）背景

在该选项组中，用户可以为渲染图像添加相应的背景，其包含 3 种样式，具体含义如下所述。

（1）指定单色　在【样式】下拉列表中选择【颜色】选项，然后单击下方的颜色图块，即可在打开的【颜色】对话框中为渲染图像指定背景颜色，如图 12-28 所示。

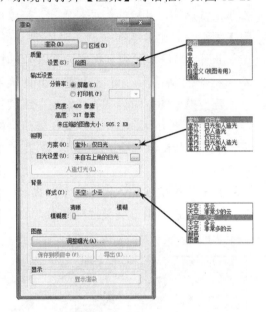

图 12-25　【渲染】对话框

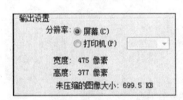

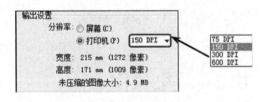

图 12-26　输出设置

（2）使用天空和云　在该选项组中，可以使用天空和云指定背景，还可以通过模糊度滑块来调整背景的薄雾效果，如图 12-29 所示。

（3）指定自定义图像　在该选项组中，用户可以选择指定的图像作为背景，并可以设置该图像的相应参数，效果如图 12-30 所示。

图 12-27 设置日光参数

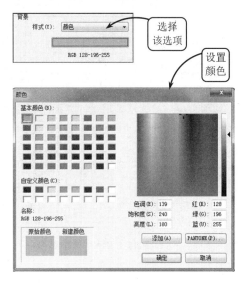

图 12-28 设置背景颜色

12.2.2 渲染

渲染操作的最终目的是创建渲染图像。完成渲染相关参数的设置后，即可渲染视图，以创建三维模型的照片级真实感图像。

图 12-29 设置背景模糊度

1. 区域渲染和全部渲染

在 Revit 中，渲染操作分为全部渲染和区域渲染两种方式，分别介绍如下。

1）全部渲染

完成模型相关渲染参数的设置后，单击【渲染】对话框中上方的【渲染】按钮，即可开始渲染图像。此时系统将显示一个进度对话框，显示有关渲染过程的信息，包括采光口数量和人造灯光数量，如图 12-31 所示。

当系统完成模型的渲染后，该进度对话框将关闭，系统将在绘图区域中显示渲染图像，效果如图 12-32 所示。

2）区域渲染

利用该方式可以快速检验材质渲染效果，节约渲染时间。在【渲染】对话框上方启用【区域】复选框，系统将在渲染视图中显示一个矩形的红色渲染范围边界线，如图 12-33 所示。

图 12-30 设置图像背景

图 12-31 【渲染进度】对话框

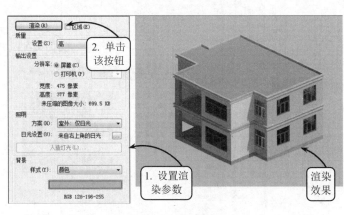

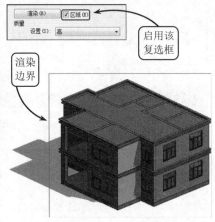

图 12-32　渲染图像　　　　　　　　　　　　图 12-33　区域渲染

此时，单击选择该渲染边界，拖曳矩形的边界和顶点即可调整该区域边界的范围，效果如图 12-34 所示。

2．调整曝光

渲染图像时，曝光控制和所使用的照明、材质一样重要，其模仿人眼对与颜色、饱和度、对比度和眩光有关的亮度值的反应，可将真实世界的亮度值转换为真实的图像。

渲染操作完成后，在【渲染】对话框中单击【调整曝光】按钮，系统将打开【曝光控制】对话框，如图 12-35 所示。此时，用户即可通过输入参数值或者拖动滑块来设置图像的曝光值、亮度和中间色调等参数选项。

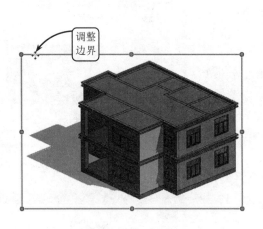

图 12-34　调整渲染边界　　　　　　　　　　图 12-35　调整曝光

 提　示

在选择照明方案时，软件使用默认的曝光设置，且这些设置已对视图中的灯光类型进行了优化。而在渲染图像之后，用户还可以调整曝光设置来改善图像。

3. 保存图像

完成模型的渲染后, 用户可以通过以下两种方式来保存渲染图像, 分别介绍如下。

1) 保存到项目中

在渲染三维视图后, 用户可以将该图像另存为项目视图。在该项目中, 渲染图像将显示在【项目浏览器】中的【视图】节点下, 效果如图 12-36 所示。

> **提 示**
>
> 在草图视图中, 渲染图像将会保存为轻量级压缩的 JPG 文件, 该方式旨在缩小项目文件的总体大小。

2) 导出图像

在渲染三维视图后, 用户可以将图像导出到文件, 并将该文件存储在项目之外指定的位置中。

在【渲染】对话框中单击【导出】按钮, 系统将打开【保存图像】对话框, 如图 12-37 所示。此时, 输入渲染图像文件的名称, 选择保存的文件类型, 并指定保存的路径位置, 即可将渲染图像导出到某个文件。

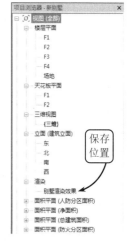

图 12-36　保存到项目

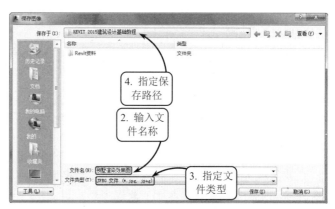

图 12-37　导出图像

12.3　创建漫游

漫游是指沿着定义的路径移动的相机, 该路径由帧和关键帧组成, 其中, 关键帧是指可在其中修改相机方向和位置的可修改帧。默认情况下, 漫游创建为一系列透视图, 但也可以创建为正交三维视图。

12.3.1　创建漫游路径

在 Revit 中, 创建漫游视图首先需要创建漫游路径, 然后再编辑漫游路径关键帧位置的相机位置和视角方向。创建漫游路径的关键是在建筑的出入口、转弯和上下楼等关键位置放置关键帧, 效果如图 12-38 所示。其中, 蓝色的路径线即为相机路径, 而红色的圆点则代表关键帧的位置。创建漫游路径的具体操作方法介绍如下。

打开要放置漫游路径的视图，然后切换至【视图】选项卡，在【三维视图】下拉列表中单击【漫游】按钮，系统将打开【漫游】选项栏。此时，启用【透视图】复选框，并设置视点的高度参数。接着，移动光标在视图中的相应位置，沿指定方向依次单击放置关键帧，即可完成漫游路径的创建，效果如图 12-39 所示。

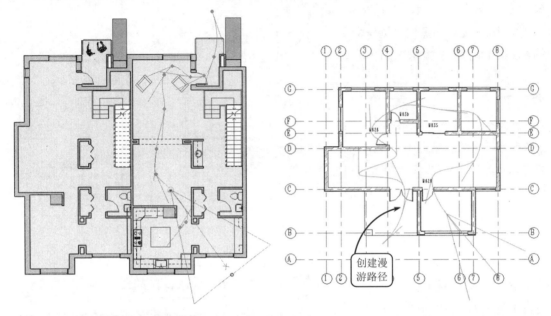

图 12-38　漫游路径　　　　　　　　　　　　　　图 12-39　创建漫游路径

完成漫游路径的创建后，用户可以在【项目浏览器】对话框中重命名该漫游视图。此时双击该视图名称，系统将打开漫游视图，显示漫游终点时的视图样式，效果如图 12-40 所示。

> **提　示**
>
> 　　放置关键帧时，用户可以随时设置选项栏中的【偏移量】参数值来调整视点的高度，例如在楼梯口、休息平台和楼上位置设置不同的高度，从而实现上下楼等特殊漫游效果。

图 12-40　漫游视图

12.3.2　漫游预览与编辑

完成漫游视图的创建后，用户可以随时预览其效果，并编辑其路径关键帧的相机位置和视角方向，以达到满意的漫游效果。

打开漫游视图，单击选择视图边界，系统将展开【修改|相机】选项卡，如图 12-41 所示，在该选项卡中即可预览并编辑漫游视图，分别介绍如下。

图 12-41 【修改|相机】选项卡

1．剪裁漫游视图

完成漫游视图的创建后，用户可以通过以下两种方式剪裁视图的边界，具体操作方法如下所述。

1）尺寸剪裁

单击选择视图边界，然后在激活的选项卡中单击【尺寸剪裁】按钮 ，系统将打开【剪裁区域尺寸】对话框，如图 12-42 所示。此时设置相应尺寸参数值，即可完成视图的边界剪裁。

2）拖曳

单击选择视图边界，各边界线上将显示蓝色的实心圆点。此时，用户即可通过拖曳各相应圆点来调整视图的边界范围，效果如图 12-43 所示。

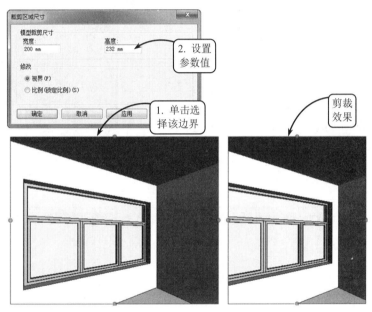

图 12-42 剪裁视图边界

2．预览漫游视图

用户可以通过预览漫游发现路径线和相机位置等问题，方便以后进行相应的编辑操作。

单击选择视图边界，然后单击功能区选项卡中的【编辑漫游】按钮 ，系统将打开【编辑漫游】选项卡和相应的选项栏，如图 12-44 所示。

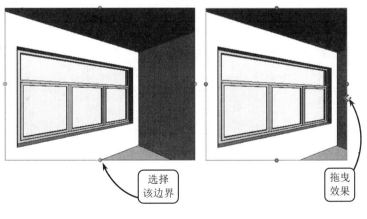

图 12-43 拖曳视图边界

在选项栏中，系统默认的漫游视频为 300 帧画面。用户可以在【活动帧】文本框中设置参数为 1.0，此时漫游视图将切换至所建漫游路径的起点位置，然后单击【播放】按钮 ▷，即可自动预览漫游效果，如图 12-45 所示。

图 12-44 【编辑漫游】选项卡

用户还可以通过单击【编辑漫游】选项卡中的相应功能按钮来手动预览漫游。完成漫游的预览操作后，可以在视图的空白区域单击，在打开的【退出漫游】对话框中单击【是】按钮，退出漫游预览。

3. 编辑漫游视图

通过预览漫游，用户可以发现路径线和相机位置等问题。此时，即可利用相应的操作编辑漫游视图。

在【视图】选项卡中利用【平铺窗口】工具同时打开平面视图和漫游视图，然后在漫游视图中选择视图边界，此时在平面视图中将显示漫游路径和漫游相机，如图 12-46 所示。

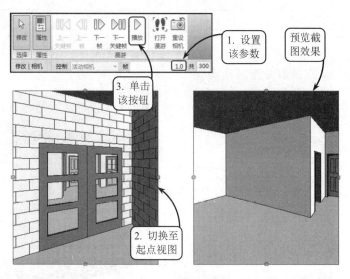

图 12-45 预览漫游

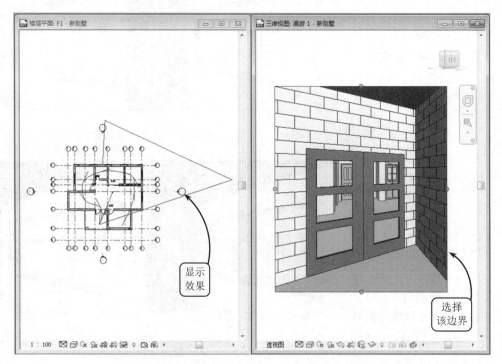

图 12-46 显示漫游路径和相机

接着，移动光标激活平面视图，并单击功能区中的【编辑漫游】按钮，系统将打开【编辑漫游】选项卡和选项栏，且平面视图上将显示相应的关键帧点和相机位置，如图 12-47 所示。

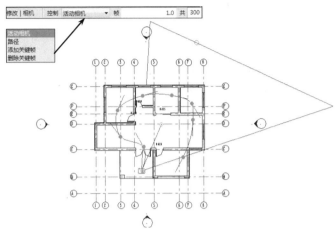

图 12-47　漫游编辑模式

此时，用户即可通过选项栏中的【控制】列表框选择相应的模式来编辑漫游路径、相机视角或关键帧。各具体操作方法如下所述。

1）编辑漫游路径

在【控制】列表框选择【路径】选项，则平面图中的蓝色相机路径在每个关键帧位置显示一个蓝色实心控制圆点。此时，用户即可通过单击并拖曳关键帧控制点至相应位置来修改漫游路径，效果如图 12-48 所示。

2）编辑相机视角

在【控制】列表框选择【活动相机】选项，则平面图中将显示相机符号、相机视点和目标点，且在每个关键帧位置显示一个红色实心控制圆点。此时，用户可以利用【漫游编辑】选项卡中的相应位置工具，切换到指定的关键帧位置，然后在平面图上通过拖曳相机的视点和目标点至指定位置来调整相机视角，效果如图 12-49 所示。

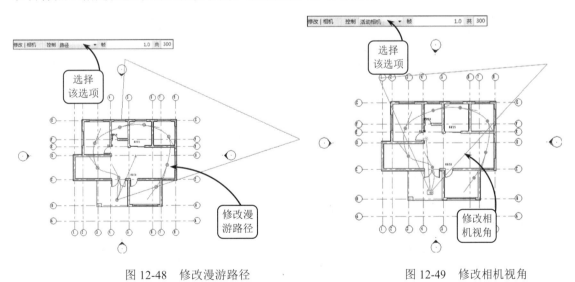

图 12-48　修改漫游路径　　　　　　　图 12-49　修改相机视角

提　示

此外，用户也可以利用相应的位置工具切换到帧位置来修改相机视角。但此时只能通过修改目标点来调整相机视角的范围，而不能修改视角的方向。

3）编辑关键帧

用户还可以根据需要添加或删除关键帧来精确设置相机路径。若在【控制】列表框选择【添加关键帧】选项，则在漫游路径上的指定位置单击即可添加关键帧；若在【控制】列表框选择【删除关键帧】选项，则移动光标至漫游路径上已有的关键帧位置处单击，即可删除该关键帧，效果如图 12-50 所示。

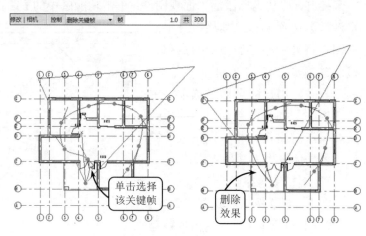

图 12-50　删除关键帧

12.3.3　设置漫游帧

在预览漫游视频时，用户还可以对漫游的速度进行相应的设置，以达到指定的要求。

在【编辑漫游】选项栏中单击【帧设置】按钮，系统将打开【漫游帧】对话框，如图 12-51 所示。

此时，即可对漫游过程中的各帧参数进行相应的设置。其中，若禁用【匀速】复选框，还可以对各关键帧位置处的速度进行单独设置，以加速或减速在某关键帧位置相机的移动速度，模拟真实的漫游行进状态，效果如图 12-52 所示。该加速器的参数值范围为 0.1～10。

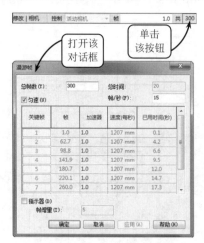

图 12-51　【漫游帧】对话框

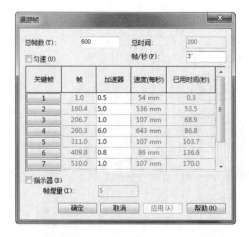

图 12-52　设置漫游帧参数

12.3.4　导出漫游

完成漫游的创建后，用户可以将漫游导出为 AVI 或图像文件，将漫游导出为图像文件时，漫游的每个帧都会保存为单个文件。用户可以导出所有帧或一定范围的帧。

打开漫游视图，单击左上角图标按钮 ，在展开的下拉列表中选择【导出】|【图像和动画】|【漫游】选项，系统将打开【长度/格式】对话框，如图 12-53 所示。此时，用户可以指定输出的长度为全部帧或者范围帧，并设置相应的漫游速度。此外，用户还可以在【格式】选项组中设置其他的参数选项。

完成参数选项的设置后，单击【确定】按钮，系统将打开【导出漫游】对话框。此时，设置输出文件的名称和路径，指定文件的输出类型，并单击【保存】按钮，系统将打开【视频压缩】对话框，如图 12-54 所示。然后选择视频的压缩格式，并单击【确定】按钮，即可自动导出漫游视频文件。

图 12-53 【长度/格式】对话框

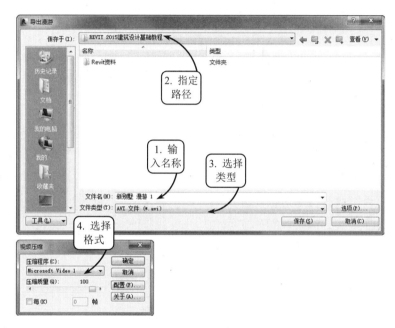

图 12-54 导出漫游文件

提 示

在【视频压缩】对话框中，系统默认的是【全帧（非压缩的）】格式，其产生的文件非常大。此时，可以在下拉列表中选择 Microsoft Video 1 选项。该压缩模式为大部分系统可以读取的模式，且可以减小文件大小。

第13章

详图设计

　　Revit 是一款建筑信息建模程序，可以将项目构造为现实世界中物理对象的数字表示形式。但是，在利用 Revit 软件进行三维建模设计时，不是每一个构件或构件的细部特征都需要通过三维的方式来实现。建筑师和工程师可以创建标准详图，将设计信息传递给施工方。详图是搭建建筑设计和实际建筑之间的桥梁。

　　本章主要介绍详图设计的主流知识点，通过系统地阐述详图索引视图以及详图视图的创建和编辑方法，使用户对详图设计有全面而深刻的了解与认识。

　　本章学习目的：

　　（1）掌握详图索引视图的创建方法。

　　（2）掌握详图索引视图的编辑方法。

　　（3）熟悉并认识详图的分类。

　　（4）掌握详图视图的创建方法。

　　（5）掌握详图视图的编辑方法。

13.1　详图索引

　　在施工图设计过程中，用户可以向平面视图、剖面视图、详图视图或立面视图中添加详图索引。且在这些视图中，详图索引标记将链接至详图索引视图。在 Revit 中，用户可以创建详图索引视图和参照详图索引视图，现分别介绍如下。

13.1.1　创建详图索引视图

　　当需要提供有关建筑模型中某一部分的详细信息，或者提供有关父视图中某一部分的更多或不同信息时，用户可以创建相应样式的详图索引视图。该类视图可以较大比例显示另一视图的一部分，并显示有关模型指定部分的详细信息。

1. 矩形详图索引视图

打开建筑模型的相应视图，然后切换至【视图】选项卡，在【详图索引】下拉列表中单击【矩形】按钮 ，系统将打开【修改|详图索引】选项栏，如图 13-1 所示。此时，在视图中的指定位置将光标从左上方向右下方拖曳，放置详图索引框即可，且双击索引框右侧的详图索引标头，即可查看创建的矩形详图索引视图。

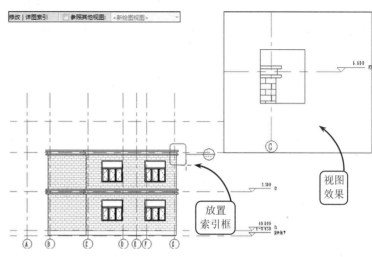

图 13-1　创建矩形详图索引视图

> **提　示**
>
> 绘制详图索引的视图是该详图索引视图的父视图。如果删除父视图，则系统也将删除该详图索引视图。

2. 手绘详图索引视图

打开建筑模型的相应视图，然后切换至【视图】选项卡，在【详图索引】下拉列表中单击【草图】按钮 ，

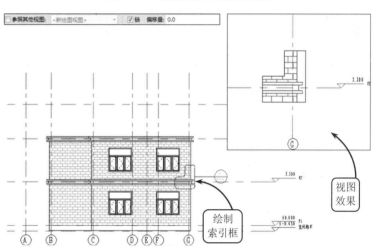

图 13-2　手绘详图索引视图

系统将打开相应的选项栏，如图 13-2 所示。此时，利用【绘制】和【修改】选项板中的相应工具在视图中的指定位置绘制详图索引区域即可。用户同样可以通过双击索引框右侧的详图索引标头来查看创建的详图索引视图。

13.1.2　创建参照详图索引视图

参照详图索引是参照现有视图的详图索引。在添加参照详图索引时，Revit 不会在项目中创建视图，而是创建指向指定的现有视图的指针。用户可以将参照详图索引放置在平面、立面、剖面、详图索引和绘图视图中，且多个参照详图索引可以指向同一视图。

打开要在绘图视图中添加详图索引的视图，然后切换至【视图】选项卡，在【详图索引】

下拉列表中单击【矩形】按钮，系统将打开【修改|详图索引】选项栏，如图 13-3 所示。此时，在该选项栏中启用【参照其他视图】复选框，并从下拉列表中选择参照视图名称，接着定义详图索引区域即可。双击索引框右侧的详图索引标头，系统将切换到所选择的参照视图查看创建的参照详图索引视图。

此外，如果没有可参照的现有视图，可以在下拉列表中选择【新绘图视图】选项，系统将创建一个新绘图视图。参照详图索引将指向该新绘图视图，而该新视图将显示在项目浏览器中的【绘图视图】目录下，如图 13-4 所示。

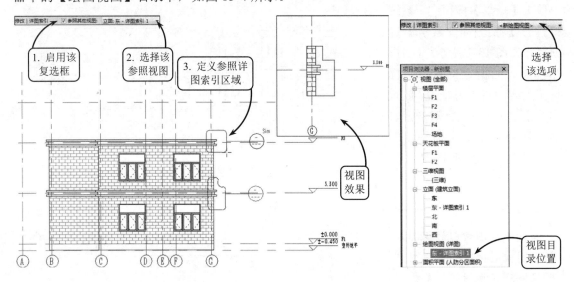

图 13-3　创建参照详图索引视图　　　　　　　　图 13-4　创建新绘图视图

提　示

用户也可以利用【详图索引】下拉列表中的【草图】工具创建参照详图索引视图，只需在打开的选项栏中启用【参照其他视图】复选框即可。

13.1.3　编辑详图索引视图

完成详图索引视图的创建后，用户还可以根据视图的需要，对索引框、索引引线和标头等进行相应的编辑，分别介绍如下。

1. 详图索引标记

详图索引标记是注释图元，用于标记父视图中详图索引的位置，如图 13-5 所示。该标记中各参数选项的含义如下所述。

（1）索引框　围绕父视图部分绘制的线，用于定义详图

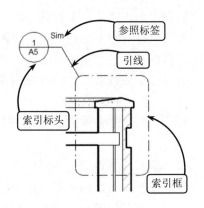

图 13-5　详图索引标记

索引区域。

（2）引线　将详图索引标头连接到详图索引框的线。

（3）参照标签　仅用于参照详图索引，且显示在详图索引标记中的文字将提供有关详图索引的信息。

（4）索引标头　标识详图索引的符号。在将详图索引放在图纸上时，详图索引标头中默认显示相应的详图编号和图纸编号。

> **提　示**
>
> 此外，用户还可以切换至【管理】选项卡，在【其他设置】下拉列表中单击【详图索引标记】按钮，对索引标记的相关参数选项进行设置。

2. 编辑索引框

用户可以通过修改详图索引框的边界来调整建筑模型视图。如果在一个视图中修改详图索引边界，Revit 会自动以相同的修改更新其他视图。

1）在父视图中

在详图索引的父视图中，单击选择详图索引框，该框的各边线上将显示蓝色的实心控制圆点，如图 13-6 所示。此时，拖曳蓝色圆点即可修改详图索引的边界。

2）在索引视图中

双击详图索引标头，打开相应的详图索引视图。此时单击选择视图裁剪边界，即可通过拖曳该边界直观地调整视图裁剪范围，如图 13-7 所示，其效果等同于在父视图中调整索引框边界。

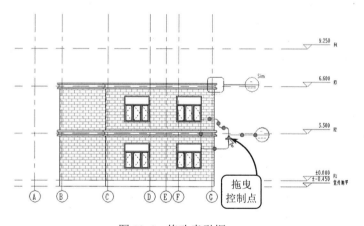

图 13-6　修改索引框

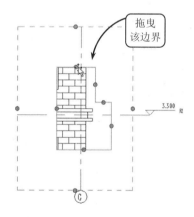

图 13-7　拖曳视图裁剪边界

> **提　示**
>
> 此外，调整参照详图索引的边界大小不会影响参照的视图的裁剪区域。

3. 编辑索引标记引线

在详图索引的父视图中，如果详图索引引线的默认位置与模型中其他对象冲突，则用户可以将引线移动到详图索引框上的任意点，将其重新定位。

在显示详图索引框的父视图中，单击选择引线，系统将在线中间显示蓝色的控制折点。此时，即可通过拖曳该控制点调整引线折点位置，如图13-8所示。

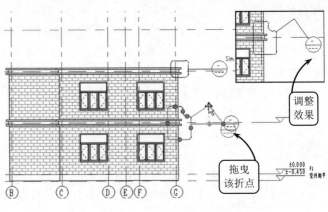

提　示

此外，用户也可以通过拖曳索引标头圆上的控制点来调整标头位置。

图 13-8　调整索引引线

13.2　详图概述

在利用 Revit 软件进行三维建模设计时，不是每一个构件或构件的细部特征都需要通过三维的方式来实现。建筑师和工程师可以创建标准详图，将设计信息传递给施工方。在 Revit 中，有两种主要视图类型可用于创建详图：详图视图和绘图视图。其中，详图视图包含建筑信息模型中的图元；而绘图视图是与建筑信息模型没有直接关系的图纸。

13.2.1　详图视图

详图视图是一个在其他视图中显示为详图索引或剖面的模型视图，且这种类型的视图通常表示的模型详图比例比在父视图中更精细，如图13-9所示。

详图视图可以创建为剖面或详图索引，且该视图可以包含指定的剖面注释和详图索引注释。通过创建详图视图可以将详细信息添加到模型的特定部分。在 Revit 中，用户可以通过【视图】选项卡中的【剖面】工具和【详图索引】工具来创建相应的详图视图，如图13-10所示。

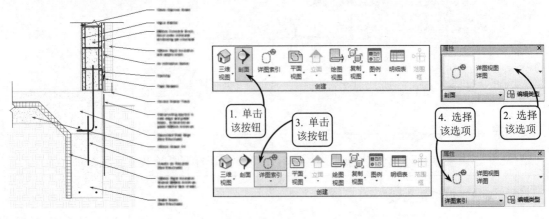

图 13-9　详图视图　　　　　　　　图 13-10　创建详图视图

提 示

完成相应详图视图的创建后，用户可以利用相关的详图设计和编辑工具进一步完善该视图。

13.2.2 绘图视图

在详图设计过程中，如果要显示与建筑模型不直接关联的视图，可以通过详图工具创建的绘图视图对施工图进行相应的补充，效果如图13-11所示。

在绘图视图中，用户可以按不同的视图比例、使用相应的二维详图工具来创建详图。且这些工具与创建详图视图时的操作方法完全相同，但绘图视图不显示任何模型图元。切换至【视图】选项卡，在【创建】选项板中单击【绘图视图】按钮，系统将打开【新绘图视图】对话框，如图13-12所示。

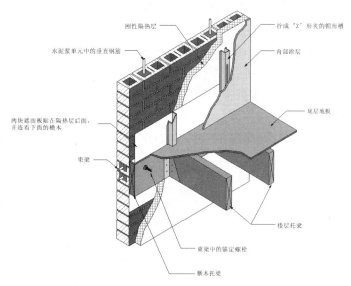

图13-11 绘图视图

此时，输入视图的名称，选择相应的比例参数，并单击【确定】按钮，系统将打开绘图视图的绘图区域，然后即可利用相应的详图工具创建详图。各种详图工具的使用方法将在后面的章节中详细介绍，这里不再赘述。

图13-12 【新绘图视图】对话框

提 示

当在项目中创建绘图视图时，它将与项目一起保存。此外，放置在绘图视图中的任何详图索引必须是参照详图索引。

13.3 详图工具

不论是详图视图还是绘图视图，完成相应视图的初建后，都需要利用相应的详图工具绘制添加详图设计的内容。在Revit中，用户可以通过各种详图设计工具和编辑工具进行深化设计。

13.3.1 详图设计工具

若要在视图中创建详图，用户可以利用【注释】选项卡上的相关工具。各主要工具的使用方法分别介绍如下。

1．详图线

详图线是详图设计中最常用的二维设计工具，其创建和编辑方法与模型线完全一致。区别在于：模型线属于模型图元，可以在所有视图中显示；而详图线则属于视图专有图元，只在当前视图中可见。

详图线是在视图的草图平面中绘制的。用户可以利用【详图线】工具为详图视图和绘制视图中的模型几何图形提供其他信息，打开相应的视图，然后切换至【注释】选项卡，在【详图】选项板中单击【详图线】按钮 ，系统将展开【修改|放置 详图线】选项卡，如图 13-13 所示。

图 13-13　【修改|放置 详图线】选项卡

此时，用户即可利用【绘制】选项板中的相应工具完成详图内容的绘制，其操作方法与前面章节中介绍的模型线绘制方法一样，这里不再赘述。

2．详图构件

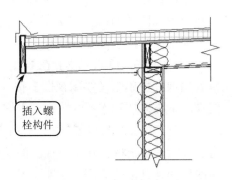

图 13-14　插入详图构件

详图构件是基于线的二维图元，类似于 AutoCAD 中的图块概念。在将详图构件添加到视图前，可以从族库中将所需的详图构件族载入项目，如果详图库中不包含所需的详图，还可以修改现有的详图构件族或创建新的详图。详图构件提供了一个比绘制单个详图线更快的创建详图方法，如图 13-14 所示。

详图构件是视图的专有图元，仅在创建的当前视图中可见。用户可以将其放置在绘图视图或详图视图中，以将相应的信息添加到模型。切换至【注释】选项卡，在【详图】面板中单击【详图构件】按钮 ，系统将打开相应的【属性】选项板，如图 13-15 所示。

然后在类型选择器中选择要放置的适当详图构件，并可以按空格键旋转构件方向，接着在指定位置单击放置，即可添加该详图构件。且此时，用户还可以单击选择该构件，在打开的属性选项板中修改该构件的参数值，并可以通过拖曳构件上的控制柄调整构件形状，效果如图 13-16 所示。

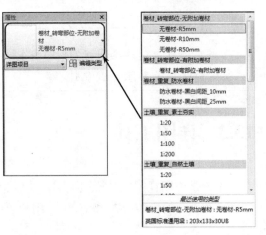

图 13-15　选择详图构件

3．填充区域

在添加详图内容时，用户可以利用【填充区域】工具在详图视图中定义填充区域，或者将填充区域添加到注释族中。【填充区域】工具可使用边界线样式和填充样式在闭合边界内创建视图专有的二维图形。

切换至【注释】选项卡，在【详图】选项板中单击【填充区域】按钮，系统将打开【修改|创建填充区域边界】选项卡，如图 13-17 所示。

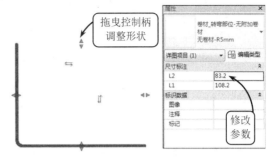

图 13-16　添加详图构件

图 13-17　【修改|创建填充区域边界】选项卡

此时，在【线样式】列表框中选择边界线样式，并利用【绘制】选项板上的绘制工具绘制填充区域。然后在【属性】选项板中单击【编辑类型】按钮，在打开的对话框中即可对填充图案的属性进行相应的设置，如图 13-18 所示。至此，即可完成填充区域的创建。

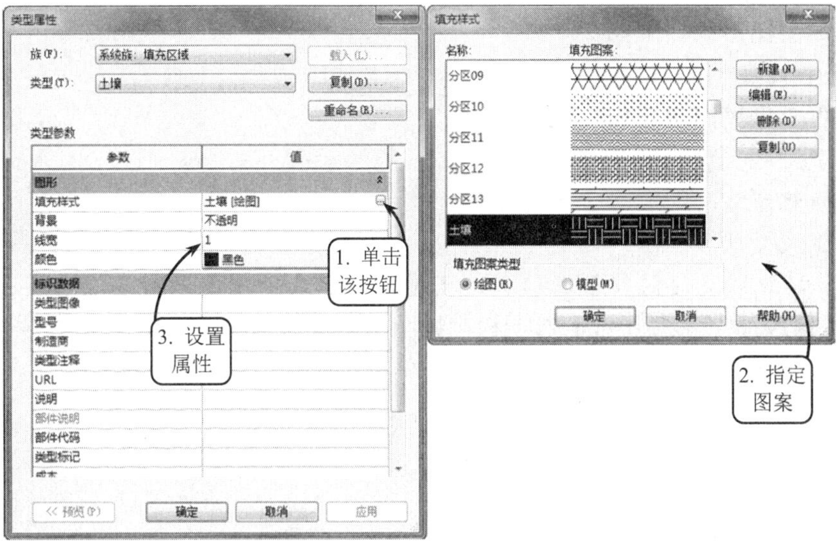

此外，填充样式包含两种类型：绘图或模型。其中，【绘图】填充样式取决于视图比例，而【模型】填充样式则取决于建筑模型中的实际尺寸标注。

图 13-18　设置填充图案属性

4．遮罩区域

在项目设计中，有时需要隐藏图元的局部而不是整个图元，此时即可创建相应的遮罩区域。遮罩区域是视图专有图形，可用于在视图中隐藏指定的图元。

打开要添加遮罩区域的视图，然后切换至【注释】选项卡，在【详图】选项板中单击【遮罩区域】按钮，系统将打开【修改|创建遮罩区域边界】选项卡，如图 13-19 所示。

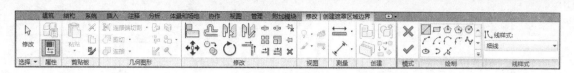

图 13-19 【修改|创建遮罩区域边界】选项卡

此时，在【线样式】列表框中选择边界线样式，并利用【绘制】选项板上的绘制工具绘制要遮罩的区域，即可将该区域下的图元隐藏，效果如图 13-20 所示。

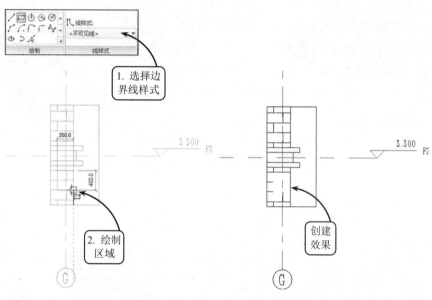

1. 选择边界线样式

5. 隔热层

在详图设计过程中，用户可以利用【隔热层】工具在详图视图或绘图视图中放置衬垫隔热层图形，效果如图 13-21 所示，且可以调整隔热层的宽度和长度，以及隔热层线之间的膨胀尺寸。

2. 绘制区域

创建效果

图 13-20 创建遮罩区域

切换至【注释】选项卡，在【详图】选项板中单击【隔热层】按钮 ，系统将打开【修改|放置隔热层线】选项栏，如图 13-22 所示。此时，在该选项栏中设置相应的参数选项，然后在视图中的指定位置依次单击捕捉隔热层的起点和终点放置即可，效果如图 13-22 所示。

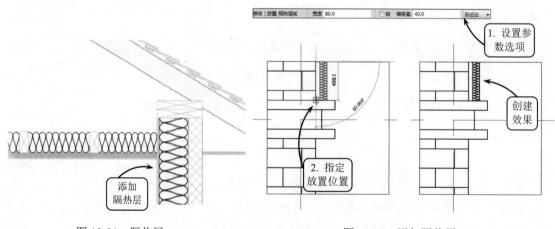

添加隔热层

1. 设置参数选项

2. 指定放置位置

创建效果

图 13-21 隔热层

图 13-22 添加隔热层

提 示

　添加隔热层与绘制模型线的方法类似，用户可以设置距光标的偏移，也可以拾取用来添加隔热层的线。

此外，当完成隔热层的添加后，用户还可以更改隔热层的宽度和隔热层线之间的膨胀尺寸。用户只需单击选择该隔热层，然后在打开的属性选项板中设置相应的参数选项即可，如图 13-23 所示。

提 示

　用户也可以通过单击并拖曳隔热层的端点来调整隔热层的长度。

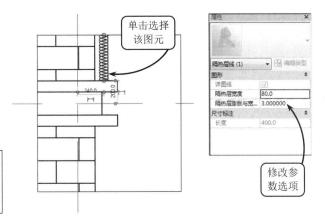

图 13-23　修改参数

13.3.2 详图编辑工具

完成详图内容的添加后，用户还可以利用常用的详图编辑工具对已添加的详图图元进行相应的编辑操作，以达到设计的需求。各主要工具的使用方法分别介绍如下。

1. 调整详图绘制顺序

每个详图构件、详图线和填充区域在总细节中都有一个图形绘制顺序。用户可以对视图中详图内容的绘制顺序进行排序。

在绘图区域中，选择一个或多个详图图元，系统将打开相应的选项卡。此时，用户即可利用该选项卡【排列】面板中的相关工具调整图元顺序，如图13-24所示。

2. 控制线显示

正常情况下，显示在后面的模型图元和详图图元是不能显示的。用户可以利用【显示隐藏线（按图元）】工具显示当前视图中被其他图元遮挡的模型图元和详图图元。

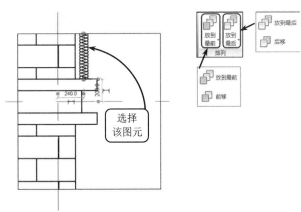

图 13-24　调整详图绘制顺序

打开一个要在其中显示被遮挡图元隐藏线的视图，然后切换至【视图】选项卡，单击【图形】面板中的【显示隐藏线】按钮。此时在视图中依次单击选择隐藏了另一个图元的图元和被遮挡的图元，即可显示被遮挡图元的隐藏线，效果如图13-25所示。

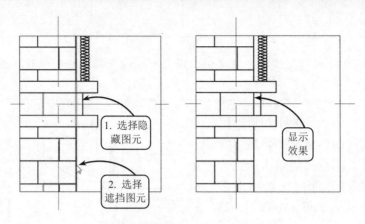

图 13-25　显示隐藏线

 提　示

　　此外，用户还可以利用【删除隐藏线】工具按照同样的选择顺序删除已经显示的隐藏线。

第 14 章

布图与打印

当建立了各种平面、立面、详图等视图，以及明细表、图例等各种设计成果后，即可创建图纸，将上述成果布置并打印展示给各方，同时自动创建图纸清单，保存全套的项目设计资料。

本章主要了解图纸的创建、布置、项目信息等设置方法，以及各种导出与打印方式。

本章学习目的：

（1）掌握图纸的创建方法。

（2）掌握图纸的布置方式。

（3）掌握项目信息的设置选项。

（4）掌握导出 CAD 文件的操作过程。

（5）掌握打印的操作过程。

14.1 图纸布图

无论是导出为 CAD 文件还是打印，均需要创建图纸，并布置视图至图纸上，而图纸布置完成后，还需要设置各个视图的视图标题、项目信息设置等操作。

14.1.1 图纸创建与布置

在 Revit 中，为施工图文档集中的每个图纸创建一个图纸视图，然后在每个图纸上放置多个图形或明细表，其中，施工图文档集也称为图形集或图纸集。

打开光盘文件中的"职工食堂.rvt"项目文件，该文件已经为各个视图添加了尺寸标注、高程点、明细表等图纸中需要的项目信息。如图 14-1 所示为 F1 平面视图效果。

切换至【视图】选项卡，单击【图纸组合】面板中的【图纸】按钮🗔，打开【新建图纸】对话框。单击【载入】按钮，打开【载入族】对话框，将"A0公制.rfa"和"A1 公制.rfa"载入其中，如图 14-2所示。

选择【选择标题栏】列表中的"A0 公制"选项，单击【确定】按钮，创建"003-未命名"图纸，如图14-3 所示。

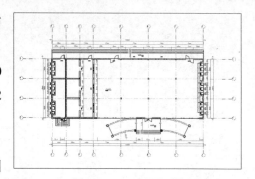

图 14-1　F1 平面视图

图 14-2　载入族文件

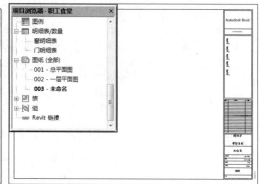

图 14-3　创建空白图纸

单击【图纸组合】面板中的【视图】按钮🗔，打开【视图】对话框，该对话框列表中包括了项目中所有可用的视图，如图 14-4所示。

在列表中选择"楼层平面：F1"视图，单击【在图纸中添加视图】按钮，将光标指向图纸空白区域单击，放置该视图，如图 14-5所示。

局部放大视图底部，查看图纸名称，如图 14-6 所示。切换至【插入】面板，选择【从库中载入】面板中的【载入族】工具，载入族文件"视图标题.rfa"，如图 14-6 所示。

图 14-4　【视图】对话框

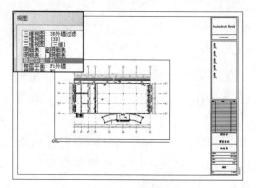

图 14-5　放置视图

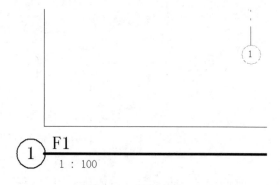

图 14-6　图纸名称

选择该图纸名称，打开【类型属性】对话框。复制类型为"职工食堂-视图标题"，设置【标题】参数为载入的族文件，禁用【显示延伸线】参数，设置【线宽】为2，【颜色】为"黑色"，如图14-7所示。

关闭该对话框，选中图纸标题并将其移至适当位置。在【属性】面板中设置【图纸上的标题】选项为"一层平面图"，单击【应用】按钮，如图14-8所示。

图14-7　设置标题类型　　　　　　　　图14-8　更改图纸标题

切换至【注释】选项卡，选择【符号】面板中的【符号】工具，确定【属性】面板选择器为"C_指北针"，在视图右上角空白区域单击，添加指北针，如图14-9所示。

按两次Esc键退出放置状态，在不选中任何图元情况下，设置【属性】面板中图纸的【审核者】、【设计者】、【审图员】与【图纸名称】选项，单击【应用】按钮，修改图纸的名称，如图14-10所示。

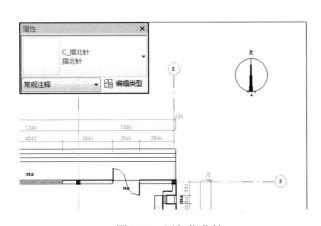

图14-9　添加指北针　　　　　　　　　图14-10　修改图纸名称

按照上述方法，继续创建图纸并在图纸中放置视图。其中，一张图纸中既可以放置一个视图，也可以放置多个视图，如图 14-11 所示。

技—巧

放置图纸除了能够通过单击【视图】按钮，在【视图】对话框中选择视图放置外，还可以直接选中【项目浏览器】面板中的视图名称，并拖至空白图纸来完成放置。

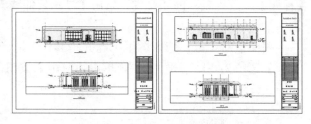

图 14-11　创建并放置图纸

切换至【插入】选项卡，单击【导入】面板中的【从文件插入】下拉按钮，选择【插入文件中的视图】选项，选择光盘文件中的"建筑设计说明.rvt"，如图 14-12 所示。

单击【打开】按钮，打开【插入视图】对话框，选择【视图】列表中的"显示所有视图和图纸"选项，单击【选择全部】按钮，选择所有视图，如图 14-13 所示。

图 14-12　【打开】对话框

单击【确定】按钮，打开该图纸，【项目浏览器】面板中【图纸】列表下方自动建立两个图纸，如图 14-14 所示。Revit 会打开【警告】对话框，提示"族'A1 公制'已重命名'A1 公制 1'，以避免与现有图元发生冲突。"。

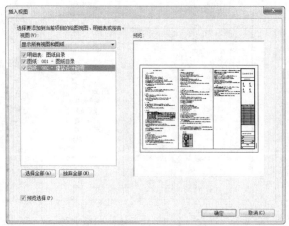

图 14-13　【插入视图】对话框

图 14-14　打开图纸

在【项目浏览器】面板中，分别右击图纸"001-总平面图"和"002-一层平面图"，选择关联菜单中的【删除】选项将其删除，依次右击图纸"008-图纸目录"和"007-建筑设计说明"，选择关联菜单中的【重命名】选项，使其重命名"001-图纸目录"和"002-建筑设计说明"，如图14-15所示。

双击【项目浏览器】面板中的"007-建筑设计说明"视图，打开该视图，依次将【项目浏览器】面板中【明细表/数量】列表中的"窗明细表"和"门明细表"视图拖入图纸的空白区域，如图14-16所示。

图14-15　删除与重命名图纸

图14-16　放置明细表视图

提　示

当放置明细表视图后，可以通过选中明细表视图，单击并左右拖动明细表上方的三角形图标来改变明细表的宽度。

14.1.2　项目信息设置

在标题栏中除了显示当前图纸名称、图纸编号外，将显示项目的相关信息，比如项目名称、客户名称等内容，还可以使用【项目信息】工具设置项目的公用信息参数。

当创建并布置完成图纸后，局部放大图纸右下角区域，发现图纸的标题栏中除了图纸的【绘图员】、【审图员】等信息外，还需要对项目的信息进行填写，如图14-17所示。

在Revit当中提供了【项目信息】工具，用来记录项目的信息。切换至【管理】选项卡，选择【设置】面板中的【项目信息】工具，打开【项目属性】对话

图14-17　图纸标题栏

框，如图 14-18 所示。

在该对话框中，设置【其他】参数组中的各个参数，完成设置后，单击【确定】按钮关闭该对话框，图纸标题栏被更改，如图 14-19 所示。

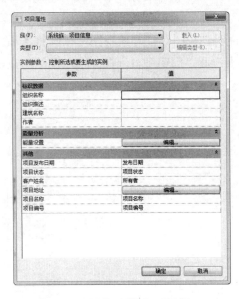

图 14-18 【项目属性】对话框

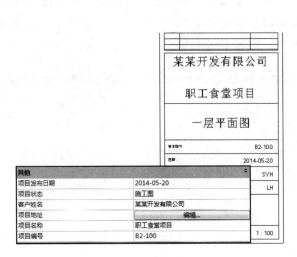

图 14-19 设置项目属性

当设置完成【项目属性】对话框中的参数后，除了当前视图中图纸的标题栏进行更改外，其他视图中的图纸标题栏也进行相同的更改，如图 14-20 所示。

14.2 打印与图纸导出

图纸布置完成后，可以通过打印机将已布置完成的图纸视图打印为图档或指定的视图或图纸视图导出为 CAD 文件，以便交换设计成果。

某某开发有限公司	某某开发有限公司	某某开发有限公司
职工食堂项目	职工食堂项目	职工食堂项目
二层、屋顶平面图	南立面、东立面图	北立面、西立面图
信息编号 B2-100	信息编号 B2-100	信息编号 B2-100
日期 2014-05-20	日期 2014-05-20	日期 2014-05-20
绘图员 SYH	绘图员 SYH	绘图员 SYH
审图员 LH	审图员 LH	审图员 LH
004	005	006
比例 1：100	比例 1：100	比例 1：100

图 14-20 图纸标题栏

14.2.1 导出为 CAD 文件

在 Revit 中完成所有图纸的布置之后，可以将生成的文件导成 DWG 各种的 CAD 文件，供其他的用户使用。

要导出 DWG 格式的文件，首先要对 Revit 以及 DWG 之间的映射格式进行设置。单击【应用程序菜单】按钮，选择【导出】|【选项】|【导出设置 DWG/DXF】选项，打开【修改DWG/DXF 导出设置】对话框，如图 14-21 所示。

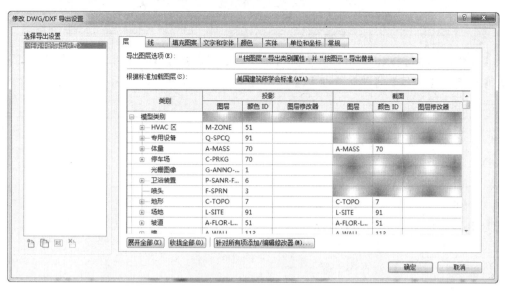

图 14-21 【修改 DWG/DXF 导出设置】对话框

由于在 Revit 当中使用的是构建类别的方式管理对象，而在 DWG 图纸当中是使用图层的方式进行管理。因此必须在【修改 DWG/DXF 导出设置】对话框中对构建类别以及 DWG 当中的图层进行映射设置。

单击对话框底部的【新建导出设置】按钮，在【层】选项卡中选择【根据标准加载图层】列表中的"从以下文件加载设置"选项，在打开的【导出设置-从标准载入图层】对话框中单击【是】按钮，打开【载入导出图层文件】对话框。选择光盘文件中的 exportlayers-Revit-tangent.txt 文件，更改【投影】以及【截面】参数值，如图 14-22 所示。其中，exportlayers-Revit-tangent.txt 文件中记录了如何从 Revit 类型转出为天正格式的 DWG 图层的设置。

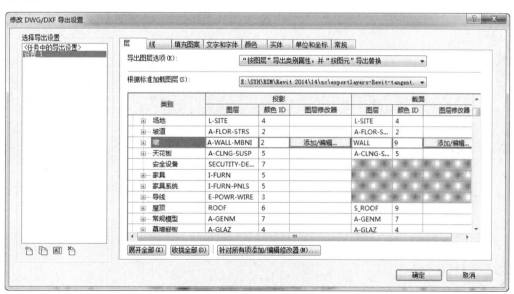

图 14-22 设置标准

注 意

在【修改 DWG/DXF 导出设置】对话框中，还可以对【线】、【填充图案】、【文字和字体】、【颜色】、【实体】、【单位和坐标】以及【常规】选项卡中的选项进行设置，这里就不再一一介绍。

单击【确定】按钮，完成 DWG/DXF 的映射选项设置，接下来即可将图纸导出为 DWG 格式的文件。单击【应用程序菜单】按钮，选择【导出】|【导出 CAD 格式】|DWG 选项，打开【DWG 导出】对话框。设置【选择导出设置】列表中的选项为刚刚设置的"设置 1"，选择【按列表显示】选项为"模型中的图纸"，如图 14-23 所示。

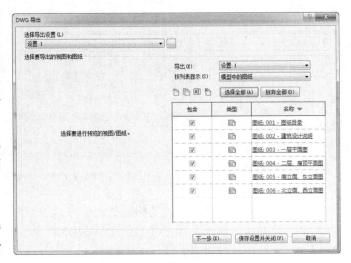

图 14-23　设置 DWG 导出选项

单击【下一步】按钮，打开【导出 CAD 格式-保存到目标文件夹】对话框。选择保存 DWG 格式的版本，禁用【将图纸上的视图和链接作为外部参照导出】选项，单击【确定】按钮，导出为 DWG 格式文件，如图 14-24 所示。

这时，打开放置 DWG 格式文件所在的文件夹，双击其中一个 DWG 格式的文件即可在 AutoCAD 中将其打开，并进行查看与编辑，如图 14-25 所示。

图 14-24　导出 DWG 格式

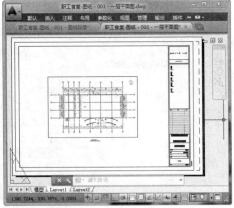

图 14-25　打开 DWG 格式文件

14.2.2　打印

当图纸布置完成后，除了能够将其导出为 DWG 格式的文件外，还能够将其打印成图纸，或者通过打印工具将图纸打印成 PDF 格式的文件，以供用户查看。

单击【应用程序菜单】按钮 🔧，选择【打印】|【打印】选项，打开【打印】对话框。选择【名称】列表中的 Adobe PDF 选项，设置打印机为 PDF 虚拟打印机；启用【将多个所选视图/图纸合并到一个文件】选项；启用【所选视图/图纸】选项，如图 14-26 所示。

单击【打印范围】选项组中的【选择】按钮，打开【视图/图纸集】对话框。禁用【视图】选项后，在列表中选择图纸-003、004、005、006，单击【保存】按钮，将其保存为"设置 1"，如图 14-27 所示。

单击【设置】选项组中的【设置】按钮，打开【打印设置】对话框。选择【尺寸】为A0，启用【从角部偏移】选项以及【缩放】

图 14-26　设置打印选项

选项，单击【保存】按钮，将该配置保存为 Adobe PDF_A0，如图 14-28 所示。

图 14-27　选择图纸　　　　　　图 14-28　打印设置

单击【确定】按钮，返回【打印】对话框。在打开的【另存 PDF 文件为】对话框中设置【文件名】选项后，单击【保存】按钮创建 Adobe PDF，如图 14-29 所示。

完成 PDF 文件创建后，在保存的文件夹中打开 PDF 文件，即可查看施工图在 PDF 中的效果，如图 14-30 所示。

提　示

　　使用 Revit 中的【打印】命令，生成 PDF 文件的过程与使用打印机打印的过程是一致，这里不再阐述。

图 14-29　打印 PDF 文件

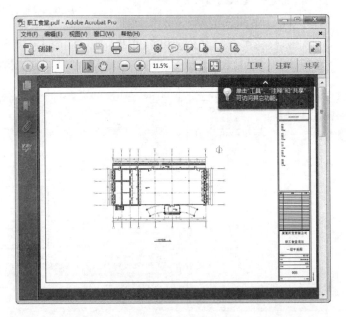

图 14-30　查看 PDF 文件

第 15 章

族

所有添加到 Revit 项目中的图元（从用于构成建筑模型的结构构件、墙、屋顶、窗和门到用于记录该模型的详图索引、装置、标记和详图构件）都是使用族创建的。族是 Revit 中一个非常重要的构成要素，正是由于族概念的引入，才可以实现 Revit 软件参数化的建模设计。

本章主要介绍族的相关概念，并系统阐述了系统族、可载入族和内建族的载入和创建方法，使用户对族有全面而深刻的了解与认识。

本章学习目的：
（1）熟悉族的相关概念。
（2）掌握系统族的载入方法。
（3）掌握可载入族的载入和创建方法。
（4）掌握内建族的创建方法。

15.1 族基础

在 Revit 中，用户可以通过使用相关的族工具将标准图元和自定义图元添加到建筑模型中。此外，通过族还可以对用法和行为类似的图元进行相应的控制，以便用户轻松地完成修改设计以及更高效地管理项目。

15.1.1 族概述

族是一个包含通用属性（称作参数）集和相关图形表示的图元组，且属于一个族的不同图元的部分或全部参数可能有不同的值，但是参数（其名称与含义）的集合是相同的。在 Revit 中，族中的这些变体称作族类型或类型。

例如，家具类别所包括的族和族类型可以用来创建不同的家具，例如桌、椅和柜子。尽管这些族具有不同的用途，并由不同的材质构成，但它们的用法却是相关的。族中的每一类型都具有相关的图形表示和一组相同的参数，称作族类型参数。

此外，族可以是二维族或者三维族，但并非所有族都是参数化族。例如，门窗是三维参数化族；卫浴设施有三维族和二维族，有参数化族也有固定尺寸的非参数化族；门窗标记则是二维非参数化族。用户可以根据实际需求，事先合理规划三维族、二维族以及族是否参数化。

15.1.2 族类别

在 Revit 中，系统包含 3 种类型的族：系统族、可载入族和内建族。其中，在项目中创建的大多数图元都是系统族或可载入族。用户还可以组合可载入族来创建嵌套和共享族。

1．系统族

系统族可以创建基本建筑图元，如墙、屋顶、天花板、楼板以及其他要在施工场地装配的图元。此外，能够影响项目环境且包含标高、轴网、图纸和视口类型的系统设置也是系统族。

系统族是在 Revit 中预定义的。用户不能将其从外部文件中载入到项目中，也不能将其保存到项目之外的位置。系统族只能在项目文件图元的【类型属性】对话框中复制新的族类型，并设置其各项参数后保存到项目文件中，然后即可在后续设计中直接从类型选择器中选择使用。

2．可载入族

可载入族是用于创建建筑构件和一些注释图元的族。在 Revit 中，可载入族可以创建通常购买、提供和安装在建筑内与建筑周围的建筑构件（例如窗、门、橱柜、设备、家具和植物等），系统构件（例如锅炉、热水器、空气处理设备和卫浴装置等）。此外，可载入族还包含一些常规自定义的注释图元，例如符号和标题栏。

由于它们具有高度可自定义的特征，因此可载入族是用户在 Revit 中经常创建和修改的族，而与系统族不同的是，可载入族是在外部 RFA 文件中创建的，并可导入或载入到项目中。对于包含许多类型的可载入族，用户可以创建和使用类型目录，以便仅载入项目所需的类型。

3．内建族

内建族适用于创建当前项目专有的独特图元构件。在创建内建族时，用户可以参照项目中其他已有的图形，且当所参照的图形发生变化时，内建族可以相应地自动调整更新。

此外，在创建内建图元时，Revit 将为该内建图元创建一个族，且该族包含单个族类型。

15.1.3 族编辑器

无论是可载入族还是内建族，族的创建和编辑都是在族编辑器中创建几何图形，然后设置族参数和族类型的。族编辑器是 Revit 中的一种图形编辑模式，使用户能够创建并修改可引入到项目中的族。

族编辑器与 Revit 中的项目环境有相同的外观，但选项卡和面板因所要编辑的族类型而异。用户可以使用族编辑器来创建和编辑可载入族以及内建图元，且用于打开族编辑器的方法取决于要执行的操作，现分别介绍如下。

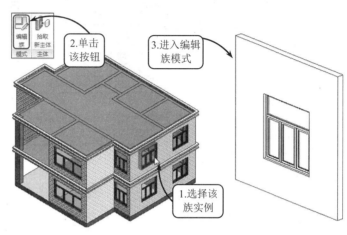

1．通过项目编辑族

打开一项目文件，并在绘图区域中选择一个族实例，然后在激活打开的【修改】选项卡中单击【编辑族】按钮，即可进入编辑族图元的模式，如图 15-1 所示。

图 15-1　通过项目编辑族

> **提　示**
>
> 此外，用户也可以通过双击相应的族图元来进入编辑族的模式。

2．在项目外部编辑可载入族

单击软件左上角的图标按钮，在展开的下拉列表中选择【打开|族】选项，系统将打开【打开】对话框，如图 15-2 所示。此时，浏览到包含要编辑的可载入族文件，然后单击【打开】按钮，即可进入编辑族的模式。

3．使用样板文件创建可载入族

单击软件左上角的图标按钮，在展开的下拉列表中选择【新建|族】选项，系统将打开【新族-选择样板文件】对话框，如图 15-3 所示。此时，浏览到要创建的样板文件，然后单击【打开】按钮，即可进入创建族的模式。

图 15-2　在项目外部编辑可载入族

4．创建内建图元

切换至【建筑】选项卡，在【构件】下拉列表框中单击【内建模型】按钮，系统将打
开【族类别和族参数】对
话框，如图 15-4 所示。此
时，在该对话框中选择相
应的族类别，并单击【确
定】按钮，输入内建图元
族的名称，单击【确定】
按钮，即可进入创建族的
模式。

5．编辑内建图元

在图形中选择内建图
元，然后在激活打开的【修
改】选项卡的【模型】面
板中单击【在位编辑】按钮，即
可进入编辑内建族图元的模式。

图 15-3　使用样板文件创建可载入族

提　示

在 Revit 中，用户不可以使用
族编辑器来编辑系统族。

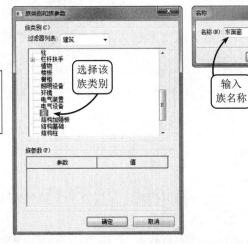

15.2　系统族

系统族包含用于创建基本建筑
图元（例如建筑模型中的墙、楼板、
天花板和楼梯）的族类型。此外，

图 15-4　创建内建图元

系统族还包含项目和系统设置，这些设置会影响项目环境，并且包含诸如标高、轴网、图纸
和视口等图元类型。

15.2.1　系统族概述

系统族已在 Revit 中预定义且保存在样板和项目中，而不是从外部文件中载入到样板和
项目中的。用户不能创建、复制、修改或删除系统族，但可以复制和修改系统族中的类型，
以便创建自定义的系统族类型。用户可以使用项目浏览器来查看项目或样板中的系统族和系
统族类型，如图 15-5 所示。

在 Revit 中，由于每个族至少需要一个类型才能创建新的系统族类型，因此系统族中应

保留一个系统族类型,除此以外的其他系统族类型都可以删除。

此外,尽管不能将系统族载入到样板和项目中,但可以在项目和样板之间复制、粘贴或者传递系统族类型。用户可以复制和粘贴各个类型,也可以使用工具来传递所指定系统族中的所有类型。

> **提 示**
>
> 系统族还可以作为其他种类的族的主体,且这些族通常是可载入族。例如,墙系统族可以作为标准门/窗部件的主体。

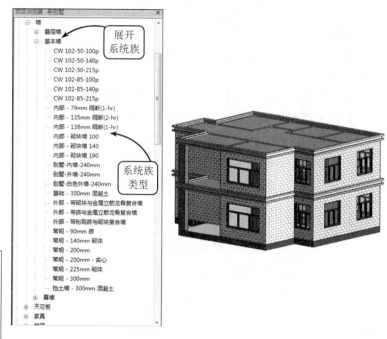

图 15-5　查看系统族和系统族类型

15.2.2　项目中的系统族

系统族已预定义且保存在样板和项目中,而不是从外部文件中载入到样板和项目中。用户可以复制并修改系统族中的类型,以创建自定义的系统族类型。在开始项目之前,用户可以通过使用下面的工作流来确定能否使用现有系统族类型,还是需要创建自定义的系统族类型。

(1)确定项目所需的系统族类型。

(2)搜索现有系统族,并确定是否可以在 Revit 样板或 Office 样板中找到所需的系统族类型。

(3)如果可以找到与所需的族类型类似的系统族类型,则可以根据需要修改现有族,以节省设计时间。

(4)如果找不到所需的系统族类型,并且无法通过修改类似的族类型来满足需要,则需创建自定义的系统族类型。

15.2.3　载入系统族类型

因为 Revit 中已预定义了系统族,所以可以在项目或样板中仅载入系统族类型。在 Revit 中,用户可以通过以下两种操作载入相应的系统族类型。

1. 在项目或样板之间复制族类型

用户可以将一个或多个选定类型从一个项目或样板中复制并粘贴到另一个项目或样

板中。

打开包含要复制的族类型的项目或样板，再打开要将类型粘贴到其中的项目。此时，选择要复制的族类型，并在激活打开的【修改】选项卡中单击【复制到剪贴板】按钮，如图15-6所示。

然后利用【切换窗口】工具切换至要将所选族类型粘贴到其中的项目文件，并单击【剪贴板】面板中的【从剪贴板中粘贴】按钮，即可将复制的族类型添加到目标项目文件中，如图15-7所示。

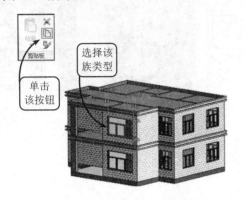

图 15-6　选择要复制的族类型

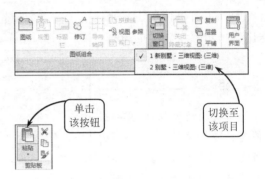

图 15-7　粘贴至目标项目文件

2．在项目或样板之间传递系统族类型

用户还可以将选定系统族或族的所有系统族类型从一个项目中传递到另一个项目中。

分别打开要传递系统族类型的原始项目和接收系统族类型的目标项目，并把目标项目置为当前窗口，然后切换至【管理】选项卡，单击【设置】面板中的【传递项目标准】按钮，系统将打开【选择要复制的项目】对话框，如图15-8所示。

此时，在【复制自】列表框中选择原始项目文件名称，并在下方的列表框中选择需要传递的系统族类型即可。

图 15-8　【选择要复制的项目】对话框

提　示

用户可以把常用的系统族（如墙、天花板、楼梯等）分类集中存储为单独的一个文件，需要调用时，打开该文件，通过利用【复制到剪贴板】和【粘贴】工具，或者【传递项目标准】工具，即可应用到项目中。

15.3　可载入族

可载入族是用于创建建筑构件和一些注释图元的族。在 Revit 中，由可载入族创建的建筑构件通常购买、提供并安装在建筑内部和周围，例如窗、门、橱柜、设备、家具和植物。

此外，它们还包含一些常规自定义的注释图元，例如符号和标题栏。

15.3.1　可载入族概述

由于可载入族具有高度可自定义的特征，因此它是 Revit 中最常创建和修改的族。与系统族不同的是，可载入族在外部 RFA 文件中创建，并导入（载入）到项目中。对于包含许多类型的族，用户还可以创建和使用类型目录，以便仅载入项目所需的类型。

1．可载入族创建概述

创建可载入族时，可以使用软件提供的样板，且样板中包含与所要创建的族有关的信息。用户需先绘制族的几何图形，然后利用参数建立族构件之间的关系，创建其包含的变体或族类型，以确定其在不同视图中的可见性和详细程度。完成族的创建后，用户还需要在示例项目中对其进行测试，然后才可以在项目中创建相应的图元。

2．嵌套和共享可载入族

在 Revit 中，用户还可以通过在其他族中载入族实例来创建新的族。这种通过将现有族嵌套在其他族中的创建方式，可以节省大量的建模时间。用户可以根据这些族实例在加入项目后的作用方式（作为一个图元或作为独立图元）来指定是否共享嵌套的族。

用户可以在族中嵌套（插入）其他族，以创建包含合并族几何图形的新族。例如，无需从头创建带有灯泡的照明设备，而可以将灯泡载入照明设备族中来创建组合灯族。

此外，在进行族嵌套之前是否共享了这些族，决定着嵌套几何图形在以该族创建的图元中的行为。

（1）如果嵌套的族未共享，则使用嵌套族创建的构件与其余的图元将作为单个单元使用。用户不能分别选择（编辑）构件、分别对构件进行标记，也不能分别将构件录入明细表。

（2）如果嵌套的是共享族，则用户可以分别选择、分别对构件进行标记，也可以分别将构件录入明细表。

3．在项目中应用可载入族

可载入族是 Revit 中应用最广泛的族。在开始项目创建之前，用户可以使用下面的工作流确定是否使用现有族，还是需要创建自定义族。

（1）确定项目需要的族。

（2）搜索现有的可载入族，并确定是否可以在库、Web、Revit 样板或 Office 样板中找到需要的族。

（3）如果能找到相应的族，但该族不是需要的特定类型，则需要创建新的类型。

（4）如果可以找到与需要的族相似的族，则可以根据需要修改现有族，以节省设计时间。

（5）如果找不到需要的构件族，也无法通过修改类似族来满足需求，则需自行创建相应的构件族。

15.3.2　载入可载入族

若要在项目或样板中使用可载入族，必须使用【载入族】工具载入（导入）这些族，将族载入到某个项目中后，它将随该项目一起保存。此外，有些族已预先载入到 Revit 所包含的样板中，用户使用这些样板创建的所有项目中都会包含样板中载入的族。

1. 载入族

切换至【插入】选项卡，在【从库中载入】面板中单击【载入族】按钮，系统将打开【载入族】对话框，如图 15-9 所示。

此时，在该对话框中双击要载入的族的类别，然后选择要载入的族，并单击【打开】按钮，即可将该族类型放置到项目中，且其将显示在项目浏览器中相应的族类别中，如图 15-10 所示。

图 15-9 【载入族】对话框

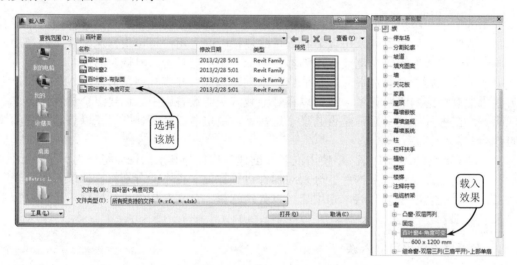

图 15-10 载入【百叶窗】族

 提 示

从 Revit 库、Revit Web 内容库和 Autodesk Seek 载入的大多数族都是完全可编辑的。

2. 将带有共享构件的族载入到项目中

将由嵌套构件或嵌套共享构件组成的族载入到项目中时，主体族以及所有嵌套的共享构件都会载入到项目中，且每个嵌套构件都会显示在项目浏览器中各自的族类别中；嵌套构件族可以存在于项目中，并可由多个主体族共享；当载入共享族时，如果其中一个族的版本已存在于项目中，用户可以选择是使用项目中的版本，还是使用正在载入的族中的版本。

在 Revit 中，将包含嵌套族或嵌套共享族的族载入到项目中的方法与上述介绍的载入族方法相同，这里不再赘述。

提 示

此外，在将共享族载入到项目中后，不能重新载入同一个族的非共享版本并覆盖它，必须删除该族后才能重新载入其非共享版本。

3．将当前族载入项目

在族编辑器中创建或修改族后，用户还可以通过单击【族编辑器】面板中的【载入到项目中】按钮，将该族载入一个或多个打开的项目中。

此时如果当前只有一个项目处于打开状态，则系统会将该族自动载入该项目中；如果有多个项目处于打开状态，则系统将打开【载入到项目中】对话框，用户可以选择打开的项目以接收该族，如图 15-11 所示。

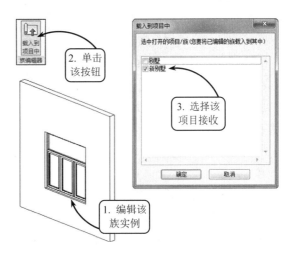

图 15-11　将当前族载入项目

15.3.3　创建可载入族

通常情况下，需要创建的可载入族是建筑设计中使用的标准尺寸和配置的常见构件和符号。要创建可载入族，用户可以使用 Revit 中提供的族样板来定义族的几何图形和尺寸，然后将族保存为单独的 Revit 族文件（.rfa 文件），并载入到任何项目中。

1．创建可载入族流程

创建过程可能很耗时，具体取决于族的复杂程度。如果能够找到与所要创建的族比较类似的族，则可以通过复制、重命名并修改该现有族来进行创建，这样既省时又省力。为了在创建族时获得最佳效果，用户可以使用以下工作流。

（1）在开始创建族之前，先规划族，确定有关族大小的要求、族在不同视图中的显示方式、是否需要主体、建模的详细程度以及族的起源。

（2）使用相应的族样板创建一个新的族文件。

（3）定义族的子类别有助于控制族几何图形的可见性。

（4）创建族的构架或框架：定义族的原点（插入点）；设置参照平面和参照线的布局有助于绘制构件几何图形；添加尺寸标注以指定参数化关系；标记尺寸标注，以创建类型/实例参数或二维表示；测试或调整构架。

（5）通过指定不同的参数定义族类型的变化。

（6）在实心或者空心中添加单标高几何图形，并将该几何图形约束到参照平面。

（7）调整新模型（类型和主体），以确认构件的行为是否正确。

（8）重复上述步骤直到完成族几何图形。

（9）使用子类别和实体可见性设置指定二维和三维几何图形的显示特征。

（10）保存新定义的族，然后将其载入到项目进行测试。

（11）对于包含许多类型的大型族，需创建类型目录。

2．从样板创建可载入族

要创建可载入族，用户可以选择一个族样板，然后命名并保存该族文件。其中，在为族命名时，应充分说明该族所要创建的图元。当族完成并载入项目中时，族名称会显示在项目浏览器和类型选择器中，用户可以将族保存到本地或网络上的任何位置。

图 15-12 【新族-选择样板文件】对话框

单击软件左上角的图标符号，在展开的下拉菜单中选择【新建|族】选项，系统将打开【新族-选择样板文件】对话框，如图 15-12 所示。

然后选择要使用的族样板文件，并单击【打开】按钮，系统将在族编辑器中打开新的族。此时，用户即可利用族编辑器中的相应工具创建可载入族的图元，完成族图元的创建后，继续单击软件左上角的图标符号，在展开的下拉菜单中选择【另存为|族】选项，在打开的对话框中定位到族所要保存的位置，并输入族的名称即可，如图 15-13 所示。

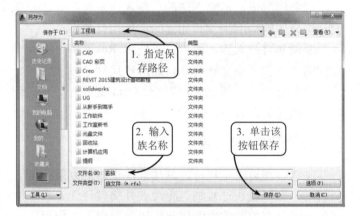

图 15-13 保存创建的族文件

此外，在打开族样板文件时，对于大多数族，系统将显示两条或更多条绿色虚线，它们是创建族几何图形时将使用的参照平面或工作平面。如果要创建基于主体的族，系统也将显示主体几何图形。

15.4 内建族

在 Revit 中，如果所建项目包含不重复使用的特殊几何图形，或必须与其他项目几何图形保持一种或多种关系的几何图形，用户可以创建内建图元。内建图元是在项目的上下文中创建的自定义图元。

15.4.1 内建族概述

用户可以在项目中创建多个内建图元，并且可以将同一内建图元的多个副本放置在项目中。但是，与系统族和可载入族不同的是，用户不能通过复制内建族类型来创建多种类型。

在开始项目之前，用户可以使用以下工作流确定模型是否需要内建图元。

（1）确定项目所需的任何独特或单一用途的图元，如果项目需在多个项目中使用该图元，则将其创建为可载入族。

（2）如果项目基于在其他项目中存在的内建图元（或者所需内建图元类似于其他项目中的内建图元），则可以将该内建图元复制到项目中或将其作为组载入项目中。

（3）如果找不到符合需要的内建图元，则可以在项目中创建新的内建图元。

> **提　示**
>
> 尽管用户可以在项目之间传递或复制内建图元，但只有在必要时才应执行此操作，因为内建图元会增大文件大小并使软件性能降低。

15.4.2 创建内建族

对于一些某项目专有的独特图元构件，一些通用性很差的非标构件，用户可以使用【内建模型】工具创建内建族实现。内建族的创建和编辑方法同可载入族完全一样，且创建时不需要选择相应的族样板。

打开相应的项目文件，然后切换至【建筑】选项卡，在【构件】下拉列表框中单击【内建模型】按钮，系统将打开【族类别和族参数】对话框，如图 15-14 所示。此时，在该对话框中选择相应的族类别并单击【确定】按钮，然后输入内建图元族的名称，单击【确定】按钮，进入创建族的模式，接着利用族编辑器工具创建相应的内建图元即可。

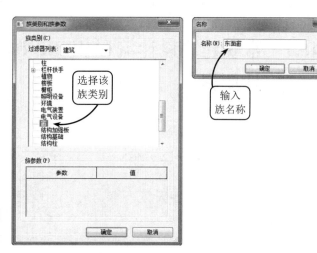

图 15-14　创建内建图元

> **提　示**
>
> 内建族不需要像可载入族一样创建复杂的族框架，不需要创建太多的参数，但还是要添加必要的尺寸和材质参数，以便在项目文件中直接从族的图元属性参数编辑内建族。

第 16 章

Revit 建筑模型的设计流程

创建建筑信息模型是 Revit Architecture 中设计的基础。Revit 2015 软件为建筑设计提供了各种常见的构件，用户无需具备任何编程语言或编码的基础便可创建这些构件。本章将利用之前章节介绍的各建筑构件的创建方法，完整地构造出一建筑结构模型，使用户对 Revit 建筑设计有一个全面而深入的了解。

16.1　常规建筑设计流程和 Revit 建筑设计流程

CAD（计算机辅助绘图）在国内的使用经历了从排斥到接受再到依赖的过程。在当前以二维 CAD 为主导的模式下，建筑设计师把三维的建筑用画法几何的知识变成二维的图纸，且工程界的交流语言也都是二维图纸语言。目前的主流工作模式为二维图纸加三维效果图的形式。

国内的建筑工程设计一般可划分为方案设计、初步设计和施工图设计 3 个阶段，且这些阶段都以二维 CAD 图纸为主线。图纸成了整个设计工作的核心，占整个项目设计周期的比重也较大。

在利用 Revit 软件进行建筑设计时，流程和设计阶段的时间分配将与传统模式有较大区别。Revit 建筑设计是以三维模型为基础的，图纸只是设计的衍生品。虽然前期建立模型所花费的工作时间占整个设计周期的比例较大，但是在后期成图、变更等方面具有很大的优势。

与此同时，建筑模型构建的越详细，其所包含的信息量就越大，花费的时间也将越多，对计算机的要求会更高。所以，用户也要平衡设计效率与三维模型信息之间的关系。

综上所述，利用 Revit 软件构建建筑模型是未来建筑行业的大趋势。用户在进行建筑设计时，需着眼于整个设计周期，并运用三维的思维方式去看待和设计建筑模型。

16.2 在 Revit 中开始设计

通过之前各章节内容的详细论述，用户已经对 Revit 软件的建模方法有了一定的了解。本节以创建一完整建筑模型为例，介绍 Revit 建筑设计的具体操作方法。

16.2.1 项目介绍及创建

本实例将创建一福利院的儿童部大楼项目，如图 16-1 所示。该项目将按照建筑师常用的设计流程，从绘制标高和轴网开始，到创建室外台阶和散水结束，详细讲解项目设计的全过程，以便让初学者用最短的时间全面掌握 Revit 建筑设计的操作方法。

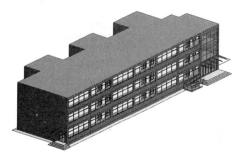

图 16-1　儿童部大楼

1. 项目简介

该儿童部大楼是某福利院建筑体系中的一幢独立建筑，其为三层的混凝土-砖石结构，内部配置有寝室、餐厅和卫生间等常规建筑构件设施，满足了该建筑的使用特性要求，效果如图 16-2 所示。

创建该项目结构的总流程为：项目样板定制（或选择相应的项目样板）→标高确定→绘制轴网→创建墙体→添加幕墙→添加结构柱→添加门窗→创建楼板和屋顶→放置内部构件→添加楼梯→完善细节构建。

图 16-2　儿童部大楼内部结构

> **提 示**
>
> 在创建本实例的过程中，期间所应用到的各族文件都以本书前面章节中应用的族文件为依准，这将省去大量的创建族文件的时间，有利于快速生成建筑模型。

2. 创建项目文件

（1）启动 Revit 软件后，单击左上角的【应用程序菜单】按钮，选择【新建】|【项目】选项，系统将打开【新建项目】对话框，如图 16-3 所示。此时，在该对话框中单击【浏览】

按钮,选择光盘文件 16/sc 中的"项目样板.rte"文件,并单击【确定】按钮,即可进入建模界面。

图 16-3　指定项目样板

> **提 示**
>
> 为了方便用户快速入门,本书已经定制了一个符合国内施工图制图标准的项目样板供用户使用。在具体的实际项目中,用户可以根据项目的特点自行定制相应标准的项目样板。

(2)默认情况下,在界面左侧的项目浏览器中显示了项目的初始基本信息,且绘图区域中将显示"南立面"视图效果。在该视图中,蓝色倒三角为标高图标,图标上方的数值为标高值,红色点划线为标高线,标高线上方为标高名称,如图 16-4 所示。

(3)此时,将光标指向 F2 标高一端,并滚动鼠标滑轮放大该区域,然后双击标高值,在文本框中输入 3.3,按 Enter 键完成标高值的初始更改,效果如图 16-5 所示。

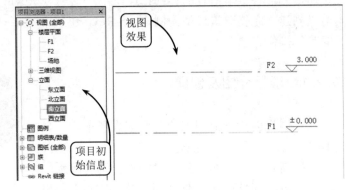

图 16-4　南立面视图

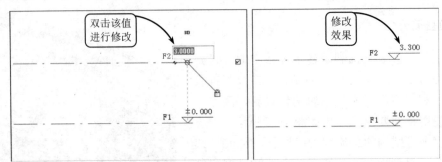

图 16-5　更改标高值

> **注 意**
>
> 该项目样板的标高值是以米为单位的,而标高值并不是任意设置,而是根据建筑设计图中的建筑尺寸来设置的层高。

16.2.2　绘制标高

标高是用于定义建筑内的垂直高度或楼层高度,是设计建筑效果的第一步。而标高的创建与编辑,则必须在立面或剖面视图中才能够进行操作。因此,在项目设计时必须首先进入立面视图。

本实例为三层建筑,主体层高为 9.9m,楼内外高差 0.6m。由于其低层和尺寸变化差异

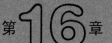
过大的特点，用户可以直接利用【标高】工具绘制标高。

（1）切换至【建筑】选项卡，在【基准】面板中单击【标高】按钮，系统将激活【修改|放置 标高】上下文选项卡，如图16-6所示。

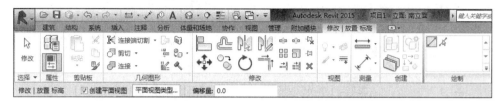

图16-6 【修改|放置 标高】选项卡

（2）在【绘制】面板中单击【直线】按钮来确定绘制标高的方法，然后在选项栏中启用【创建平面视图】复选框，并单击【平面视图类型】选项，系统将打开【平面视图类型】对话框，如图16-7所示。此时，选择【楼层平面】选项，并单击【确定】按钮。

图16-7 平面视图类型

提 示

　　【偏移量】选项则是控制标高值的偏移范围，可以是正数，也可以是负数。通常情况下，【偏移量】的选项值为0。

（3）设置完相应的参数选项后，将光标指向 F2 标高左侧，系统将自动捕捉就近的标高线，并显示一个临时尺寸标注。此时，输入相应的标高参数值，并依次单击捕捉确定所绘标高线的两个端点，即可完成标高的绘制，效果如图16-8所示。

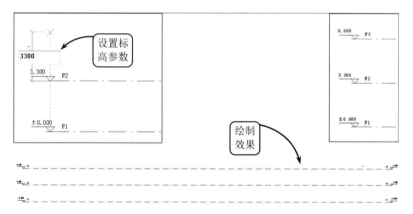

图16-8 绘制标高

技 巧

　　当捕捉标高端点后，既可以通过移动光标来确定标高尺寸，也可以通过键盘中的数字键输入来精确确定标高尺寸。

（4）利用上述相同的方法绘制其他标高，然后单击选择位于最底端的标高，在类型选择器中选择【下标头】类型，调整该标高样式，效果如图 16-9 所示。

（5）单击选择最底端的标高名称，然后在打开的文本框中更改标高名称，并按下 Enter 键。此时，在系统打开的 Revit 提示框中单击【是】按钮，即可在更改标高名称的同时更改相应视图的名称，如图 16-10 所示。至此，该建筑的所有标高绘制完成。

16.2.3 绘制轴网

在建筑专业领域中，轴网是由建筑轴线组成的网，是人为地在建筑图纸中为了标示构件的详细尺寸，按照一般的习惯标准虚设的，且习惯上标注在对称界面或截面构件的中心线上。

在 Revit 中，轴网由定位轴线（建筑结构中的墙或柱的中心线）、标志尺寸和轴号组成。轴网是建筑制图的主题框架，建筑物的主要支承构件都将按照轴网定位排列。轴网的创建，可以更加精确地设计与放置建筑物构件。

（1）在项目浏览器中双击【视图】|【楼层平面】|F1 视图，系统将进入 F1 平面视图，如图 16-11 所示。

（2）切换至【建筑】选项卡，在【基准】面板中单击【轴网】按钮，系统将打开【修改|放置 轴网】上下文选项卡。此时，单击【绘制】面板中的【直线】按钮，然后在绘图区域左下角的适当位置单击，并垂直向上移动光标，在适合位置再次单击完成第一条轴线的创建，效果如图 16-12 所示。

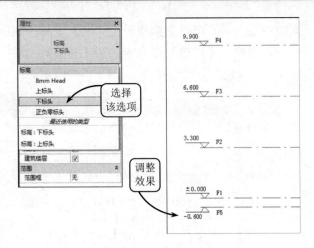

图 16-9　调整标高样式

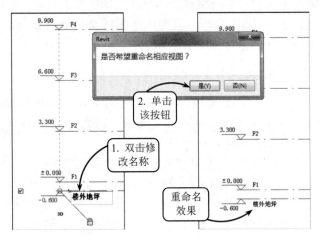

图 16-10　重命名标高

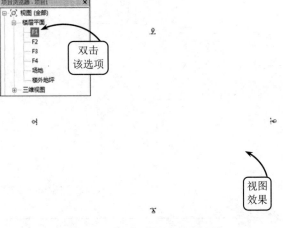

图 16-11　进入 F1 楼层平面视图

（3）继续移动光标指向现有轴线的端点，系统将自动捕捉该端点，并显示一临时尺寸。此时输入相应的尺寸参数值，并单击确定第二条轴线的起点。然后向上移动光标，确定第二条轴线的终点后再次单击，完成该轴线的绘制，效果如图 16-13 所示。

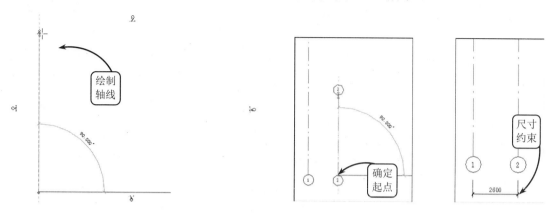

图 16-12　绘制轴线　　　　　　　　　　　图 16-13　绘制第二条轴线

（4）利用该方法按照如图 16-14 所示的尺寸依次绘制该建筑水平方向上的各轴线，然后依次双击各水平轴线的轴号，从左至右按图示依次修改轴号名称。

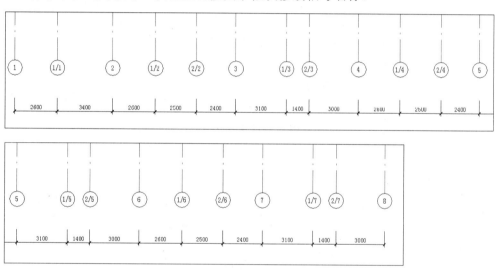

图 16-14　绘制其他轴线并修改轴号

（5）利用上述方法按照如图 16-15 所示的尺寸依次绘制该建筑竖直方向上的各轴线，然后依次双击各竖直轴线的轴号，从下至上按图示依次修改轴号名称。至此，该建筑的所有轴线绘制完成。

16.2.4　创建墙体

在 Revit 中，墙是三维建筑设计的基础，它不仅是建筑空间的分隔主体，而且也是门窗、墙饰条与分割缝、卫浴灯具等设备模型构件的承载主体。同时墙体构造层设置及其材

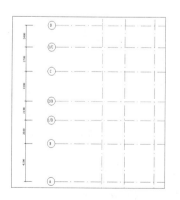

图 16-15　绘制竖直轴线并修改轴号

质设置，不仅影响着墙体在三维、透视和立面视图中的外观表现，更直接影响着后期施工图设计中墙身大样、节点详图等视图中墙体截面的显示。

在 Revit 中创建墙体时，需要先定义好墙体的类型——包括墙厚、做法、材质、功能等，再指定墙体的平面位置、高度等参数。

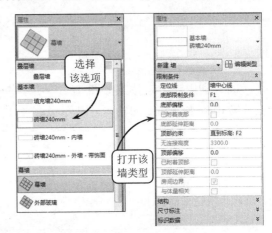

图 16-16　外墙结构

1．创建外墙

Revit 的墙模型不仅显示墙形状，还将记录墙的详细做法和参数。通常情况下，建筑物的墙分为外墙和内墙两种类型。现以儿童部大楼为例，设置外墙的结构从外到内依次为 10mm 厚外抹灰、30mm 厚保温、240mm 厚砖和 20mm 厚内抹灰，效果如图 16-16 所示。

（1）切换至 F1 楼层平面视图，然后单击【构建】面板中【墙：建筑】按钮，系统将打开【修改|放置 墙】上下文选项卡。此时，在【属性】面板的类型选择器中选择【基本墙】族下面的"砖墙 240mm"类型，以该类型为基础进行墙类型的编辑，如图 16-17 所示。

（2）单击【属性】面板中的【编辑类型】按钮，系统将打开【类型属性】对话框。此时，单击该对话框中的【复制】按钮，在打开的【名称】对话框中输入"儿童部大楼-240mm-外墙"，单击【确定】按钮为基本墙创建一个新类型，如图 16-18 所示。

图 16-17　选择墙类型

（3）单击【结构】右侧的【编辑】按钮，系统将打开【编辑部件】对话框。此时，按照前面第 4 章介绍的创建外墙章节内容，设置该儿童部大楼外墙的各部件参数，如图 16-19 所示。

（4）完成外墙体部件参数的设置后，在【修改|放置墙】上下文选项卡中单击【直线】按钮，并在选项栏中按图 16-20 所示依次设置相关的参数选项，然后在绘图区中选取相应的轴线交点，绘制外墙的墙体线。

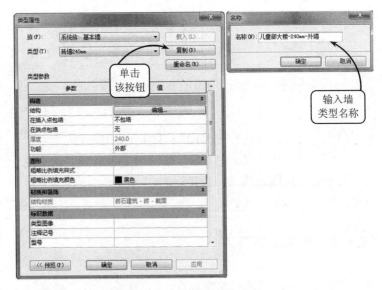

图 16-18　复制墙类型

（5）切换至【视图】选项卡，在【创建】面板中单击【默认三维视图】按钮，查看儿童部大楼外墙效果，然后在三维视图中选择所有的外墙对象，在【属性】面板中设置【底部限制条件】为"楼外地坪"，并单击该面板底部的【应用】按钮来查看外墙高度变化，如图16-21所示。至此，该建筑的所有外墙创建完成。

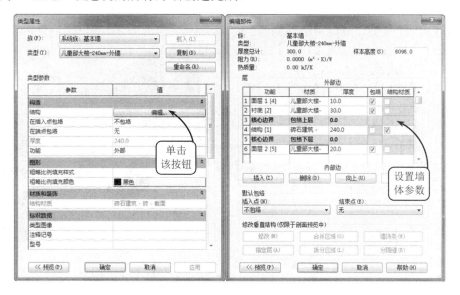

图 16-19　设置墙体部件参数

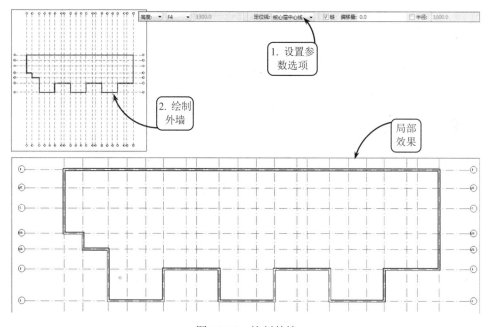

图 16-20　绘制外墙

2．创建内墙

建筑设计中的内墙同样需要在设置墙类型的基础上进行绘制，而内墙类型的设置方法不仅与外墙相同，还能够在外墙类型的基础上进行修改，从而更加快速地进行内墙类型设置。内墙类型的材质结构从外到内依次为 20mm 厚抹灰、240mm 厚砖和 20mm 厚抹灰，如图 16-22

所示。

（1）切换至 F1 楼层平面视图。选择【墙】工具，并在【属性】类型选择器中选择"儿童部大楼-240mm-外墙"为基础类型。然后单击【编辑类型】按钮，复制该基础类型并创建"儿童部大楼-240mm-内墙"，设置【功能】为"内部"，如图 16-23 所示。

（2）单击【结构】右侧的【编辑】按钮，在打开的对话框中按照前面第 4 章介绍的创建内墙章节内容，设置该儿童部大楼内墙的各部件参数，如图 16-24 所示。

（3）完成内墙体部件参数的设置后，在【修改|放置 墙】上下文选项卡中单击【直线】按钮，并在选项栏中按图 16-25 所示依次设置相关的参数选项，然后在绘图区中选取相应的轴线交点，绘制内墙的墙体线。

（4）单击快速访问工具栏中的【默认三维视图】按钮，切换至默认三维视图中查看内墙效果，如图 16-26 所示。至此，该建筑的所有内墙创建完成。

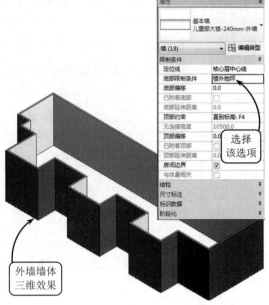

图 16-21　设置底部限制条件

16.2.5　创建幕墙

幕墙是建筑物的外墙围护，不承受主体结构荷载，像幕布一样挂上去，故又称为悬挂墙，是现代大型和高层建筑常用的带有装饰效果的轻质墙体。幕墙由结构框架与镶嵌板材组成，在一般应用中常常定义为薄的、通常带铝框的墙，包含填充的玻璃、金属嵌板或薄石。

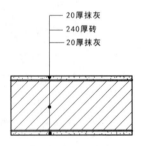

图 16-22　内墙结构

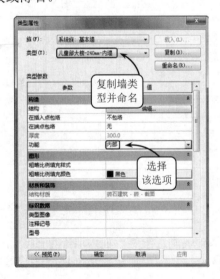

图 16-23　复制墙类型

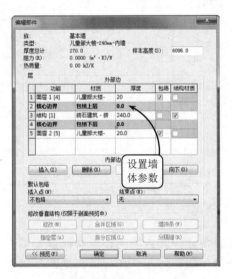

图 16-24　设置内墙结构参数

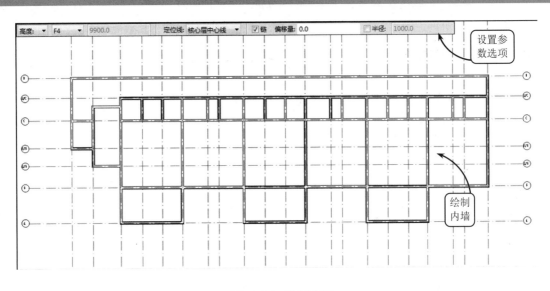

图 16-25　绘制内墙

（1）切换至 F2 楼层平面视图。选择【墙】工具，并在【属性】面板的类型选择器中选择"幕墙"选项。然后单击该面板中的【编辑类型】选项，复制该类型并重命名为"儿童部大楼-外部幕墙"。接着按照如图 16-27 所示设置该幕墙类型的相关参数。

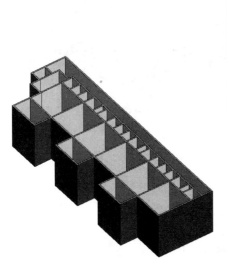

图 16-26　内墙三维效果

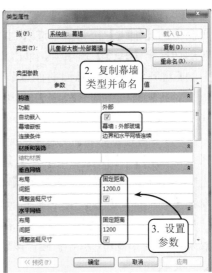

图 16-27　设置幕墙结构参数

（2）完成幕墙结构参数的设置后，在【属性】面板中设置相关的限制条件参数。然后在【修改|放置 墙】上下文选项卡中单击【直线】按钮，并在选项栏中按如图 16-28 所示依次设置相关的参数选项。接着在绘图区中绘制指定尺寸的幕墙线。

（3）单击快速访问工具栏中的【默认三维视图】按钮，切换至默认三维视图中查看幕墙效果，如图 16-29 所示。至此，该建筑的幕墙创建完成。

16.2.6 添加结构柱

结构柱适用于钢筋混凝土柱等与墙材质不同的柱子类型，是承载梁和板等构件的承重构件。且在平面视图中，结构柱截面与墙截面各自独立。

（1）切换至 F1 楼层平面视图。然后在【构建】面板中单击【结构柱】按钮，系统将打开相应的【属性】面板，如图 16-30 所示。此时，在类型选择器中选择"混凝土-正方形-柱"类型的 300×300mm 型号。

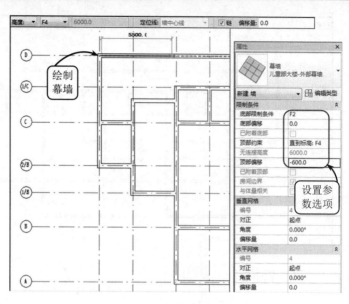

图 16-28　绘制幕墙

（2）在选项栏中设置【高度】为 F4，并在选项卡中指定放置方式为"垂直柱"，然后在绘图区的轴网交点处依次单击放置，系统即可自动添加指定的结构柱，效果如图 16-31 所示。

（3）切换至【视图】选项卡，单击【图形】面板中的【细线】按钮，进入到细线模式中。然后切换至【修改】选项卡，单击【修改】面板中的【对齐】按钮，按照前面章节介绍的方法，依次对齐所有位于建筑外侧的结构柱，效果如图 16-32 所示。

（4）右击任意结构柱，选择快捷菜单中的【选择全部实例】|【在视图中可见】选项，系统将选中视图中所有结构柱。此时在【属性】面板中设置【底部标高】为"楼外地坪"选项，并单击【应用】按钮。然后切换至默认三维视图中查看效果，如图 16-33 所示。至此，该建筑的结构柱创建完成。

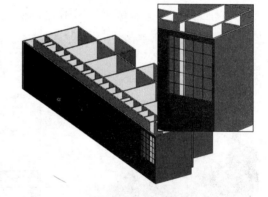

图 16-29　绘制幕墙

16.2.7 创建门窗

门和窗是房屋的重要组成部分，门的主要功能是交通联系，窗主要供采光和通风之用，它们均属建筑的围护构件。在 Revit 中，墙是门窗的承载主体，门窗可以自动识别墙并且只能依附于墙存在。

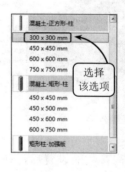

图 16-30　选择结构柱类型

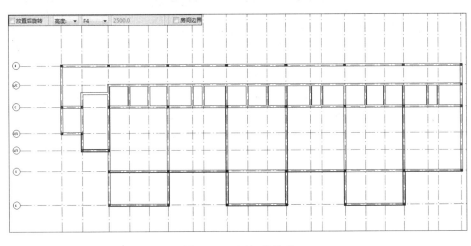

图 16-31　添加结构柱

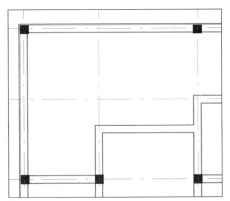

图 16-32　对齐外侧结构柱

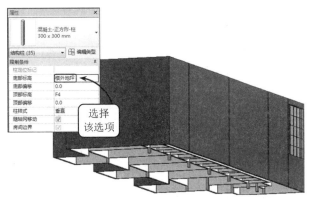

图 16-33　设置结构柱属性

　　常规门窗的创建非常简单，只需要选择需要的门窗类型，然后在墙上单击捕捉插入点位置即可放置。而门的类型与尺寸则可以通过相关的面板或对话框中的参数来设置，从而得到不同的显示效果。

1. 创建门

　　使用门工具可以方便地在项目中添加任意形式的门。在 Revit 中，门构件与墙不同，门图元属于外部族，在添加门之前必须在项目中载入所需的门族。

　　（1）切换至 F1 楼层平面视图，然后单击【构建】面板中的【门】按钮 ，在打开的【修改|放置 门】上下文选项卡中单击

图 16-34　载入指定的门族文件

【载入族】按钮 ，选择 "China/建筑/门/普通门/平开门/双扇/双扇平开玻璃门.rfa" 族文件，并单击【打开】按钮，载入该族，效果如图 16-34 所示。

（2）此时，【属性】面板的类型选择器中将自动显示该族类型。然后在该族类型下拉列表中选择"1800×2400mm"型号，并在绘图区中按照如图16-35所示位置依次单击添加该门图元。

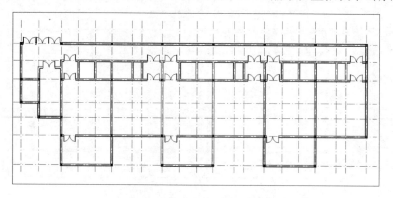

图16-35　添加双扇平开玻璃门

（3）利用上述方法，载入"单扇平开玻璃门1.rfa"族文件，并在该族类型下拉列表中选择"900×2100mm"型号，然后在绘图区中按照如图16-36所示位置依次单击添加该门图元。

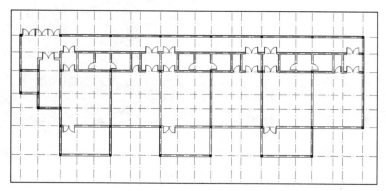

图16-36　添加单扇平开玻璃门

（4）利用上述方法，载入"门洞 1850×2300mm.rfa"族文件，然后在绘图区中按照如图16-37所示位置依次单击添加该门图元。

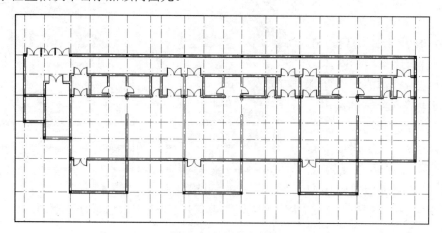

图16-37　添加门洞

（5）利用上述方法，载入"双扇推拉门 5.rfa"族文件，并在该族类型下拉列表中选择"1500×2100mm"型号，然后在绘图区中按照如图 16-38 所示位置依次单击添加该门图元。

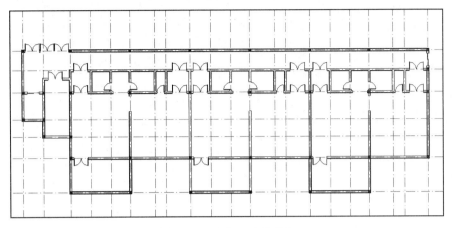

图 16-38　添加双扇推拉门

2．创建窗

窗是基于主体的构件，可以添加到任何类型的墙内。在 Revit 中要添加创建窗，首先要选择窗类型，然后指定窗在主体图元上的位置，系统将自动剪切洞口并放置窗。

（1）切换至 F1 楼层平面视图。单击【构建】面板中的【窗】按钮，载入"推拉窗 6.rfa"族文件。然后打开该族的【类型属性】对话框，复制类型并命名为"儿童部大楼 C1"，并设置相应的尺寸参数，如图 16-39 所示。

（2）完成儿童部大楼 C1 结构参数的设置后，在绘图区中的指定位置依次单击放置，系统即可自动添加该窗图元，效果如图 16-40 所示。

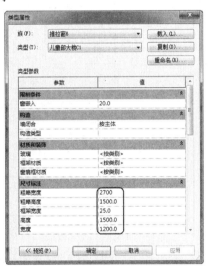

图 16-39　设置儿童部大楼 C1 结构参数

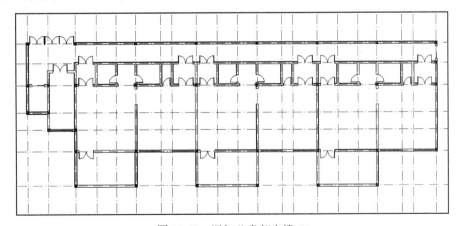

图 16-40　添加儿童部大楼 C1

（3）利用上述相同的方法载入"单扇平开窗 1- 带贴面 900×600mm.rfa"族文件。然后打开该族的【类型属性】对话框，复制类型并命名为"儿童部大楼C2"。接着返回至【属性】面板中设置【底高度】为1800.0，如图16-41所示。

（4）完成儿童部大楼C2结构参数的设置后，在绘图区中的指定位置依次单击放置，系统即可自动添加该窗图元，效果如图16-42所示。

（5）利用上述相同的方法载入"单扇平开窗 1- 带贴面 900×1200mm.rfa"族文件。然后打开该族

图 16-41　设置儿童部大楼C2结构参数

的【类型属性】对话框，复制类型并命名为"儿童部大楼C3"，并设置相应的尺寸参数。接着返回至【属性】面板中设置【底高度】为1800.0，如图16-43所示。

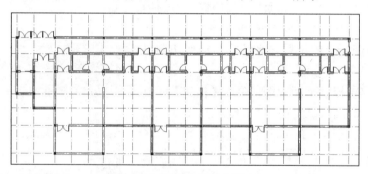

图 16-42　添加儿童部大楼C2

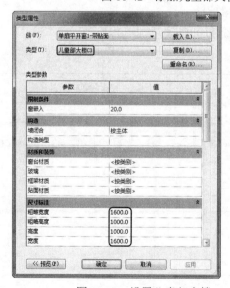

图 16-43　设置儿童部大楼C3结构参数

（6）完成儿童部大楼 C3 结构参数的设置后，在绘图区中的指定位置依次单击放置，系统即可自动添加该窗图元，效果如图 16-44 所示。

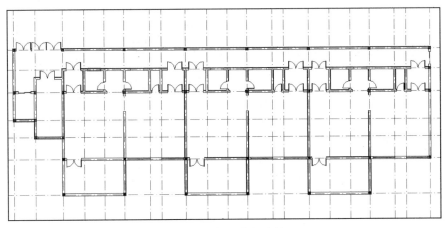

图 16-44　添加儿童部大楼 C3

（7）利用上述相同的方法载入"组合窗-双层四列（两侧平开）-上部固定.rfa"族文件，然后打开该族的【类型属性】对话框，复制类型并命名为"儿童部大楼 C4"，并设置相应的尺寸参数，如图 16-45 所示。

（8）完成儿童部大楼 C4 结构参数的设置后，在绘图区中的指定位置依次单击放置，系统即可自动添加该窗图元，效果如图 16-46 所示。

（9）利用上述相同的方法载入"组合窗-双层四列(两侧平开)-上部固定.rfa"族文件，然后打开该族的【类型属性】对话框，复制类型并命名为"儿童部大楼 C5"，并设置相应的尺寸参数，如图 16-47 所示。

（10）完成儿童部大楼 C5 结构参数的设置后，在绘图区中的指定位置依次单击放置，系统即可自动添加该窗图元，效果如图 16-48 所示。

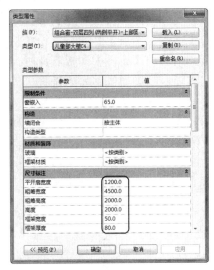

图 16-45　设置儿童部大楼 C4 结构参数

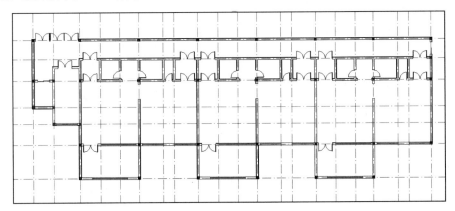

图 16-46　添加儿童部大楼 C4

16.2.8 创建楼板和屋顶

Revit 提供了灵活的楼板和屋顶工具，可以在项目中建立生成任意形式的楼板和屋顶。与墙类似，楼板和屋顶都属于系统族，用户可以根据草图轮廓及类型属性中定义的结构生成任意结构和形状的楼板和屋顶。

1. 创建室内楼板

楼板是建筑设计中常用的建筑构件，用于分隔建筑各层空间，且添加楼板的方式与添加墙的方式类似，在绘制前须预先定义好所需的楼板类型。

（1）切换至 F1 楼层平面视图。然后切换至【建筑】选项卡，单击【构建】面板中的【楼板：建筑】按钮，系统将打开相应的【属性】面板。此时，在该面板的类型选择器中选择"混凝土 120mm"为基础类型。接着复制该类型并命名为"儿童部大楼-150mm-室内"，如图 16-49 所示。

（2）单击【结构】参数右侧的【编辑】按钮，系统将打开【编辑部件】对话框。此时，按照前面第

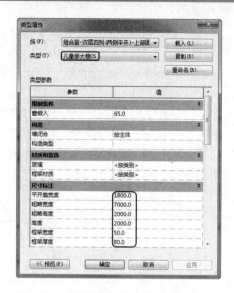

图 16-47　设置儿童部大楼 C5 结构参数

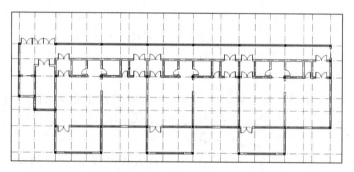

图 16-48　添加儿童部大楼 C5

7 章介绍的创建室内楼板内容设置"儿童部大楼-150mm-室内"的结构参数，如图 16-50 所示。

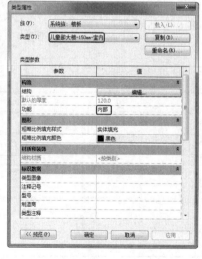

图 16-49　选择楼板类型

图 16-50　设置室内楼板结构参数

（3）完成室内楼板结构参数的设置后，单击【绘制】面板中的【拾取墙】按钮，并按照如图 16-51 所示在选项栏中设置相应的参数选项。然后依次在墙体图元上单击，绘制楼板轮廓线。接着单击【模式】面板中的【完成编辑模式】按钮，即可完成该层楼板的创建。

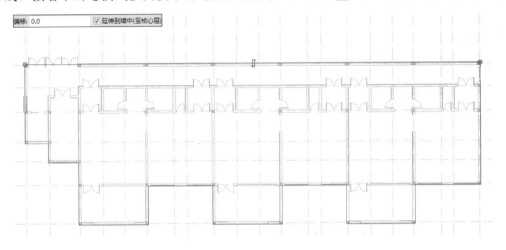

图 16-51　绘制楼板轮廓线

（4）利用上述相同的方法，依次创建 F2 和 F3 楼层平面的楼板。然后切换至默认三维视图中查看效果，如图 16-52 所示。至此，该建筑的所有室内楼板创建完成。

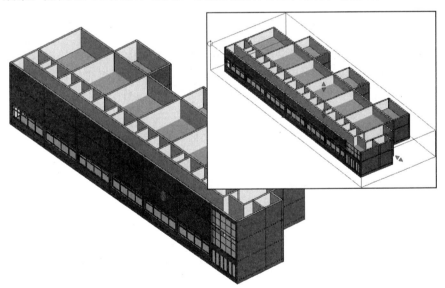

图 16-52　创建其他室内楼板

2．创建室外楼板

由于室外楼板与室内楼板的类型不同，所以在创建室外楼板之前，同样需要先定义室外楼板的类型属性。

（1）切换至 F1 楼层平面视图。然后切换至【建筑】选项卡，单击【构建】面板中的【楼板：建筑】按钮，系统将打开相应的【属性】面板。此时，在该面板的类型选择器中选择

"儿童部大楼-150mm-室内"为基础类型。接着复制该类型并命名为"儿童部大楼-600mm-室外",如图 16-53 所示。

（2）单击【结构】参数右侧的【编辑】按钮,系统将打开【编辑部件】对话框。此时,按照前面第 7 章介绍的创建室外楼板内容,设置"儿童部大楼-600mm-室外"的结构参数,如图 16-54 所示。

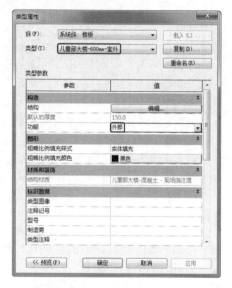

图 16-53 选择楼板类型

图 16-54 设置室外楼板结构参数

（3）完成室外楼板结构参数的设置后,单击【绘制】面板中的【矩形】按钮，并设置【自标高的亮度偏移】为–20.0,然后在绘图区中的指定位置绘制相应的楼板轮廓线,效果如图 16-55 所示。

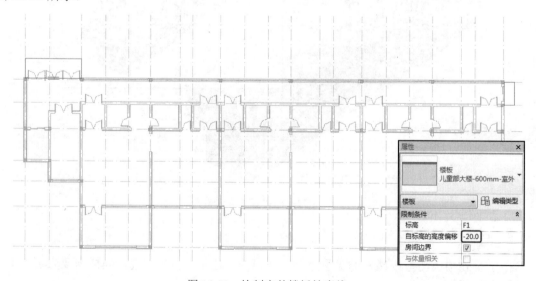

图 16-55 绘制室外楼板轮廓线

（4）退出绘制模式后,单击【修改】面板中的【对齐】按钮，指定选项栏中的【首选】

为"参照核心层表面"，依次单击墙体的核心层表面与室外楼板轮廓线进行对齐，如图 16-56 所示。

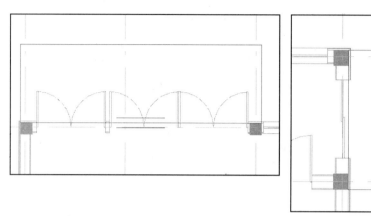

图 16-56　对齐轮廓线

（5）完成轮廓线的对齐后，单击【模式】面板中的【完成编辑模式】按钮✔，即可完成室外楼板轮廓线绘制。然后切换至默认三维视图中查看效果，如图 16-57 所示。至此，该建筑的所有室外楼板创建完成。

3. 创建屋顶

Revit 提供了迹线屋顶、拉伸屋顶和面屋顶 3 种创建屋顶的方式。其中，迹线屋顶的创建方式与创建楼板的方式非常类似。不同的是，在迹线屋顶中可以灵活地为屋顶定义多个坡度。

（1）切换至 F4 楼层平面视图。然后单击【构建】面板中的【迹线屋顶】按钮，系统将打开相应的【属性】面板。此时，在该面板中选择"基本屋顶-混凝土 120mm"为基础类型，并打开相应的【类型属性】对话框。接着复制该族类型并命名为"儿童部大楼-150mm-平屋顶"，如图 16-58 所示。

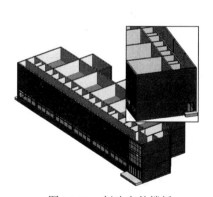

图 16-57　创建室外楼板

图 16-58　选择屋顶类型

（2）单击【结构】参数右侧的【编辑】按钮，系统将打开【编辑部件】对话框。此时，按照前面第 7 章介绍的添加综合楼屋顶内容来设置该屋顶的相关结构参数，如图 16-59 所示。

（3）完成屋顶结构参数的设置后，指定屋顶的绘制方式为【拾取墙】工具。然后按照如图 16-60 所示在选项栏中设置相应的参数选项，在绘图区中依次单击相应的墙体，生成屋顶轮廓线。

（4）单击【模式】面板中的【完成编辑模式】按钮，即可完成屋顶的创建。此时，用户可以切换至默认三维视图查看屋顶效果，如图 16-61 所示。至此，该建筑的屋顶创建完成。

图 16-59　设置屋顶结构参数

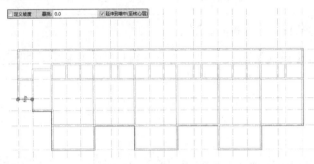

图 16-60　绘制屋顶轮廓线

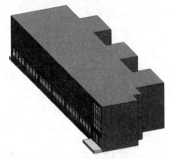

图 16-61　屋顶三维效果

16.2.9　内置构件

在建筑建模设计过程中，各种卫浴和家具等室内布局构件也是建筑设计中不可或缺的重要组成部分。

（1）切换至 F1 楼层平面视图。然后单击【构建】面板中的【放置构件】按钮，在打开的【修改|放置 构件】上下文选项卡中单击【载入族】按钮，选择"China/建筑/家具/3D/桌椅/桌椅组合/餐桌-圆形带餐椅.rfa"族文件，并单击【打开】按钮，载入该族，效果如图 16-62 所示。

图 16-62　载入族文件

（2）载入该族文件后，在绘图区中的指定位置依次单击，即可放置该餐桌，效果如图 16-63 所示。

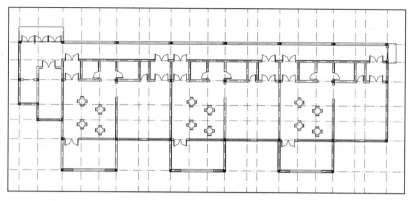

图 16-63 放置餐桌

（3）利用上述相同的方法载入"床-双层床.rfa"族文件，并在绘图区中的指定位置依次单击放置该床，效果如图 16-64 所示。

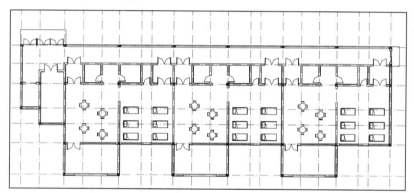

图 16-64 放置床

（4）继续利用上述相同的方法载入"坐便器 1 3D.rfa"族文件、"台盆 2 3D.rfa"族文件和"小便斗 3D.rfa"族文件，并在绘图区中的指定位置依次单击放置这些构件，效果如图 16-65 所示。

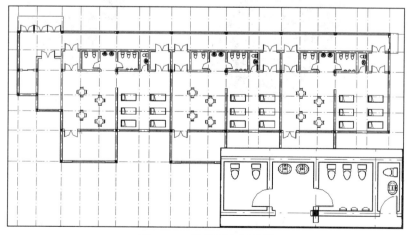

图 16-65 放置卫生间构件

（5）用鼠标依次选取之前添加的如图 16-66 所示的门、窗以及上述的家具和卫生间构件，然后单击【剪贴板】面板中的【复制到剪贴板】按钮。接着双击切换至 F2 楼层平面，在【剪贴板】面板中单击【与当前视图对齐】按钮，系统即可将 F1 楼层平面中添加的构件图元按照相同的位置复制到 F2 楼层平面。

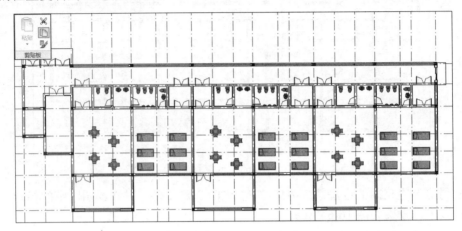

图 16-66　复制添加构件

（6）继续双击切换至 F3 楼层平面。然后在【剪贴板】面板中再次单击【与当前视图对齐】按钮，系统同样将 F1 楼层平面中添加的构件图元按照相同的位置复制到 F3 楼层平面。此时，用户即可切换至默认三维视图利用剖面工具查看效果，如图 16-67 所示。至此，该建筑的内置构件添加完成。

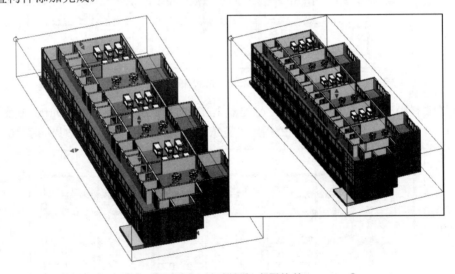

图 16-67　复制添加内置构件

16.2.10　添加楼梯

在 Revit 中，楼梯的创建可以通过两种不同的方式：一种是按草图的方式创建楼梯；一种是按构件的方式创建楼梯。这里主要通过草图的方式创建楼梯。

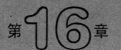

1．创建室内楼梯

当出现两层或两层以上的建筑时，就需要为其添加楼梯。楼梯同样属于系统族，在创建楼梯之前必须为楼梯定义类型属性以及实例属性。

（1）切换至 F1 楼层平面视图。然后在【楼梯坡道】面板中单击【楼梯（按草图）】按钮，在打开的【属性】面板中选择"整体板式-公共"为基础类型。接着打开该类型的【类型属性】对话框，复制该类型并命名为"儿童部大楼室内楼梯"，如图 16-68 所示。

（2）在【属性】面板中按照如图 16-69 所示设置相应的限制条件。然后单击【工具】面板中的【栏杆扶手】按钮，选择"不锈钢玻璃嵌板栏杆-900mm"为选用类型。此时，在绘图区中的指定位置依次单击确定楼梯的梯段线轮廓，并单击【模式】面板中的【完成编辑模式】按钮，即可完成楼梯的创建。

（3）切换至 F2 楼层平面视图。利用上述相同的方法，在 F2 与 F3 楼层平面之间添加同样的楼梯。然后切换至默认三维视图，利用剖面工具查看楼梯在建筑中的构建效果，如图 16-70 所示。

2．创建楼梯间洞

Revit 针对墙体、楼板、天花板、屋顶、结构柱、结构梁和结构支撑等不同的洞口主体、不同的洞口形式，提供了专用的【洞口】命令，其中包括按面、墙、垂直、竖井和老虎窗 5 种洞口。当创建楼板、天花板和屋顶后，就需要在楼梯间、电梯间等部位的天花板和楼板上创建洞口。

（1）切换至 F2 楼层平面视图，然后单击【洞口】面板中的【竖井】按钮，确定绘制方式为【矩形】工具，接着在绘图区中楼梯的相应位置绘制楼梯间洞的轮廓，效果如图 16-71 所示。

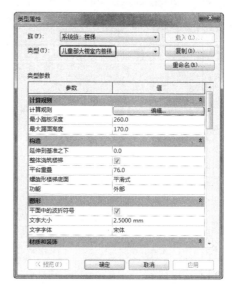

图 16-68　选择楼梯类型

图 16-69　绘制梯段线轮廓

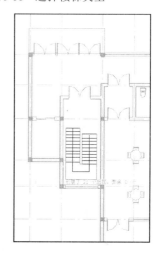

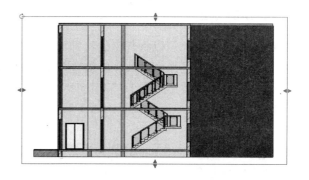

图 16-70　创建室内楼梯

（2）完成轮廓的绘制后，在【属性】面板中按照图 16-72 所示设置相应的限制条件参数选项。然后单击【模式】面板中的【完成编辑模式】按钮，即可完成楼梯间洞的创建。此时切换至默认三维视图，利用剖面工具可以查看楼梯间洞在建筑中的构建效果。

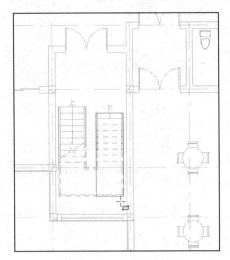

图 16-71　绘制楼梯间洞轮廓

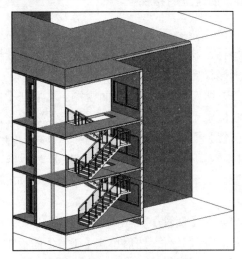

图 16-72　创建楼梯间洞

16.2.11　完善细节

通过上面的一系列操作，已经完成了儿童部大楼整体的结构设计建模。现在通过以下细节处的构建来完善该建筑的整体构建。

1．创建楼梯栏杆扶手

使用扶手工具可以创建任意形式的扶手模型。扶手属于 Revit 系统族，可以通过定义类型参数形成各类参数化的扶手。其创建方法已在前面章节中详述，现展示该建筑中的创建效果，如图 16-73 所示。

2．添加雨篷

在 Revit 当中，可以将任意的特殊构件保存

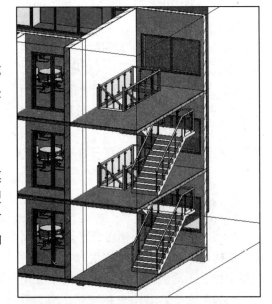

图 16-73　创建楼梯栏杆扶手

为族文件，并在项目当中载入之后放置在指定的位置。该儿童部大楼的雨篷即是利用该方法进行添加创建的，效果如图 16-74 所示。

3．创建坡道

Revit 当中的【坡道】工具是为建筑添加坡道的，而坡道的创建方法与楼梯相似。该儿童部大楼正门外即有两处坡道，效果如图 16-75 所示。

4．创建室外台阶

Revit 提供了基于主体的放样构件，用于沿所选择主体或其边缘按指定轮廓放样生成实

体，可以生成放样的主体对象包括墙、楼板和屋顶，对应生产的构件名称分别为墙饰条和分隔缝、楼板边缘（台阶）、封檐带和檐沟。该儿童部大楼的室外台阶创建效果如图 16-76 所示。

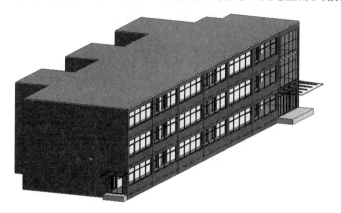

图 16-74 添加雨篷

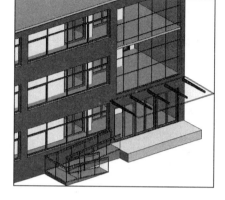

图 16-75 创建坡道

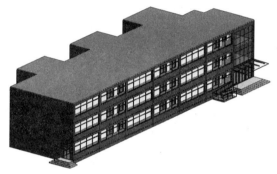

图 16-76 创建室外台阶

5．创建散水

设置散水的目的是为了使建筑物外墙勒脚附近的地面积水能够迅速排走，并且防止屋檐的滴水冲刷外墙四周地面的土壤，减少墙身与基础受水浸泡的可能，保护墙身和基础，可以延长建筑物的寿命。该儿童部大楼的散水效果如图 16-77 所示。

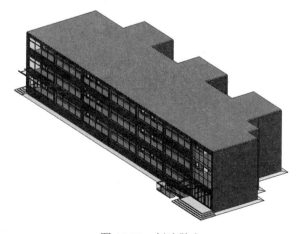

图 16-77 创建散水